凌阳科技大学计划

无线传感器网络实践教程

吴 迪　朱金秀　范新南　编著

·北 京·

本书主要内容包括无线传感器网络基础、无线传感器网络关键技术、仿真平台以及综合实验平台，此外还包括基础性实验、提高性实验以及研创性实验三个层次的实践环节。

全书共分6章，前3章主要介绍了无线传感器网络基础理论，后3章分别介绍了基础性、提高性和研创性实验。

本书既涵盖了无线传感器网络的主要知识点，在实践环节又突出了层次性的特点，既有通用性又具有特色，不仅可以作为物联网工程专业的教材，也可以作为电子信息类、电气类、自动化类等相关研究领域的研究人员和工程技术人员的参考书。

图书在版编目（CIP）数据

无线传感器网络实践教程 / 吴迪，朱金秀，范新南编著.
北京：化学工业出版社，2014.5
ISBN 978-7-122-20251-2

Ⅰ. ①无… Ⅱ. ①吴… ②朱… ③范… Ⅲ. ①无线电通信-传感器-教材 Ⅳ. ①TP212

中国版本图书馆CIP数据核字（2014）第066485号

责任编辑：刘 哲 杨 宇　　装帧设计：张 辉
责任校对：程晓彤

出版发行：化学工业出版社（北京市东城区青年湖南街13号 邮政编码100011）
印 装：大厂聚鑫印刷有限责任公司
787mm×1092mm 1/16 印张12½ 字数305千字 2014年7月北京第1版第1次印刷

购书咨询：010-64518888（传真：010-64519686） 售后服务：010-64518899
网 址：http://www.cip.com.cn
凡购买本书，如有缺损质量问题，本社销售中心负责调换。

定 价：29.00元　

前言

无线传感器网络集传感器、嵌入式计算、无线通信以及分布式信息处理等技术于一体，是由一组传感器节点以自组织方式构成的无线网络，被认为是21世纪最重要的技术之一。无线传感器网络可被应用到军事、工业、农业、环境监测、交通、医疗、安全防范以及抢险救灾等领域，具有广阔的发展前景。

我国非常重视无线传感器网络的研究。从2002年开始，国家自然科学基金委员会审批了和无线传感器网络相关的多个课题，在国家发展改革委员会的下一代互联网示范工程中，也部署了无线传感器网络相关的课题。而且传感器网络被明确列入我国的《国家中长期科学和技术发展规划纲要（2006～2020年）》。2009年，我国提出“感知中国”的概念。2010年，“物联网”被写入我国“政府工作报告”。同年，“物联网”被正式列为国家五大新兴战略性产业之一。2010年我国教育部首次批准开设物联网工程专业，2011年正式招生。而无线传感器网络作为物联网领域的关键技术之一，被国内相关高校纷纷列入物联网工程专业必修课程之一。

为普通高校本科生开设无线传感器网络课程，不仅需要重视理论教学，更需要重视该课程的实践教学。因此，本书本着理论与实践相结合的原则设计全书内容。

（1）理论与实践相结合：本书不仅阐述无线传感器网络的相关理论知识，涵盖无线传感器网络的主要知识点，还讲解了相关软件仿真平台及综合实验平台。

（2）实践环节分层次：将实践环节分为基础性、提高性、研创性三个层次，按照由易到难、由简单到复杂的原则设计实践内容。

本书分为6章，第1章介绍了无线传感器网络基础知识；第2章介绍了无线传感器网络的相关协议、定位技术、操作系统、通信标准等关键技术；第3章介绍了OPNET、NS2、MATLAB、JavaSim、TOSSIM、GloMoSim、OMNeT++等软件仿真平台；第4章到第6章分别介绍了基础性实验、提高性实验和研创性实验。

本书由吴迪、朱金秀、范新南编著，殷明、翟文权、李书旗、张秀平、金永霞、胡钢、陈慧萍、韩光洁、朱川、张学武、朱昌平、李建、徐宁、张金波、钟汉、皇润风、柯燕燕、龙霄汉、张选松、徐晓龙、徐涛、刘艳、路正莲、宋凤琴、杨红雨、段蓉、张亚新为本书的出版做了大量工作。

此外，本书编写过程中得到“凌阳科技大学计划”的大力支持，在此表示衷心的感谢。

由于编著者水平有限，书中内容难免会有不妥之处，恳请各位读者和同仁批评指正，提出宝贵的建议和意见。

编著者

无线传感器网络实践教程

WUXIAN CHUANGANQI WANGLUO SHIJIAN JIAOCHENG

目 录

第 1 章　无线传感器网络概述

1.1 无线传感器网络的概念及发展

无线传感器网络（Wireless Sensor Network，简称 WSN）是新兴的下一代网络，被认为是 21 世纪最重要的技术之一。传感器网络的发展主要经历了四代，其发展历程如图 1.1 所示。

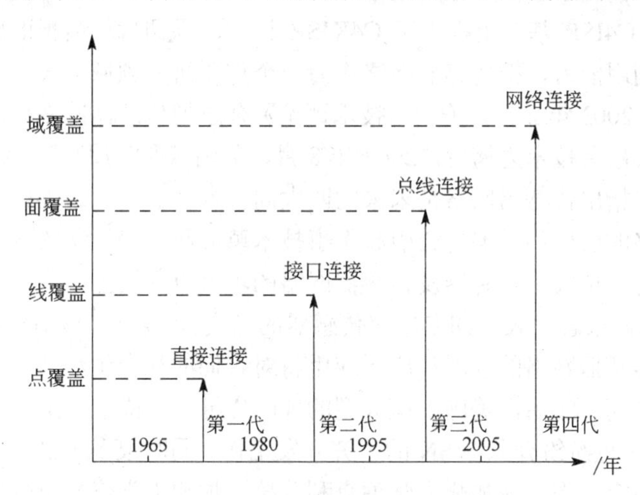

图 1.1　传感器网络的分代示意图

（1）第一代

20 世纪 70 年代，出现了具有简单模拟信号传输功能的由传统传感器所组成的点对点输出的测控系统网络。该网络具有简单信息获取能力，初步实现了信息的单向传递，但是布线复杂，抗干扰性差。

（2）第二代

传感器网络具有了获取多种信息的综合处理能力，并通过采用串/并接口与传感控制器相连，构成了具有综合多种信息的传感器网络。

（3）第三代

20世纪90年代后期和21世纪初，出现了基于现场总线技术的智能传感器网络。该网络采用现场总线连接传感控制器，构成局域网络，其局部测控网络通过网关和路由器可以实现与Internet连接。

（4）第四代

大量具有多功能、多信息获取能力的传感器被运用，采用无线自组织接入网络，与传感器网络控制器连接，构成无线传感器网络，正处于研究和开发阶段。

无线传感器网络集传感器技术、嵌入式技术、无线通信以及分布式信息处理等技术于一体，是由一组传感器以自组织方式构成的无线网络，其目的是协作地感知、采集和处理网络覆盖区域中感知对象的信息，并发送给观察者。目前，尽管已经有很多文献给出了无线传感器网络的定义，虽然表述方式各有不同，但各种定义的本质是相同的。本书对已有的无线传感器网络定义进行梳理，总结归纳如下：

无线传感器网络（Wireless Sensor Network，WSN）能够协作感知、采集和处理自身网络覆盖范围内的监测对象的信息，是大规模部署、具有无线通信及计算能力、能够以自组织及多跳的网络方式将监测信息发送到用户终端的微型传感器节点所构成的一种网络系统。

无线传感器网络最早的代表性论述出现在1999年，题为“传感器走向无线时代”。随后在美国的移动计算和网络国际会议上，提出了无线传感器网络是下一个世纪面临的发展机遇。自2001年起，美国军方的远景研究计划局（DARPA）每年都投入千万美元量级的经费进行WSN的研究，并在C4ISR基础上提出了C4KISR计划，强调战场情报的感知能力、信息的综合能力和信息的利用能力，把传感器网络作为一个重要研究领域，设立了一系列的军事传感器网络研究项目。2003年2月，美国《技术评论》杂志把传感器网络列为对人类未来生活产生深远影响的十大新兴技术之榜首。2003年8月，美国《商业周刊》杂志在其“未来技术专版”中发表文章，指出传感器网络是未来的四大高技术产业之一。美国《今日防务》杂志认为无线传感器网络的应用和发展将会引起军事技术革命和未来战争的变革。同年，美国自然科学基金委员会对一项关于传感器及传感器网络的项目投入资金达到3400万美元。2004年，《IEEE Spectrum》杂志发表一期专集《传感器的国度》，论述了WSN的发展和可能的广泛应用，预计无线传感器网络的发展和广泛应用将对人们的社会生活和产业变革带来极大的影响和产生巨大的推动。随后，美国一些大型的IT公司（英特尔、微软、HP、Rockwell、Texas Instruments等）也纷纷介入WSN的研究开发工作。同时很多著名大学也纷纷开展无线传感器网络方面的研究工作，如加州大学伯克利分校、加州大学洛杉矶分校、南加州大学、斯坦福大学、麻省理工学院、伊利诺斯大学和康奈尔大学等院校。英国、日本、意大利、巴西等国家也对WSN表现出浓厚的兴趣，积极开展无线传感器网络领域的研究工作。而美国的Dust Networks、Crossbow Technologies和MoteIV等公司率先将无线传感器网络节点的研究成果产业化。

我国也非常重视无线传感器网络的研究，国内的很多科研单位和高校都积极开展了无线传感器网络方面的研究工作。从2002年开始，我国国家自然科学基金委员会已经审批了和无线传感器网络相关的多个课题，在国家发展改革委员会的下一代互联网示范工程中，也部署了无线传感器网络相关的课题。而且传感器网络还被明确列入我国的《国家中长期科学和技术发展规划纲要（2006～2020年）》，隶属于“传感器网络及智能信息处理”。2009年，我国提出“感知中国”的概念。2010年，“物联网”被写入我国“政府工作报告”。同年，“物联

网”被正式列为国家五大新兴战略性产业之一。

2010 年我国教育部首次批准开设物联网工程专业，2011 年正式招生。而无线传感器网络作为物联网领域的关键技术之一，被国内相关高校纷纷列入物联网工程专业必修课程。

该课程教学需要涵盖的内容主要有硬件平台基础、nesC 语言、TinyOS 操作系统、路由协议、MAC 协议、物理层设计、定位技术、时间同步技术、安全技术、数据管理与数据融合、IEEE 802.15.4 标准、ZigBee 标准、仿真平台以及开发环境等，同时需要开设无线传感器网络课外实践活动。

1.2 无线传感器网络的特点

无线传感器网络集成了传感器技术、嵌入式计算技术、无线通信技术以及分布式信息处理技术，是由一组传感器节点以自组织方式构成的无线网络，其目的是协作地感知、采集和处理网络覆盖区域中感知对象的信息，并发送给观察者，预设监测区域内大量传感器节点通过自组织的形式构成无线传感器网络，感知被测对象，采集监测数据，进行处理后以无线的方式逐步发送到汇聚节点，然后通过汇聚节点发送到用户终端。

无线传感器网络主要具有以下特点。

- 节点多，规模大。无线传感器网络中传感器节点分布密集，数量巨大，可达几百、几千万，要求无线传感器网络相关的通信协议具有良好的可扩展性。
- 资源受限。无线传感器网络节点体积微小，节点的计算、存储、通信能力以及携带的电池能量都非常有限，要求开发设计无线传感器网络节点时考虑到其资源和能量的有限性。
- 自组织。无线传感器网络系统更适合于人工不能或不宜到达的区域，节点的部署采用非人工、随机方式实施。无线传感器网络系统通过一套合适的通信协议，保证网络在无人干预的情况下自动组网，自动运行，没有固定的基础设施作为网络骨干。在节点失效等问题出现时，系统能自动调整，实现无人值守，具有一定的容错性和抗毁能力。
- 以数据为中心。传统网络是以 IP 为中心的网络，每个节点拥有全网唯一的 IP 地址，数据转发以目的节点的 IP 为依赖。在无线传感器网络中，节点没有 IP 地址，是以数据为中心的网络，关心的是数据本身，而非关注数据是由哪个节点采集的。
- 网络拓扑动态变化。无线传感器网络可以分为动态和准静态两种网络。即使在准静态网络中，网络拓扑也会由于节点的失效或者新节点的加入而造成变化。
- 无线传感器网络系统与应用密切相关。不同的应用背景，无线传感器网络的开发设计各不相同，会出现不同的节点硬件平台、网络协议以及软件系统。
- 安全性较弱。无线传感器网络常常工作于自然环境恶劣的条件下或部署于敌方区域，因此极易受到恶意攻击而失效，导致整个网络瘫痪。随着 WSN 应用研究的深入，网络的安全性将引起越来越多的重视。

1.3 无线传感器网络节点

无线传感器网络节点作为一种微型化的嵌入式系统，构成了无线传感器网络的基础层支撑平台，具有小型化、低成本、低功耗和灵活性的特点。从逻辑功能上划分，传统的无线传感器网络节点一般由传感器模块、处理器模块、无线通信模块、能量供应模块四部分组成，如图 1.2 所示。

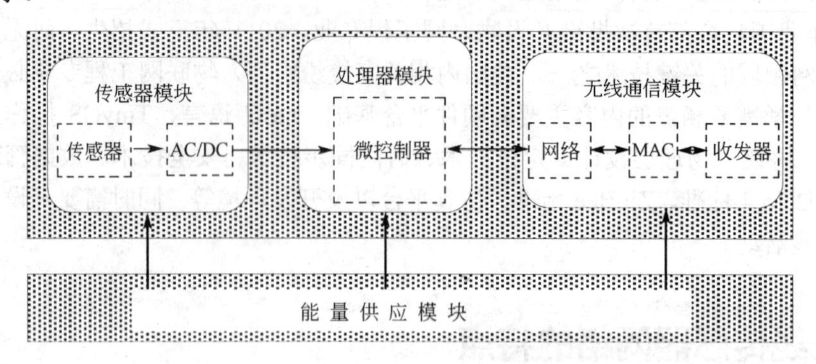

图 1.2　无线传感器网络节点的组成

① 传感器模块主要包括传感器和 AD/DC 单元，负责监测区域内信息的采集和数据的模数转换。传感器种类众多，包括温湿度传感器、感光传感器、加速度传感器、数字电子鼻传感器等，可根据不同的应用需求进行选择。

② 处理器模块是节点的核心，负责控制整个 WSN 节点的操作，包括微处理器和存储器，能够实现通信协议、设备控制、能量计算、任务调度等功能，能够转储自身采集的数据及其他节点发来的数据。在无线传感器网络节点设计中，常用的处理器芯片有 ATMEL 公司的 AVR 系列、TI 公司的 MSP430 系列以及嵌入式 ARM 处理器等。

③ 无线通信模块主要由天线连接器及无线射频电路组成，负责与其他传感器节点进行无线通信、交换控制信息、收发采集数据等。该模块是能量消耗最多的模块，为了节省能耗，可以在睡眠、侦听、发送和接收状态之间转换。

④ 能量供应模块为传感器节点其他各单元提供运行所需的能量，通常采用微型电池供电。电池的种类一般有碱性电池、镍电池、锂电池，也可选用太阳能充电电池。

除以上 4 个模块外，还可以选择定位子系统、移动子系统以及电源自供电子系统等模块。无线传感器网络是高度面向应用的，需要根据不同的应用环境进行设计。

近年来，随着无线传感器网络技术的发展和研究的深入，已经陆续出现很多种无线传感器网络节点，举例如下。

① Mica Mote 系列传感器节点由美国加州大学伯克利分校主持研发，具有低功耗、自组织、可重构的特点，主要采用 Atmel 系列微控制器。美国的 Crossbow Technologies 公司已经率先将无线传感器网络节点的研究成果产业化，生产并销售“智能尘埃 Smart Dust、Mica 系列和 Tmote 系列”等无线传感器节点。该系列种类比较齐全，还有 Mica2、MicaDot、MicaZ 等产品。

② Telosb 节点是一种开源设计节点，工作频率为 2.4GHz，可基于 802.15.4/Zigbee 协议，包括内置的射频天线、串口转 USB 编程和数据接口等，可以通过电池供电，也可以通过 USB 端口供电。

③ 欧盟资助 Infineon 公司开展 EYES 项目的研究，是欧洲 EYES project 中的重要内容，并开发了 EYES 节点。该节点采用 Texas Instrument MSP 430 微控制器，具备 USB 接口，可根据需要添加传感器/执行器。

④ GAINS、GAINZ 系列节点由中国宁波中科集成电路设计中心开发。GAINS 节点的工作频率为 433MHz，采用 ATMEL 公司的 ATmegal28L 作为微控制器，采用 Chipcon 公司的

CC1000 作为无线收发器；GAINZ 节点的工作频率为 2.4GHz，同样采用 ATMEL 公司的 ATmegal28L 作为微控制器，射频部分采用 Chipcon 公司的 CC2420 作为无线收发器，提供多种传感器。

⑤ Zigbee 节点由韩国韩伯电子公司提供。该节点采用 ATmegal28L 作为微控制器，CC2420 作为无线通信芯片，此外还包括传感器、天线等单元。

⑥ ATOS 系列节点由上海左岸芯慧电子科技有限公司提供。该系列节点采用 TI 公司的 CC2430 作为微处理器，CC2430 芯片集 8051 微控制器、射频收发功能、高速 Flash 为一体。

⑦ SP-WSNCE15A 平台的系列节点是由凌阳科技大学计划开发提供，其实物如图 1.3 所示。该系列节点的主控芯片采用 TI 公司的 CC2530 芯片。CC2530 芯片能够提供一个用于 2.4GHz IEEE 802.15.4、ZigBee 和 RF4CE 应用的片上系统解决方案，且外设资源丰富。

图 1.3 SP-WSNCE15A 平台的单个节点实物图

1.4 无线传感器网络的体系结构

由于无线传感器网络是一种无中心节点的、由大量传感器节点密集部署的全分布系统，所以更适用多跳、对等的通信方式。下面分别介绍无线传感器网络的体系结构以及网络协议栈。

无线传感器网络的体系结构如图 1.4 所示。监测区域内随机部署了大量的传感器节点，这些节点以自组织的形式构成无线传感器网络。传感器节点监测的数据沿着其他传感器节点逐跳地进行传输，在传输过程中监测数据可能被多个节点处理，经过多跳路由到汇聚节点，然后通过互联网或卫星到达监控中心。用户通过监控中心对无线传感器网络进行远程配置和管理，发布监测任务，收集监测数据。

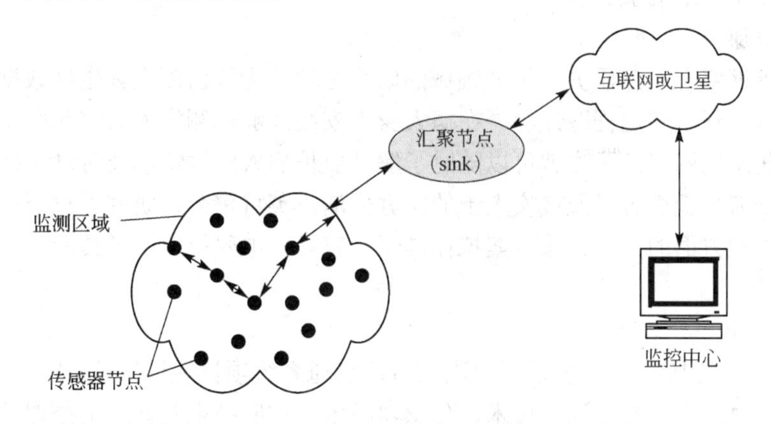

图 1.4 无线传感器网络系统架构

无线传感器网络的协议栈主要分为 5 层：物理层、数据链路层、网络层、传输层和应用层。另外，该协议栈还至少包括3个平台：能量管理平台、移动管理平台和任务管理平台，这些管理平台使得传感器节点能够按照能源高效的方式协同工作，在节点移动的传感器网络中转发数据，并支持多任务和资源共享。其中，物理层提供简单但健壮的信号调制和无线收发技术；数据链路层负责数据成帧、帧监测、媒体访问和差错控制；网络层负责路由生成与路由选择，通过合适的路由协议寻找源节点到目标节点的优化路径，并且将监测数据按照多跳的方式沿着此优化路径进行转发；传输层负责数据流的传输控制；应用层包括一系列基于监测任务的应用层软件；能量管理平台管理传感器节点的能量使用；移动管理平台监测并管理传感器节点的移动，维护到汇聚节点的路由；任务管理平台在给定的区域内平衡和调度监测任务。

1.5 无线传感器网络的应用

无线传感器网络可被应用到军事、工业、农业、环境监测、交通、医疗、安全防范、智能家居以及抢险救灾等领域，具有广阔的发展前景，将会给人类的生活和生产带来巨大的影响。随着研究的深入、计算成本的下降、传感器节点的快速发展，一些无线传感器网络应用方案已经投入使用。

（1）军事

传感器网络最早就是为了适应军事应用而提出的。无线传感器网络的自组织、高容错性、隐蔽性和可快速部署等特点，使其非常适合军事领域的应用。利用该网络，可以实现对敌军兵力、装备和弹药的监控，对战场的实时监视，协助弹药对目标进行准确攻击，对战场进行损失评估以及对核攻击和生物化学攻击的侦察等功能。

传感器网络已经成为军事C4ISRT（command，control，communication，computing，intelligence，surveillance，reconnaissance and targeting）系统必不可少的一部分，受到军事发达国家的普遍重视，各国均投入了大量的人力、物力进行研究。早在2000年，美国国防部就把Smart Sensor Web作为5个尖端研究领域之一，目的是在整个作战空间部署大量的传感器节点，采集、传输战场信息，然后将信息汇聚到融合点，并根据该信息生成图片，供作战者使用，提高了军队作战的敏感度。

（2）医疗健康

无线传感器网络在医疗研究、护理领域的研究主要有无线监测人体生理数据、医院药品管理、老年人健康状况和远程医疗等。在病人身上安装能够监测病人心率和血压的传感器节点并组成无线传感器网络，医生就可以随时了解被监护病人的病情，及时进行处理。为帮助老年人、阿尔茨海默氏患者以及残疾人士的家庭生活，英特尔公司研究了一个无线传感器网络应用在家庭护理方面的方案，该方案拟在鞋子、家具、电器等家中道具和设备中嵌入半导体传感器。

（3）交通管理

美国国防部早在1995年就提出了“国家智能交通系统项目规划”。该计划的目的为：有效集成先进的信息技术、数据通信技术、传感器技术、控制技术及计算机处理技术并运用于整个地面交通管理，建立一个大范围、全方位的实时高效的综合交通运输管理系统。该系统可以利用传感器网络进行交通管理，可以监视每一辆汽车的运行状况，有效减少交通事故。

（4）智能家居

随着生活水平的不断提高、生活节奏的加快，人们希望拥有一个更舒适、更温馨的信息化家居，对其安全性、智能性、经济性提出了更高的要求。在家电和家具中嵌入传感器节点，通过无线网络与 Internet 连接在一起，能够为人们提供更加舒适、方便和更具人性化的智能家居环境。利用远程监控系统能够实现对家电的远程遥控。例如，可以在回家之前半小时打开空调，也可以遥控电饭锅、微波炉、电冰箱、电话机、录像机、电脑等家用电器，按照主人的意愿完成相应的煮饭、烧菜、查收电话留言、选择录制电视和电台节目以及下载网上资料到电脑中等工作，还可以通过图像传感设备随时监控家庭安全情况。

（5）工业监控

工业生产过程首先强调的是安全问题。在一些危险的工业环境，比如矿井、钢材加工厂、核电厂等，可以利用无线传感器网络进行过程监控，实施安全监测，而且在工业自动化生产线上利用无线传感器网络构建的监控系统，能够大大改善工厂的运作条件，大幅度降低检查设备的成本，提高效率，并延长设备的使用时间。

（6）建筑及土木工程

目前，建筑结构往往呈现复杂化和大型化的特点，因此大型建筑结构的安全问题引起人们的高度重视，科研人员考虑利用无线传感器网络进行大型建筑物的结构安全监测。目前，Senera 公司已经开发了一个基于无线传感器网络的桥梁安全监控系统，能够监测桥梁的温度、湿度、震动幅度、桥墩被侵蚀程度等数据，减少断桥事故导致的生命财产损失。

（7）环境监测

无线传感器网络应用在环境监测方面相比传统的监测方法有明显的优势，可以避免传统数据收集方式给环境带来的侵入式破坏。同时，无线传感器网络比传统环境监测所采集的数据量较大、精度较高，而且各个传感节点之间可以协同工作并具有无线传输的能力。因此，无线传感器网络在环境监测方面具有广阔的前途。

无线传感器网络在环境监测领域可用于监控农作物灌溉情况、土壤空气情况、牲畜及家禽的环境状况、大面积的地表监测、行星探测、气象和地理研究、洪水监测、大气质量监测等方面。无线传感器网络在农业方面的应用有助于农业逐渐从以人力为中心、依赖于孤立机械的生产模式转向以信息和软件为中心的生产模式。无线传感器网络在农业方面的典型应用有温室环境监测、节水灌溉应用以及精准农业等。比如，英特尔公司设计了一个无线传感器网络应用方案，用于监测盛产葡萄酒的美国俄勒冈州的一个葡萄园中环境的细微变化，研究葡萄酒的质量与葡萄生长过程中的日照、湿度及温度等环境因素的确切关系。无线传感器网络在环境保护中的应用主要有森林防火、污染监控、生物种群研究等。比如，2002 年美国加州大学伯克利分校的研究人员利用无线传感器网络对位于美国缅因州以北 15km 处的大鸭岛上海燕的栖息情况进行监测，以便对海燕的活动以及大鸭岛的微环境进行研究。

下面给出无线传感器网络在空气污染监测方面的一种解决方案。目前，我国对城市空气污染监测的方法主要有两种：① 传统人工取样实验室分析的方法；② 利用国外进口的自动化空气环境监测设备进行在线监测的方法。第一种方法采样时间长，易受人为因素的影响，有害气体浓度很高的监测现场会伤害监测人员的身体健康。第二种方法可扩展性较差，灵活性不足。利用无线传感器网络进行空气污染监测，能够解决上述方法存在的问题。无线传感器网络应用于空气污染监测领域具有以下优势：① 部署简单、灵活，监测节点具有可移动性；② 鲁棒性高，健壮性好；③ 运行和维护简单方便，新增的传感器节点能够自动加入到监测网络中去。该解决方案提出的基于无线传感器网络的空气污染实时监测系统的体系结构如图 1.5 所示。

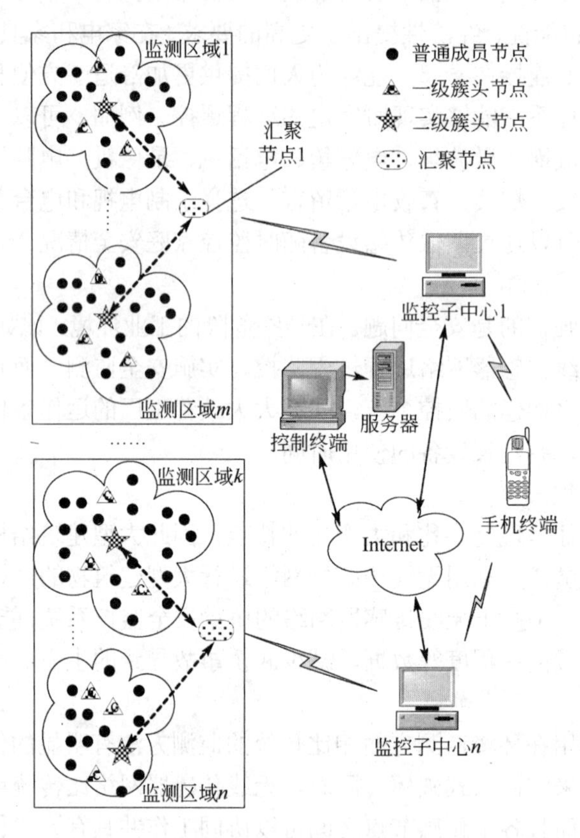

图 1.5 系统体系结构

由图 1.5 可以看出，该监测系统包括各无线传感器网络监测节点、汇聚节点、各监控子中心、控制终端、服务器、手机终端。其中，无线传感器网络监测节点在网络自组织阶段自动分为三类，分别为普通成员节点、一级簇头节点和二级簇头节点。各无线传感器网络监测节点负责采集空气污染监测数据。汇聚节点负责接收监测区域中各个子区域采集到的数据，进行数据处理并转发给各监控子中心，若干距离较近的监测区域共用一台监控子中心。比如，图 1.5 中汇聚节点 1 可同时接收监测区域 1 和监测区域 *m* 上传的数据，然后转发给监控子中心 1。各监控子中心运行空气污染监测系统管理软件，负责将无线传感器网络上传的数据汇总、分析及处理，并根据预定的门限值，决定是否需要向控制终端及相关人员报警，并将数据发送到控制终端。控制终端能够监控各监控子中心，接收各监控子中心发来的报警信号。手机终端可接收各监控子中心发来的报警信息。

无线传感器网络普通节点主要包括数据采集模块、数据处理模块、无线通信模块及电源模块四部分。其中，数据采集模块主要包括传感器组以及信号调理电路等辅助电路，实现数据的感知、采集和预处理。传感器组可以包括温、湿度传感器以及多种气体传感器，将温、湿度及气体浓度的物理量转换为电信号后上传给数据处理模块。数据处理模块包括 Atmegal28L 微处理器、A/D 转换电路、存储模块、无线通信接口、时钟及监控电路等，是 WSN 监测节点的中枢单元。数据处理模块具有实现数据的处理和存储、执行系统调度及通信任务等功能。A/D 转换模块将前端生成的模拟量进行量化、编码，产生相应的数字信号，然后将该数字信号传送给 Atmegal28L 微处理器进行处理。无线通信模块主要负责收发监测数据及交换控制信息，采用 Chipcon CC2420 射频芯片，配置倒 F 型 PCB 天线，具有低功耗、低成本的特点，与 IEEE 802.15.4 兼容，工作在 2.4GHz 频段，通信范围可达 10～75m。

无线传感器网络汇聚节点能够接收、处理并转发本地监测数据，主要包括 CC2430 模块、SIM100 模块以及电源模块。其中 CC2430 片上系统及 SIM100 通信模块构成了数据处理及无线通信模块。CC2430 芯片沿用了 CC2420 芯片的架构，整合 ZigBee 射频前段、内存和微控制器，采用一个 8 位 MCU（8051）具有 128KB 的可编程闪存和 8KB 的 RAM，8～14 位的 A/D 转换器、4 个定时/计数器、AES128 协同处理器，内置“看门狗”定时器、32kHz 晶振的休眠模式定时器、上电复位电路、掉电检测电路。该芯片在接收和发射模式下电流损耗分别低于 27mA 或 25mA，在休眠模式时仅 0.9μA 的流耗，待机模式时的流耗低于 0.6μA，特别适合于要求低功耗的应用场合。SIM100 是 GSM/GPRS 双频模块，可通过 GPRS 网络与监控子中心进行无线通信。当有数据需要发送给监控中心时，汇聚监测节点启动 SIM100 模块，通过 GPRS 网络将数据上传至相应的监控子中心，监控子中心也可以将控制命令通过 GPRS 网络下达至汇聚监测节点，实现远程监控。

第2章　无线传感器网络的关键技术

2.1 无线传感器网络 MAC 协议

2.1.1 概述

无线传感器网络协议的主要功能是使网络中各个独立的节点形成一个多跳的数据采集、传输网络，主要包括路由协议和 MAC 协议。其中，路由协议属于网络层，决定数据的传输路径；MAC 协议属于数据链路层，用来构建底层的基础结构，协调传感器节点的通信过程和工作模式。

无线频谱被称为无线通信的介质或媒介。研究 MAC 协议就是研究如何制定一组规则和过程来更有效、更有序、更公平地使用这些共享介质。MAC 协议其实就是介质访问控制（Medium Access Control，MAC）协议。在无线传感器网络中，介质访问控制协议决定了无线信道的使用方法，为无线传感器节点分配有限的无线通信资源，构建底层基础结构，能够直接影响网络的整体性能，是无线传感器网络的关键技术之一。

然而，由于无线传感器网络本身所具有的特点，比如节点硬件资源有限、电池不易更换、生存时间有限、监测环境易遭破坏、网络拓扑结构常动态变化等，使得传统的无线网络的 MAC 协议不能直接应用于无线传感器网络。而且，无线传感器网络的应用场合多种多样，因此需要根据无线传感器网络的实际应用环境开发不同的 MAC 协议。

总的来说，在设计无线传感器网络 MAC 协议时，需要根据不同的应用环境、不同的需求来考虑其性能指标，主要注意以下几个方面。

（1）节省能量，提高能量效率

无线传感器网络本身就具有能量约束的特点，普通监测节点多采用两节电池供电且不易更换。网络中，监测节点一般分为工作状态和休眠状态。工作状态时的能耗远大于休眠时的能耗，其中无线收发行为的能耗又占据较大比重。而 MAC 协议直接控制无线收发器的行为，所以，MAC 协议的能量效率至关重要。为了延长无线传感器网络的寿命，保证无线传感器网络尽可能长时间地有效工作，必须把节省能量、提高 MAC 协议的能量效率放在极其重要的位置。

（2）提高可扩展性

在实践中，无线传感器网络中的监测节点会随着能量的耗尽而死亡，也会有新的监测节点被部署加入网络，也有可能改变原有监测节点的位置，因此无线传感器网络的规模、节点密度、拓扑结构及负载情况都是动态变化的，所以作为负责构建无线传感器网络底层基础结构的无线传感器网络 MAC 协议，需要能够很好地适应这些变化，需要具有良好的可扩展性。

（3）提高网络效率

网络效率主要包括网络的实时性、公平性、吞吐量、带宽利用率、冲突避免以及提高 QoS 等。在传统网络中，MAC 协议往往着重考虑的是如何保证网络的公平性、如何增加网络的实时性、如何提高带宽利用率等。而在无线传感器网络中，由于节点本身硬件资源及能量的限制，同时考虑到无线传感器网络应用领域广泛，因此在设计无线传感器 MAC 协议时，要根据不同的实际应用环境及需求，在各种性能之间取得平衡。

（4）跨层设计

跨层设计指的是同时考虑到 MAC 协议、路由协议等各层协议之间的协同问题，通过跨层设计，优化无线传感器网络系统的整体性能。

目前，根据无线传感器网络各种不同的应用环境，科研人员已经从不同的角度出发，提出了多种针对无线传感器网络的 MAC 协议，主要有以下 6 种分类方法。

① 根据物理层使用的信道数量，可分为基于单信道的 MAC 协议、基于双信道的 MAC 协议、基于多信道的 MAC 协议三种。基于单信道 MAC 协议的无线传感器网络节点结构简单，但难以克服能量有效性与网络时延之间的矛盾。基于多信道 MAC 协议的无线传感器网络节点结构复杂，但是能有效地缓解能量有效性与时延之间的矛盾。

② 根据采用分布式控制还是集中式控制，分为分布式执行 MAC 协议和集中式控制 MAC 协议两种。在大规模的无线传感器网络中，通常采用分布式执行 MAC 协议。

③ 根据节点发射功率是否可调，分为功率固定式 MAC 协议和功率可控式 MAC 协议两种。

④ 根据是否考虑实时性，分为实时性 MAC 协议和非实时性 MAC 协议两种。

⑤ 根据协议发起方分类，分为接收方发起的 MAC 协议和发送方发起的 MAC 协议两种。

⑥ 根据信道的分配方式，分为基于竞争的 MAC 协议、基于分配的 MAC 协议以及混合型 MAC 协议三种。基于竞争的 MAC 协议能够采用竞争机制，根据节点需要分配信道。基于分配的 MAC 协议强制信道分配，能够实现无冲突。混合型 MAC 协议结合基于竞争的 MAC 协议和基于分配的 MAC 协议两种工作方式，能够较好地适应数据流量、网络拓扑等方面的变化。

2.1.2 典型的无线传感器网络 MAC 协议

本书主要采用根据信道分配方式的分类方法介绍几种无线传感器网络 MAC 协议。

（1）基于竞争的 MAC 协议

基于竞争的 MAC 协议的优点在于能够按需分配信道，能较好地适应节点数量、网络负载及网络拓扑结构的变化。基于竞争的 MAC 协议典型代表有 S-MAC、T-MAC、PMAC、WiseMAC 以及 Sift 等。基于竞争的 MAC 协议，其基本思想是：采用随机竞争的方式按需使用无线信道，区域内所有无线传感器网络节点共享一个普通信道，当节点需要发送数据时，通过竞争的方式抢占无线信道，从而获得信道的使用权。如果该节点通信范围内的其他节点也发起竞争，则会产生数据碰撞，此时需要采用某种策略重发数据，直到数据发送成功或者放弃为止。总之要保证同一时刻在通信区域内只能有一个节点获得该无线信道的使用权。

下面介绍几种典型的基于竞争的 MAC 协议。

① S-MAC（Sensor-MAC）协议　S-MAC 协议由 USC/ISI 的 Wei Ye 等人提出。该协议是在 IEEE 802.11 协议的基础上加以改进，并结合了 PAMAS 协议的思想。S-MAC 协议的主要设计目标是节省无线传感器网络节点的能耗，且兼顾提供良好的网络可扩展性。S-MAC 协议已经在 TinyOS、NS2 等专业仿真平台上进行了仿真实验，也在 UCB Mote 平台上进行了测试，测试结果表明源节点能耗是类似 IEEE802.11MAC 协议的源节点能耗的 1/2～1/6。

S-MAC 协议的基本思想是：a. 采用周期性睡眠/监听的低占空比的工作方式，减少空闲监听所消耗的能量；b. 对周期性睡眠/监听的调度进行同步，具有相同睡眠调度的节点形成一个虚拟簇，既保证邻居节点调度周期同步，又具有一定的可扩展性，适合多跳网络；c. 采用流量自适应侦听机制，减少传输延迟（当一个节点旁听到其相邻节点正在通信时，那么在该相邻节点通信结束后继续保持侦听一段时间，因为该旁听节点有可能是下一跳转发节点。如果该旁听节点在这段时间内收到 RTS 分组，则立即接收数据，减少了传输延迟）；如果该旁听节点在这段时间内没有收到 RTS 分组，则再进入休眠状态，等待下一次调度侦听周期；d. 采用串扰避免和消息传递机制，利用 RTS/CTS 通告机制，减少串扰和控制消息的开销（消息传递机制更有利于长消息的发送。无线通信过程中，长消息传输出错的概率要高，因此，消息传递机制首先将一个长消息分成若干短消息，再采用 RTS/CTS 通告机制预定该长消息的发送时间，然后集中、连续发送所分成的短消息）。

S-MAC 协议的缺点是采用周期性睡眠机制会导致网络的延迟加大，减少了吞吐量，采用固定调度周期会导致不能很好地适应网络负载的变化。

② T-MAC（Timeout-MAC）协议　T-MAC 协议是对 S-MAC 协议的一种改进，已经在 OMNET++仿真平台上进行了性能分析和验证。

S-MAC 协议的周期长度是不变的，节点的侦听活动时间也是不变的，同时，其周期长度要受缓存大小和延迟的限制，而活动时间主要受消息速率的影响。但是，由于缓存大小、延迟要求指标通常是确定不变的，而消息速率却是动态变化的，所以，为了保证消息的可靠及时传输，节点的活动时间需要适应最高通信负载。因此，当网络通信负载较小时，节点用在空闲监听的时间相对变多。针对 S-MAC 协议的上述问题，T-MAC 协议进行了改进。T-MAC 协议能够根据负载情况动态调整节点活动时间，能够自适应调整占空比，相对减少空闲侦听时间。

T-MAC 协议的基本思想是：以突发方式发送消息，根据通信流量动态调整周期中的节点活动时间长度，动态改变占空比，减少空闲监听时间，相对增加节点睡眠时间，最终降低节点能耗。T-MAC 协议中，节点发送消息采用 RTS-CTS-DATA-ACK 机制，并且引入一个 T_A 时隙。T-MAC 协议基本机制示意图如图 2.1 所示。

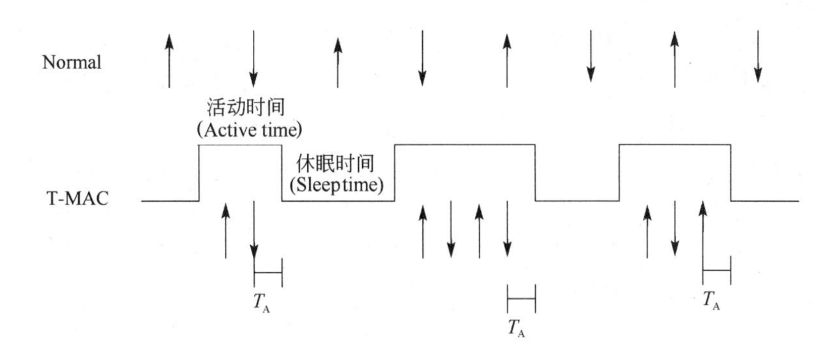

图 2.1 T-MAC 协议基本机制

当节点处于活动时间（Active time）时，可以发送消息，也可以保持侦听。但是在 T_A 时隙内，如果没有发生任何激活事件，则节点的活动状态结束，进入休眠状态。因此，T_A 时隙决定了一个周期内空闲监听的最短时间。

然而，这种动态休眠机制也会带来“早睡”问题。所谓“早睡”是指，当某节点在其邻居节点正准备向自己发送数据时恰巧进入了休眠状态。因此，T-MAC 协议节省了节点能耗，但是也增加了网络时延，降低了网络吞吐量。

③ PMAC（Patten-MAC）协议　PMAC 协议以 S-MAC 协议和 T-MAC 协议为基础进行了改进，能够根据节点自身数据流量以及邻居节点的流量模式自适应调整占空比，尽量减少节点空闲侦听所耗费的能量。

PMAC 协议的基本思想：引入一种用二进制位串表示节点休眠/唤醒状态的模式信息。模式信息中的每一位都代表节点的一种状态，其中“1”代表监听状态，“0”代表休眠状态。节点不仅可以生成自身的本地模式信息，还可以将自己的模式信息通知给其邻居节点。因此，根据模式信息节点可以预知邻居节点的下一步活动，可以结合邻居节点的模式信息调整自己的睡眠与唤醒时间，减少监听时间，有效减少空闲监听，降低节点能耗。

PMAC 协议采用流量自适应的调度机制，能够根据节点自身流量以及其邻居节点的流量自适应地调整周期占空比，具有较好的可扩展性。对于通信量较小的无线传感器网络具有更高的能量效率，对于通信量较大的无线传感器网络具有更高的带宽利用率及更小的延迟等特性，且已经在 NS2 平台上进行了仿真分析。但是，PMAC 协议增加了冲突的概率，计算时间收敛性较差，增加了控制开销，执行比较复杂。

（2）基于分配的 MAC 协议

基于分配的 MAC 协议首先将一个物理信道分成多个子信道，然后将子信道分配给所需用的节点，通常结合了 TDMA、CDMA、SDMA 或 FDMA 等机制，能够有效避免数据冲突。由于无线传感器网络能量受限，传统的分配型 MAC 协议不能直接应用在无线传感器网络中，因此需要根据不同的无线传感器网络应用环境，研究有针对性的、适用的分配型无线传感器网络 MAC 协议。适用于无线传感器网络的分配型 MAC 协议应该具有以下特点：a. 易休眠，低功耗；b. 没有冲突问题；c. 没有隐藏终端问题。

基于分配的无线传感器网络 MAC 协议典型代表有 SMACS、TRAMA 以及 DMAC 等。

① TRAMA 协议　TRAMA（traffic adaptive medium access）协议是一种流量自适应介质访问协议，是基于 TDMA 的分配型无线传感器网络 MAC 协议，已经在 Qualnet 平台上进行了仿真验证。

TRAMA 协议的基本思想：将一个物理信道分成多个时隙，通过对这些时隙的复用为数据和控制信息提供信道。根据节点 ID 号和当前时隙号，可以为各节点计算其时隙使用优先级，优先级最高的节点使用当前时隙，使用完毕后则放弃时隙使用权，重新分配时隙。TRAMA 协议将时间主要分为调度访问阶段和随机访问阶段两部分，其示意图如图 2.2 所示。由图可以看出，传输时隙的长度是固定的，信令时隙小于传输时隙，此外还包括切换阶段。网络内节点可交换一跳及两跳邻居节点信息，采用流量自适应的分布式选举机制，选举每个时隙的无冲突发送者。这种预订时隙机制，能够给长数据信息发送者提供无竞争时隙，给短周期控制信息提供随机接入。

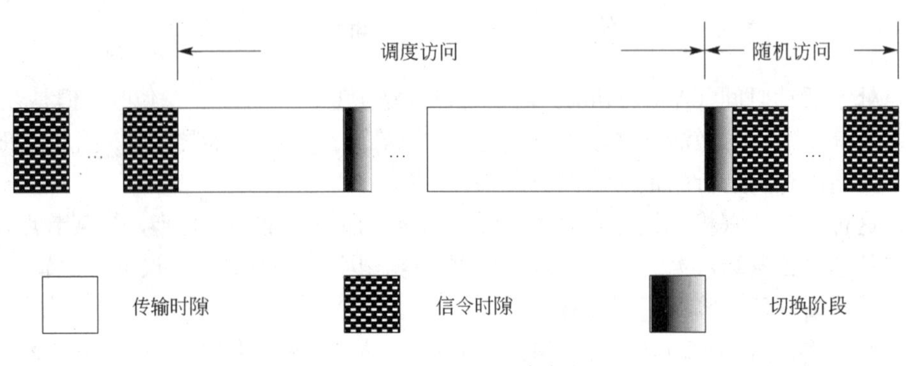

图 2.2　TRAMA 时隙分配

TRAMA 协议主要由三部分组成：a．NP（Neighbor Protocol）协议，即邻居协议；b．SEP（Schedule Exchange Protocol）协议，即调度交换协议；c．AEA（Adaptive Election Algorithm），即自适应选举算法。

TRAMA 协议能够提高能量效率，能够较快适应网络变化，能有效避免冲突，具有较高的节点公平性和数据吞吐量，比较适合于需要周期性采集监测数据的应用环境。但是，TRAMA 协议的时钟同步需要一定的通信开销，需要较大的存储空间，复杂度较高，对节点的硬件要求较高。

② DMACA 协议　DMACA 协议是特别适用于无线传感器网络中的树形结构网络，该协议结合 SMAC 和 TMAC 的思想进行了改进，能有效解决 SMAC 和 TMAC 协议中存在的数据转发停顿问题。

DMACA 协议的基本思想：a．采用交错调度机制，能够减少数据在网络中的传输延迟；b．采用自适应占空比机制、ACK 应答机制，能够根据网络流量动态调整占空比；c．采用预先分配机制，能够有效避免休眠延迟；d．采用 MTS 帧机制、数据预测机制，能够降低不同父节点的邻居节点之间干扰造成的传输延迟。

DMACA 协议能够有效降低网络中节点的能量消耗，降低数据的传输延迟，但是 DMACA 协议的缺点在于实现复杂且假设条件过多。

（3）混合型 MAC 协议

混合型 MAC 协议的优点在于能够整合竞争式 MAC 协议与分配式 MAC 协议两种工作思想，有利于提升无线传感器网络整体性能。下面介绍无线传感器网络混合型 MAC 协议中的典型代表——Z-MAC 协议。

Z-MAC（Zebra MAC）协议是一种结合 TDMA 与 CSMA 的混合型 MAC 协议，其基本思想是：结合 TDMA 机制与 CSMA 机制的长处，以 CSMA 为基本方法，必要时采用 TDMA

方法，从而能够根据网络的竞争程度自适应调整信道接入方式。通常在低竞争环境下采用CSMA接入方式，而在高竞争环境下采用TDMA接入方式解决信道冲突问题。

在网络建立初期，Z-MAC协议需要顺序执行以下4个步骤：a. 邻居发现；b. 时隙分配；c. 本地帧信息交换；d. 时钟同步。所以在网络建立初期的开销较大，但是经过网络的长期稳定运行，平均能耗会有所下降。

Z-MAC协议是一种分布式协议，结合了竞争型MAC与分配型MAC的特点，低竞争环境下以CSMA接入方式为基础，高竞争环境下则采用TDMA接入方式，具有较好的可靠性、容错性以及可扩展性，且已经在NS2平台和TinyOS平台上进行了性能分析和验证。但是，Z-MAC协议算法复杂，在启动阶段需要时钟同步，在一定程度上影响了该协议的适用范围。

2.2 无线传感器网络路由协议

2.2.1 概述

无线传感器网络路由协议对无线传感器网络的性能起着至关重要的作用，决定了数据的传输路径，是无线传感器网络的关键技术之一。但是，无线传感器网络不同于传统无线网络和Ad Hoc网络，前者是以数据为中心，而后者是以传输数据为目的。同时，无线传感器网络的应用环境更加复杂，传感器节点本身的计算、存储、通信能力更有限，节点部署密度更高，其拓扑结构更易发生变化。因此传统无线网络的路由协议不适合无线传感器网络的特点和应用环境，需要专门研究设计适用于无线传感器网络的路由协议。

同时，无线传感器网络路由协议是高度面向应用的，不同的应用背景对路由协议的性能指标要求不同、侧重点不同，没有任何一种无线传感器网络路由协议能够适用于所有的应用背景。因此，需要根据不同的应用背景设计不同类型的路由协议。目前，国内外许多大学和研究机构纷纷投入了大量的研发力量进行无线传感器网络路由协议的研究。

无线传感器网络路由协议解决的是WSN数据传输问题，是无线传感器网络的核心技术之一。由于无线传感器网络是高度面向应用的，不同的应用环境对无线传感器网络路由协议的性能指标要求也不同，目前尚未形成统一的性能评价标准。但是,在设计无线传感器网络路由协议时，往往需要综合考虑以下性能指标。

（1）能量有效性及网络生存时间

由于无线传感器网络硬件资源及能量极端受限，且电池不易更换，一旦网络中较多的节点能量耗尽，将导致网络重组或瘫痪，严重缩短网络的生存时间。所以，一般都把降低节点能耗和延长网络生存时间作为无线传感器网络路由协议设计的首要目标。

（2）可扩展性

为了适应无线传感器网络网络拓扑的动态变化，实现大量节点的协同工作，WSN的路由机制应具有良好的可扩展性。

（3）容错性

由于外界环境的影响、敌方的恶意破坏以及节点自身能量耗尽等因素，常常导致网络中部分节点失效，这就要求应用于无线传感器网络的路由算法具有较高的容错性。

（4）快速收敛

收敛是指所有担当路由器的无线传感器网络节点在判断最佳路径时信息更新达到一致的过程。收敛慢的无线传感器网络路由算法可能会导致网络中断或路径循环。

（5）安全性

随着无线传感器网络应用研究的深入，WSN 的安全性将引起越来越多的重视。无线传感器网络安全路由协议对于保证整个无线传感器网络的安全起着重要的作用。

此外，在设计无线传感器网络路由协议时还需要遵循以下原则：

① 由于无线传感器网络通常布置在恶劣或危险的环境中，节点电池容量有限且不易更换，所以，为了延长无线传感器网络节点的寿命及网络生存时间，需要降低能耗或均衡能耗；

② 由于无线传感器网络是以数据为中心的，其最终目的是收集数据，因此，不需要过于计较通信带宽；

③ 网络中邻近节点采集的数据往往具有空间相关性，产生较多的数据冗余，且传输数据时的能耗较大，因此，需要进行数据汇集和数据融合操作，消除冗余，减少通信量，降低能量消耗。

无线传感器网络路由协议的分类没有统一的标准，目前比较认可的分类方式如图 2.3 所示。可以看出,若根据无线传感器网络的拓扑结构进行分类，无线传感器网络路由协议可分为平面路由协议、层次路由协议及基于位置的路由协议三大类；若根据无线传感器网络路由协议的应用特征进行分类，无线传感器网络路由协议可分为基于多径的路由协议、基于可靠的路由协议、基于协商的路由协议、基于查询的路由协议、基于位置的路由协议、基于 QoS 的路由协议等。

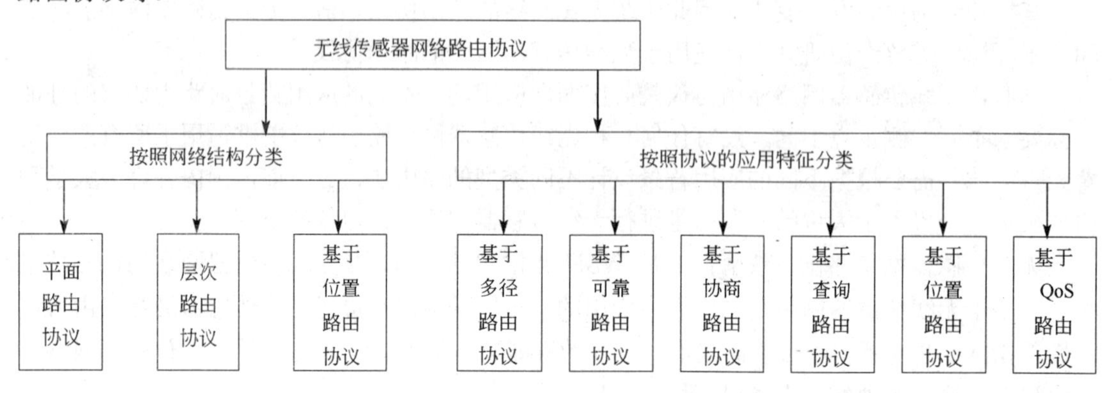

图 2.3 无线传感器网络路由协议分类

在以上分类中，层次无线传感器网络路由协议的基本思想是：将网络内节点进行分簇，每簇由一个簇头节点及若干簇成员节点组成，其拓扑结构是树形的。各簇内节点将监测信息发送给簇头节点，簇头承担本簇的数据收集、处理和转发任务，簇头节点进行数据融合后再转发给 sink 节点（汇聚节点）。无线传感器网络层次型路由协议通过分簇能够提高网络可扩展性，减少数据通信量，相对其他类型的算法更能节省能耗，延长网络生存时间。因此，无线传感器网络层次型路由协议是无线传感器网络路由协议研究领域的一个重要分支。

由于无线传感器网络节点资源的限制，无线传感器网络路由协议的设计通常比较简单，导致了无线传感器网络路由协议的抗攻击能力很弱，不仅部署在敌方区域的节点容易被敌方捕获造成物理上的破坏，而且攻击者可以操纵数据或者路由协议报文对无线传感器网络进行破坏。对无线传感器网络的攻击可分为两大类：被动式攻击和主动式攻击。主动式攻击又可以分为外部攻击和内部攻击两类。其攻击方法主要有以下几种：虚假路由信息攻击、选择性转发（selective forwarding）攻击、Sinkhole 攻击、Sybil 攻击、Wormhole 攻击、HELLO 泛洪攻击、确认欺骗（Acknowledgement spoofing）攻击。现将几种典型的 WSN 路由协议可能遭受到的攻击类型进行总结，见表 2.1。

表 2.1　无线传感器网络典型路由协议所遭受的攻击类型汇总

路由协议类型	相应的可能遭受到的攻击类型
Directed diffusion、SPIN、SAR、TinyOS beaconing	虚假路由信息、选择性转发、Sinkhole、Sybil、Wormhole、HELLO 泛洪
Minimum cost forwarding	虚假路由信息、选择性转发、Sinkhole、Wormhole、HELLO 泛洪
LEACH、TEEN、PEGASIS	选择性转发、Sybil、HELLO 泛洪
GPSR、GEAR	虚假路由信息、选择性转发、Sybil
SPAN、GAF	虚假路由信息、Sybil、HELLO 泛洪
Rumor routing	虚假路由信息、选择性转发、Sinkhole、Sybil、Wormhole

2.2.2　典型的无线传感器网络路由协议

下面介绍几种典型的无线传感器网络路由协议，比如 Flooding 协议和 Gossiping 协议、SPIN 协议、Directed Diffusion 协议、GAF（geographical adaptive fidelity）协议和 LEACH 协议等。

（1）Flooding 协议

Flooding 协议是一种传统的路由协议，也是应用于传感器网络较早的一种路由协议。Flooding 协议的基本思想是：不需要维护网络拓扑结构和相关的路由计算，节点仅简单地将所收到的数据包广播出去，如此继续下去，直到数据包到达目的节点，或者数据包的传输达到最大跳数为止，或者所有节点都拥有此数据副本为止。Flooding 协议比较简单，其缺点是网络中节点会多次收到相同的数据，容易导致消息的内爆（Implosion）、重叠（Overlap）。内爆是指几乎同时将同一个数据包多次转发给同一个节点的现象。重叠是指重叠区域的同一事件被相邻的多个节点发送给它们共同的邻居节点多次的现象。Flooding 协议还存在资源盲目利用的问题。

（2）Gossiping 协议

Gossiping 协议对 Flooding 协议进行了改进。Gossiping 协议主要解决 Flooding 协议的内爆问题，避免信息爆炸。在 Gossiping 协议中，节点在发送数据时，随机选择一个邻居节点发送数据副本，并不向所有邻居节点都进行广播，有效避免了消息内爆问题。但是 Gossiping 协议无法解决消息重叠问题及资源盲目利用问题，同时还增加了端到端的数据时延。

（3）SPIN 协议

SPIN 协议是一种基于协商以数据为中心的自适应路由协议，通过协商机制和资源自适应机制来解决 Flooding 协议中的内爆及重叠问题。SPIN 协议有四种不同的形式：SPIN-PP、SPIN-EC、SPIN-BC 和 SPIN-RL。

SPIN 协议的主要思想是：利用 ADV、REQ 和 DATA 三种类型的消息进行数据协商。其中 ADV 消息用于新数据广播，其大小远小于 DATA；REQ 消息表示请求发送数据；DATA 消息表示数据。当 WSN 节点有新的数据需要转发时，首先向邻居节点广播 ADV 消息；根据 ADV 消息中对新数据属性的描述，对该数据感兴趣的邻居节点会向该节点发送 REQ 消息作为应答，表示请求发送数据；然后，该 WSN 节点根据收到的 REQ 消息，向有需求的邻居节点发送 DATA 消息。

SPIN 协议可以有效地解决 Flooding 协议中的内爆和重叠问题，能够避免资源的盲目利用，节省能耗。但是，SPIN 协议的缺点是，会出现数据盲点，当网络规模较大时，仍然会出现 ADV 消息的内爆问题。

（4）Directed Diffusion 协议

Directed Diffusion 协议是以数据为中心、查询驱动的路由协议。Directed Diffusion 协议主要由兴趣（interest）扩散阶段、梯度（gradient）建立阶段和路径加强阶段三个阶段构成。兴趣消息（interest）表示查询任务，sink 节点周期性地向邻居节点以泛洪的方式广播兴趣消息。网络内节点收到兴趣消息后建立相应的梯度，并将该兴趣消息继续广播给它的邻居节点，建立临时的梯度场。然后，节点将数据包沿着梯度方向发送给 sink 节点。sink 节点则从若干条返回路径中选择一条代价最小的作为加强路径，后续的数据包则沿着该加强路径发送到 sink 节点。

（5）GAF（geographical adaptive fidelity）协议

GAF 协议是平面分簇算法，使用地理位置信息作为辅助的路由协议。GAF 协议包括虚拟单元格的划分和簇头节点的选择两个阶段。GAF 协议将检测区域划分成若干虚拟单元格，将节点按照地理位置信息划入相应的单元格。各单元格内的所有节点定期通过选举产生簇头，使簇头节点保持活动状态，其他节点则进入睡眠状态。

（6）LEACH 协议

LEACH（low energy adaptive clustering hierarchy）协议是基于低能量自适应分簇的层次型路由协议。LEACH 协议的基本思想是：网络周期性地随机选择簇头节点，其他的非簇头节点基于接收信号的强度以就近原则选择相应的簇头节点并形成虚拟簇。簇成员节点将采集到的数据直接发送给本簇的簇头节点，簇头节点将本簇的数据融合处理后再转发给 sink 节点。LEACH 协议每过一段时间就需要进行簇重构过程。每次重构称为一轮，每“轮”分为两个阶段：周期性的簇的建立阶段与稳定的数据通信阶段。

LEACH 协议采用的网络模型如下：sink 节点位置固定且远离无线传感器网络其他节点，有足够的能量供应；所有传感器节点同构、初始能量相同且有限；通信信道是对称的，且无线电信号在各个方向的能耗是相同的；传感器节点之间可以相互通信，能够控制自身的发射功率，且有足够的能量与基站直接通信；传感器节点总有数据要向基站发送，有较高的空间相关性，有较高的数据冗余。网络中的节点是基本静止的。

在 LEACH 路由协议中，采用的能量损耗模型是一阶无线电模式（first order radio model），如图 2.4 所示，E_{elec} 代表无线收发器的电路部分消耗的能量，ε_{amp} 代表信号放大器的放大倍数，d 代表信号传输的距离，n 是由无线电信道决定的常量，则节点发送 k 比特的数据到距离

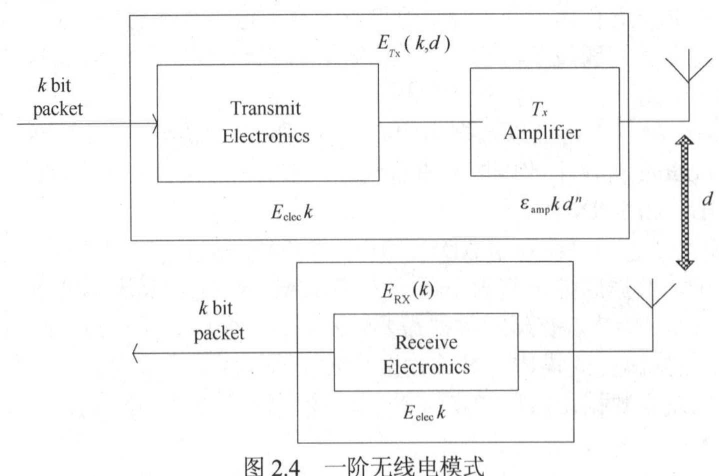

图 2.4 一阶无线电模式

为 d 的另一节点所消耗的能量为：

$$E_{\mathrm{TX}}(k,d)=E_{\mathrm{elec}}k+\varepsilon_{\mathrm{amp}}kd^{n} \tag{2.1}$$

节点接收 k 比特的数据所消耗的能量为：

$$E_{\mathrm{RX}}(k)=E_{\mathrm{elec}}k \tag{2.2}$$

因此，发送数据所消耗的能量远大于接收数据所消耗的能量，信号传输距离越长，耗能越多，所以，为了降低能耗，应该尽量缩短通信距离以及减少所要传输的数据量。

LEACH 协议将传感器节点划分成不同的簇，每簇选举一个节点为簇头，其余节点为簇内节点。簇内节点将数据发送给本簇的簇头节点，簇头节点收集簇内信息进行数据压缩后再发送给 sink 节点。LEACH 协议中的操作是分“轮”进行的，每“轮”可分为两个阶段：周期性的簇的建立阶段与稳定的数据传输阶段。其中，簇的建立阶段又包括簇头的选举以及簇的形成这两部分。为了节省能量，稳定的数据传输阶段的时间远远大于簇的建立阶段的时间。当稳定的数据传输阶段结束后，即进入下一“轮”的簇的建立阶段，整个网络开始下一“轮”的工作周期。

首先选举簇头节点，簇头选举方法为：给每个节点设定一个阈值 $T(n)$，同时产生一个介于 0、1 之间的随机数。若产生的这个随机数小于阈值 $T(n)$，则该节点当选为簇头并向网络中发出通知，宣布自己是簇头。其中 $T(n)$ 按式（2.3）进行计算：

$$T(n)=\begin{cases}\dfrac{P}{1-P[r\bmod(1/P)]} & n\in G\\ 0 & \text{其他}\end{cases} \tag{2.3}$$

上式中，P 是簇首节点占所有传感器节点中的百分比，r 是当前轮数，G 是最近前 $r\bmod(1/P)$ 轮中还未当选为簇头的节点集合。

新当选的簇头使用相同的发射功率，运用 CSMA（carrier-sense multiple access）MAC 协议，主动广播包含自身 ID 的 ADV 消息，宣布自己是新当选簇头。其他节点将作为簇成员节点，接收各个簇头节点广播的 ADV 消息，并根据接收信号的强弱选择所属的簇。簇成员节点选定簇头后，向该簇头发送 Join-Request 消息请求加入该簇。 簇头接收到所有簇成员节点发送的 Join-Request 消息后，根据簇成员节点的数目，产生 TDMA 时隙表，并给每个簇内成员分配一个时隙，规定成员节点只能在各自的时隙内发送数据，在其他时隙可以关闭自己的无线收发装置以节省能量。至此，在无线传感器网络内划分形成了各个簇，其成簇流程图如图 2.5 所示。

下面分析稳定的数据传输阶段。簇头从一组扩展码中选出不同的扩展码作为各自簇的识别码。进行簇内通信时，根据此识别码可以滤除其他簇的信号。在数据传输阶段，簇头的接收器始终处于开启状态，簇内成员节点在属于自己的时隙到来时才开启收发器，其他时隙则关闭收发器以节省能耗。簇内成员节点在各自的时隙向簇头发送数据，簇头接收完一帧的数据后，对所接收到的数据进行数据融合并转发给 sink 节点。为了避免簇间干扰，不同的簇内部通信采用 CDMA 机制。LEACH 协议的操作时间流程如图 2.6 所示。

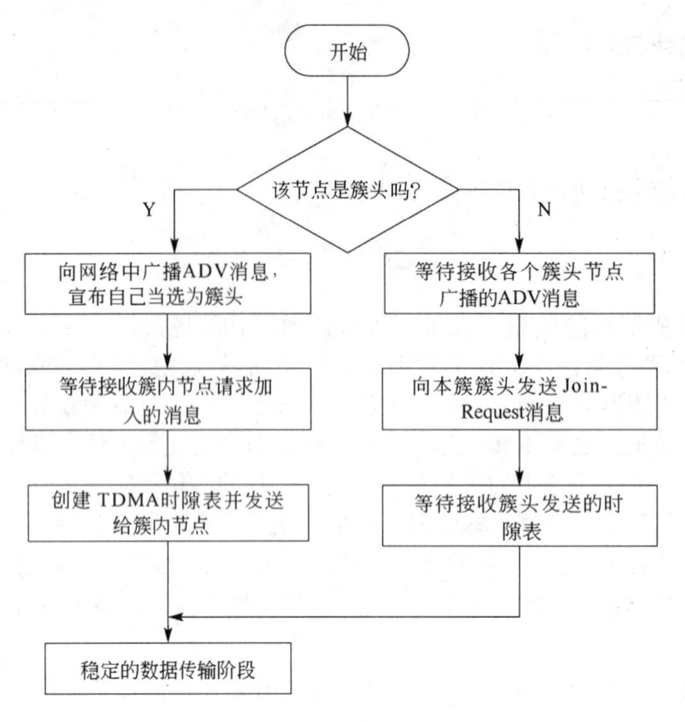

图 2.5　成簇流程图

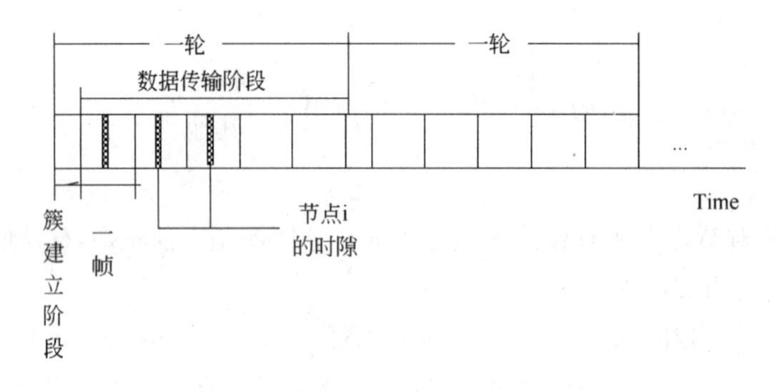

图 2.6　LEACH 的操作时间流程图

LEACH 协议容易受到三种类型的路由攻击：选择性转发攻击、Sybil 攻击和 HELLO 泛洪攻击，下面分析 LEACH 协议的安全威胁。

LEACH 协议中，簇头的选举阶段，攻击者可以采取 Sybil 攻击，使一个节点呈现出多重身份，增加自己被选择为簇头的机会。同时，对于根据节点剩余能量选择簇头的一些 LEACH 的改进协议，攻击者用性能远强于传感器节点的设备在网络内散布信息，很容易当选为簇头，控制覆盖区域内所有传感器节点。

普通节点依据收到不同簇头节点广播信号的强度来选择加入哪个簇，攻击者可利用此点进行 HELLO 泛洪攻击。攻击者以大功率进行广播，使大量节点都选择该恶意节点作为自己的簇头节点并加入该簇。然后，攻击者可以结合其他攻击方式，比如选择性转发、修改数据包等，导致网络的瘫痪。

如果网络的规模或簇头的数量相当小，攻击者能够利用少量的节点，使用同样的技术对整个传感器网络进行一次选择性转发攻击。

在 LEACH 的一些改进算法中，拒绝在连续轮选举中使用相同的节点作簇头，以及不根

据收到广播信号的强度选择加入簇，而是随机选取一个簇，像这样的改进策略容易遭受 Sybil 攻击。

因此，针对 LEACH 协议易受的攻击类型，已经有许多专家提出相应的安全对策。

（1）关于防止 Sybil 攻击

由于不能阻止内部节点加入网络，因此在 Sybil 攻击中攻击者可以利用“叛变”节点的身份加入网络，并且利用一个全局共享密钥允许攻击者伪装成网络中的任何节点（甚至不存在的节点），所以，必须对节点身份进行验证。传统的使用公共密钥加密的方法超出了节点的能力范围。

Newsome J 等人利用对称密钥管理技术，提出一种防御方案。使用可信任基站让每个节点共享唯一的对称密钥。两个节点之间可以使用像 Needham-Schroeder 这样的协议来验证彼此的身份，并建立一个共享密钥。一对邻居节点使用产生的密钥来实现一个验证，加密它们之间的链路。为了防止内部攻击者在固定的网络中漫游并与网络中的每个节点建立共享密钥，基站适度地限制其邻居的数量，当超标时就发送错误信息告警。因此，一个入侵攻击节点只能利用能通过验证的节点，而不能利用其他任何节点。

（2）关于防止 HELLO 泛洪攻击

进行链路双向验证是对抗 HELLO 泛洪攻击的一个简单方法。即节点在对接收消息采取动作之前，对链路进行双向验证。在防止 Sybil 攻击中描述的身份验证机制，足以抵御 HELLO 泛洪攻击。它不仅能对两个节点之间的链路进行双向验证，而且即使对于装备很好的具有高度灵敏接收机的攻击者或者在网络的多个位置有 Wormhole 的攻击者，当少量节点“叛变”时，可信任基站能够通过限制节点验证邻居节点的数目，来抵御网络中大规模的 HELLO 泛洪攻击。

（3）关于防止选择性转发攻击

使用多径路由可以抵御选择性转发攻击。如果“叛变”节点距源节点或基站较近，那么即使某种路由协议能够防止 sinkholes、wormholes 和 Sybil 攻击，“叛变”节点也很有可能使它自己处于数据流当中并发动一场选择性转发攻击。

使用多径路由防御措施时，若最多存在 n 个“叛变”节点，则利用 n 条完全不相交路径进行消息的发送，可有效防止选择性转发攻击。甚至当 n 个节点完全“叛变”时，使用这种方法也能起到一定的防护作用。但是，n 条完全不相交的路径很难创建。使用多条只有共用节点却没有共用链路（即没有两个连续的共有节点）可以对选择性转发攻击提供可能的保护，而且仅仅使用局部信息。此外，允许节点从一组可能的候选节点中动态地随机选择数据包的下一跳，可以进一步减少攻击者完全控制数据流的可能性。

下面将上述几种典型无线传感器网络路由协议的优缺点进行小结，如表 2.2 所示。

表 2.2 无线传感器网络几种路由协议的比较

路由协议	类　型	优　点	缺　点	适 用 环 境
Flooding	平面路由	实现简单，无需为路由消耗能量	容易引起信息爆炸和重叠	适用于健壮性要求较高的场合
Gossiping	平面路由	克服了信息爆炸	端到端时延较大，没有解决信息重叠现象	适用于健壮性要求较高的场合
SPIN	以数据为中心	克服了信息爆炸、重叠以及冗余数据的传输	各节点之间功耗分布不均衡，可扩展性较差	适用于规模较小的网络
LEACH	层次路由	均衡了节点能耗，便于管理	簇的维护开销较大	适用于检测区域较小、传感器节点采集的数据具有高度相似性的网络
GAF	基于位置的路由	对节点密度较高的网络能够延长网络的生命周期	对节点密度较低的网络节能效果较差	适用于节点密度较高的网络

2.3 无线传感器网络定位技术

“定位”是指确定位置，主要包含两方面，既包括确定节点自身的位置，也包括确定监测目标的位置。由不同的定位技术所获得的定位信息可以有多种用途，比如目标跟踪管理、辅助路由、辅助网络管理、虚拟现实以及目标导航等。目前，比较成熟的卫星导航系统主要有美国的全球定位系统（GPS）、俄罗斯的 GLONASS、中国的北斗卫星导航系统等。尽管这些卫星导航系统比较成熟，且具有定位精度高、实时性好、抗干扰能力强等优点，但是并不适合无线传感器网络使用。因此，需要根据无线传感器网络的应用环境，专门研究适用的定位系统。

在无线传感器网络的很多应用中，位置信息通常是传感器节点采集数据中不可缺少的部分，因为不携带位置信息的监测数据常常没有意义，因此，能够确定采集数据的节点的位置或事件（比如森林火灾事件）发生的位置是无线传感器网络的基本功能之一。随机部署的节点需要在部署完成后确定自身所处的位置，该定位信息不仅可以用来报告事件发生的位置，还可以进行目标跟踪、目标轨迹预测、协助路由以及网络拓扑管理等。

无线传感器网络的节点定位技术具有自组织、能量高效、分布式计算等特性，同时也具有良好的鲁棒性。在无线传感器网络中，定位算法通常有以下几种分类方法：① 基于测距的定位算法和无需测距的定位算法；② 基于参考节点的定位算法和无参考节点的定位算法；③ 绝对定位算法与相对定位算法；④ 根据计算方式分为集中式定位算法、增量式定位算法和分布式定位算法。节点定位的基本方法有三边测量法、三角测量法、极大似然估计法等。

下面采用基于测距的定位算法和无需测距的定位算法的分类方法，介绍几种经典的无线传感器网络定位算法。

（1）基于测距的无线传感器网络定位算法

基于测距的定位技术，需要通过一定的方法测量或估计实际节点间的距离或角度，然后根据几何关系来计算未知节点的位置，比如可以利用三边定位算法、多边定位算法或角度定位算法计算未知节点的位置。无线传感器网络常用的测距方法主要有 RSSI、TOA、TDOA 和 AOA 等。

下面分别介绍三边定位算法 Trilateration、多边定位算法 Multilateration 和三角定位算法。

① 三边定位法 Trilateration　三边定位方法需要已知 3 个参考节点的坐标，如图 2.7 所示。已知 3 个参考节点 A、B、C 的坐标为节点 $A(a_x, a_y)$、节点 $B(b_x, b_y)$、节点 $C(c_x, c_y)$，待定位节点 D 的坐标为（x，y），通过测距可以得到待定位节点与参考节点 A、B、C 的距离分别为 r_1 、r_2 、r_3，则：

$$\begin{cases}(x-a_x)^2+(y-a_y)^2=r_1^2\\(x-b_x)^2+(y-b_y)^2=r_2^2\\(x-c_x)^2+(y-c_y)^2=r_3^2\end{cases}\tag{2.4}$$

通过计算可得待定位节点的坐标（x，y）为：

$$\begin{bmatrix}x\\y\end{bmatrix}=\begin{bmatrix}2(a_x-c_x) & 2(a_y-c_y)\\2(b_x-c_x) & 2(b_y-c_y)\end{bmatrix}^{-1}\begin{bmatrix}x_1^2-x_3^2+y_1^2-y_3^2-r_1^2+r_3^2\\x_2^2-x_3^2+y_2^2-y_3^2-r_2^2+r_3^2\end{bmatrix}\tag{2.5}$$

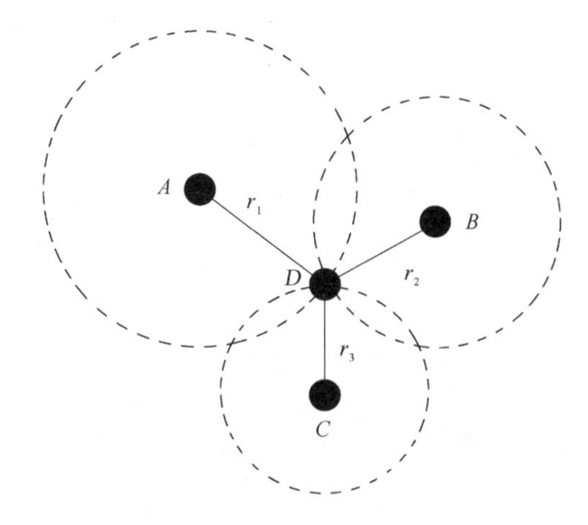

图 2.7 三边定位示意图

② 多边定位法 Multilateration 多边定位方法需要已知多个参考节点的坐标，例如节点 $A(x_1,y_1)$、$B(x_2,y_2)$、$C(x_3,y_3)$ ……，待定位节点的坐标为（x，y），通过测距可以得到待定位节点与参考节点的距离分别为 r_1 、r_2 、r_3……，则：

$$\begin{cases}(x-x_1)^2+(y-y_1)^2=r_1^2\\(x-x_2)^2+(y-y_2)^2=r_2^2\\\cdots\\(x-x_n)^2+(y-y_n)^2=r_n^2\end{cases} \tag{2.6}$$

对上式进行变形得：

$$\begin{bmatrix}2(x_1-x_n) & 2(y_1-y_n)\\2(x_2-x_n) & 2(y_2-y_n)\\ \cdots & \\2(x_{n-1}-x_n) & 2(y_{n-1}-y_n)\end{bmatrix}\begin{bmatrix}x\\y\end{bmatrix}=\begin{bmatrix}x_1^2-x_n^2+y_1^2-y_n^2-r_1^2+r_n^2\\x_2^2-x_n^2+y_2^2-y_n^2-r_2^2+r_n^2\\\cdots\\x_{n-1}^2-x_n^2+y_{n-1}^2-y_n^2-r_{n-1}^2+r_n^2\end{bmatrix} \tag{2.7}$$

令 $\boldsymbol{A}=\begin{bmatrix}2(x_1-x_n) & 2(y_1-y_n)\\2(x_2-x_n) & 2(y_2-y_n)\\ \cdots & \\2(x_{n-1}-x_n) & 2(y_{n-1}-y_n)\end{bmatrix}$，$\boldsymbol{b}=\begin{bmatrix}x_1^2-x_n^2+y_1^2-y_n^2-r_1^2+r_n^2\\x_2^2-x_n^2+y_2^2-y_n^2-r_2^2+r_n^2\\\cdots\\x_{n-1}^2-x_n^2+y_{n-1}^2-y_n^2-r_{n-1}^2+r_n^2\end{bmatrix}$，$\boldsymbol{X}=\begin{bmatrix}x\\y\end{bmatrix}$，则待定位节点的坐标（$x$，$y$）的估计值 $\hat{x}$ 可以通过下式求解：

$$\hat{\boldsymbol{x}}=(\boldsymbol{A}^T\boldsymbol{A})^{-1}\boldsymbol{A}^T\boldsymbol{b} \tag{2.8}$$

③ 三角定位法 常用的角度定位方法有两种情况：已知 3 点和 3 个夹角确定一点，即三角定位（Triangulation）；已知两个顶点和夹角的射线确定待定位节点。下面介绍三角定位算法。

已知 3 个参考节点 A、B、C 的坐标为节点 $A(a_x,a_y)$、节点 $B(b_x,b_y)$、节点 $C(c_x,c_y)$，待定位节点 D 的坐标为（x，y）且相对于 3 个参考节点的角度分别为 $\alpha(\angle ADB)$ 、$\beta(\angle ADC)$ 、$\gamma(\angle BDC)$ 。

首先，对于节点 A、B 和角 α，能够确定一个圆，且设该圆圆心为 P_1（x_{p1}，y_{p1}），半径为 r_1，令 $\theta=\angle AP_1B=(2\pi-2\alpha)$，则：

$$\begin{cases}\sqrt{(x_{p1}-a_x)^2+(y_{p1}-a_y)^2}=r_1\\\sqrt{(x_{p1}-b_x)^2+(y_{p1}-b_y)^2}=r_1\\(a_x-b_x)^2+(a_y-b_y)^2=2r_1^2-2r_1^2\cos\theta\end{cases}\tag{2.9}$$

由上式可以得到圆心 P_1（x_{p1}，y_{p1}）和半径 r_1。

同理，对于节点 B、C 和角 γ（$\angle BDC$），可得相应的圆心 P_2（x_{p2}，y_{p2}）和半径 r_2；对于节点 A、C 和角 β（$\angle ADC$），可得相应的圆心 P_3（x_{p3}，y_{p3}）和半径 r_3。然后利用三边定位法，由 P_1（x_{p1}，y_{p1}）、P_2（x_{p2}，y_{p2}）和 P_3（x_{p3}，y_{p3}）最终确定待定位节点 D 的坐标。

（2）无需测距的无线传感器网络定位算法

无需测距的无线传感器网络定位算法不需要测量实际节点间的距离或角度，利用网络的连通性，通过多跳路由信息交换等方法来估计节点的位置。典型的无需测距的无线传感器网络定位算法包括质心算法（Centroid Algorithm）、凸规划算法（Convex Optimization）等。

① 质心算法（Centroid Algorithm） 质心（Centroid）是指多边形的几何中心，质心坐标是多边形各顶点坐标的平均值。设多边形各顶点坐标为（x_1，y_1），（x_2，y_2），…，（x_n，y_n），则该多边形的质心坐标为：

$$(X_{\text{ctd}},\ Y_{\text{ctd}})=(\frac{1}{n}\sum_{i=1}^{n}x_i,\frac{1}{n}\sum_{i=1}^{n}y_i)\tag{2.10}$$

质心定位算法基于网络连通性直接求解若干参考节点构成的多边形的质心，算法实现简单，开销较小。但是质心定位算法只能实现粗粒度定位，定位精度与参考节点的密度有关。

② 凸规划算法（Convex Optimization） 凸规划定位算法是由加州大学伯克利分校的 Doherty 等人提出的。该算法将整个网络模型转化为一个凸集，将节点间的通信连接作为节点位置的几何约束，然后将节点定位问题转化为凸约束优化问题，通过半定规划、线性规划等方法得到一个全局优化的定位解决方案，最终确定节点位置。

凸规划定位算法是一种集中式定位算法，在参考节点比例达到 10%时，其定位精度约为 100%。但是，为了保证定位精度，参考节点需要部署在网络的边缘。

2.4 无线传感器网络操作系统

2.4.1 概述

由于无线传感器网络的特殊性，需要研究基于传感器网络的操作系统以及相关软件。无线传感器网络中的节点，其实就是一个微型的嵌入式系统，但是其硬件资源相当有限，因此要求节点的操作系统能够节能高效地使用有限的硬件资源，并能够对各种特定的应用提供最大的支持。目前，针对无线传感器网络开发的专用操作系统主要有 TinyOS（加州大学伯克利分校开发）、Mantis OS（缩写 MOS，科罗拉多大学开发）、SOS（加州大学洛杉矶分校开发）、Magnet OS（康奈尔大学开发）、SenOS（汉城大学开发）、PEEROS（欧洲 EYES 项目组开发）和 Contiki（瑞士计算机科学院开发）等。这些操作系统的结构可以分为组件结构、虚拟机、层次结构、状态机、函数库等几种。

其中，TinyOS、Mantis OS 以及 SOS 是比较有代表性的、适用于无线传感器网络的、开放源码的无线传感器网络操作系统。TinyOS 是一个事件驱动的无线传感器网络操作系统，采用先进先出的调度策略，能够对底层硬件进行封装，可以向用户提供易于使用的组件，把若干组件连接起来就能组成一个可执行程序。其中，组件包括模块（module）和配件（configuration）两种类型。Mantis OS（缩写 MOS）是一种基于抢占的多线程无线传感器网络操作系统，具有优先级调度，能够提供实时服务。SOS 也是一种事件驱动的无线传感器网络操作系统，采用优先级调度机制、动态的内存分配，由可动态装载的模块与静态内核组成。

2.4.2 TinyOS 操作系统

无线传感器网络的操作系统是无线传感器网络的基本软件环境，它的高效性、灵活性和实时性直接影响到系统的性能。其中，TinyOS 是最具代表性的，是一种得到广泛认可的典型的无线传感器网络操作系统。TinyOS 是用 nesC 语言编写的、基于组件结构和事件驱动的一种微型操作系统。

（1）TinyOS 的体系结构及其通信机制

TinyOS 是一个开源的利用 nesC 编程实现的嵌入式操作系统，遵循 2 层调度机制，其体系结构如图 2.8 所示。

TinyOS 的应用程序必须从 main 组件开始，main 组件首先对硬件初始化，然后执行调度程序，调度程序提供了运行 TinyOS 组件的接口 StdControl；应用组件实现具体的应用的功能；系统组件包括执行、传感及通信组件，执行提供给应用层的服务；硬件抽象组件分为 3 个抽象层次，从下到上依次为 HPL（硬件描述层）、HAL（硬件抽象层）和 HIL（硬件独立层）。

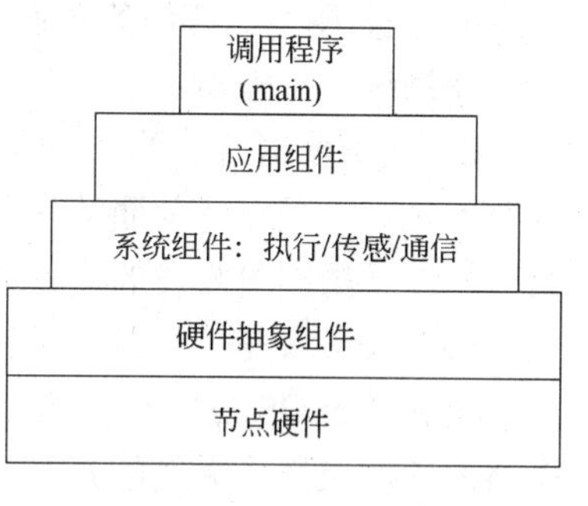

图 2.8　TinyOS 体系结构

无线传感器网络操作系统的通信协议不仅影响到通信功率的大小，而且影响到通信的可靠性。TinyOS 采用主动消息（active message）通信协议，该协议是一种基于事件驱动的高性能并行通信协议。为了保存节点通信接口发送的数据包，TinyOS 设置了一个类型为 message_t 的消息缓冲器，该缓冲器对外界的访问是不透明的，必须通过接口才能访问。

（2）TinyOS 的调度机制

① TinyOS 调度机制的特点　TinyOS 采用任务加事件的 2 级调度机制，按照先进先出（FIFO）原则，根据任务进入队列的先后顺序依次调度执行，队列中的任务互不抢占，但可以被硬件中断产生的事件打断。TinyOS 调度机制的特点如下：

a．任务具有原子性，单线程运行直到完毕，只分配单个任务栈；

b．任务栈的默认大小为 8，按照 FIFO 原则进行任务调度；

c．FIFO 的任务调度策略对电源敏感，当任务队列空时，处理器处于休眠状态，当外部事件发生时，才唤醒 CPU 再次进行任务调度；

d．任务加事件的 2 级调度机制允许事件打断长时间运行的任务，优先执行与事件相关的任务；

e．采用基于事件的调度策略，只要拥有少量空间就可获得较好的并发性，可以很快执行与事件相关的任务。

调度程序必须具备调度程序接口，TinyOS 通过调用此接口执行任务。调度程序接口的初始化命令和运行任务的命令有 void init()、bool runNextTask（bool sleep）和 void taskLoop()。其中：init()命令用于对任务队列和调度程序数据结构进行初始化；runNextTask()命令用于执行调度程序决定的下一个任务，它的返回值表示它是否在运行一个任务。布尔参数 sleep 决定调度程序的走向，当 sleep 为 FALSE 时，runNextTask()命令立即返回 FALSE；当 sleep 为 TRUE 时，runNextTask()命令只有在任务执行完毕才可以返回，并且使 CPU 进入休眠期，当新的任务到来时，再次唤醒 CPU。

② TinyOS 调度机制的不足　无线传感器网络操作系统是无线传感器网络系统的基本软件环境，是系统的重要组成部分，应该能够高效协调和管理硬件资源，为应用软件提供服务。但是，TinyOS 的调度机制也存在不足。

a．任务过载。在 TinyOS 中，当节点上待处理的任务超过节点的处理能力时，就会发生过载现象。造成过载的原因主要有：节点发送数据的频率过高或网络节点的密度过大；本地节点待处理的数据量过大或本地任务发生的频率过高；中断事件发生的频率过高。

b．任务丢失。当本地任务发生频率过高或任务较多时，任务队列会很快被本地任务填满，致使其他任务被丢失。

c．任务阻塞。若任务队列中的某个任务出现阻塞或异常，则会影响后续任务的执行，甚至会使系统发生瘫痪。

d．任务实时性。当某一任务的运行时间过长时，任务的原子性特点会使实时任务不能及时被执行，只有待前面的任务执行完毕后实时任务才能进入任务队列，严重影响了任务的实时性以及数据包收发的波特率。

（3）nesC 语言

最初 TinyOS 是用 C 语言及汇编语言开发的，但是研究人员发现 C 语言并不适合传感器网络的应用及操作系统的开发，所以科研人员对 C 语言进行了扩展，把组件化/模块化思想和基于事件驱动的执行模型结合起来，提出了适合无线传感器网络应用的 nesC 编程语言。nesC 是一种静态语言，nesC 程序在编译时就可以明确地知道各函数的调用流程，不存在动态的内存分配过程。nesC 的编译器进行数据竞争检测（提高可靠性）、积极的函数内联（降低资源消耗）等整体程序分析，不仅简化了应用程序的开发，而且缩小了代码的大小，减少了许多潜在的诱发错误的因素。

一个 nesC 语言编写的应用程序由 3 部分组成：基于 C 语言的声明和定义、接口类型和组件。其中组件包括配件组件（configuration）和模块组件（module）两种。每一个相对独立的硬件或软件模块都可以用一个或多个组件来描述，多个下一层的组件还可以连接起来构成上一层更大的组件，最上层的组件就是系统的应用程序。用 nesC 语言编写的组件之间的互相访问是通过接口（interface）实现的。接口是一系列声明的有名称的函数的集合，是组件间联系的通道，具有双向性。

2.4.3 TinyOS 开发环境的安装与配置

本书主要介绍在 Windows 环境下 TinyOS 开发环境的安装与配置的方法，下面结合图示介绍具体步骤。

① 首先，下载 jdk，版本可以为 1.4 或 1.5、1.6 的版本，分别如图 2.9 和图 2.10 所示。

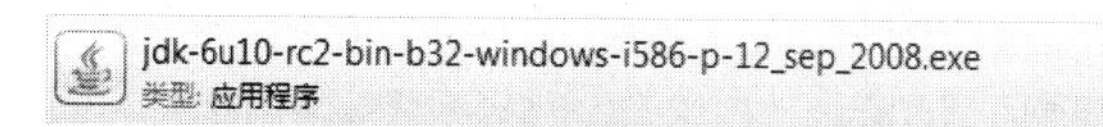

图 2.9　jdk 应用程序

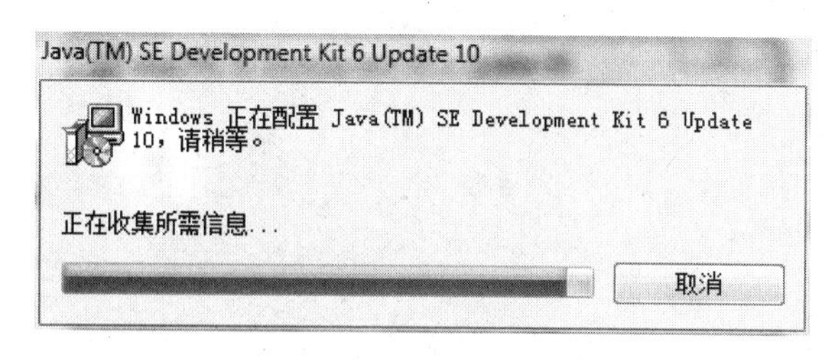

图 2.10　下载 jdk

② 双击安装，分别出现如图 2.11～图 2.14 所示的界面。

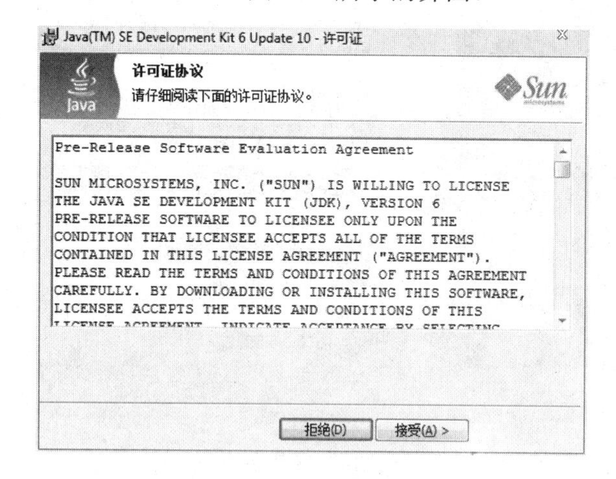

图 2.11　开始安装

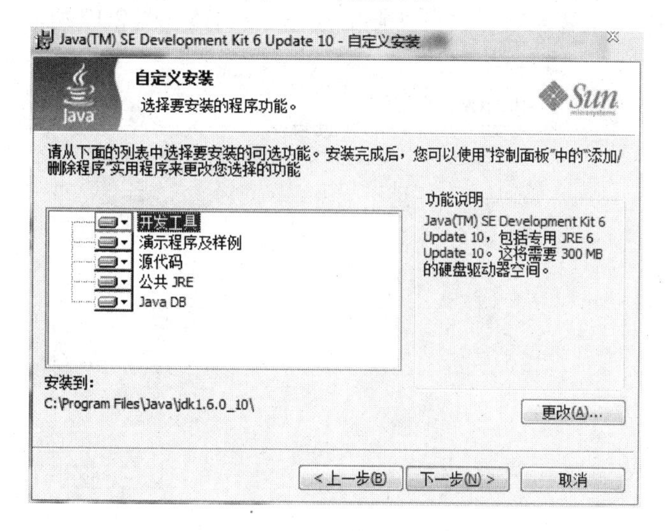

图 2.12　自定义安装

注意：记住 jdk 的安装路径，在后面的配置环境变量中要用到。

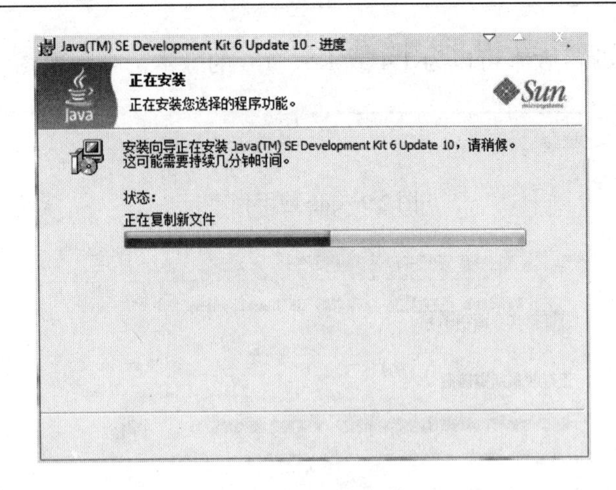

图 2.13 正在安装

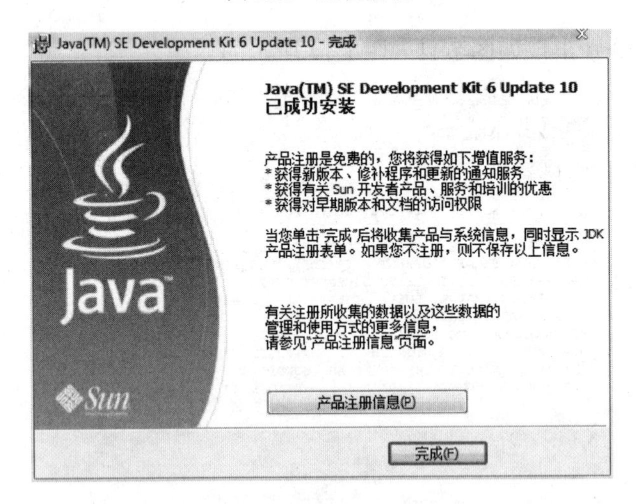

图 2.14 安装成功

③ 安装 Java（jdk 安装完成后会自动弹出），如图 2.15～图 2.17 所示。

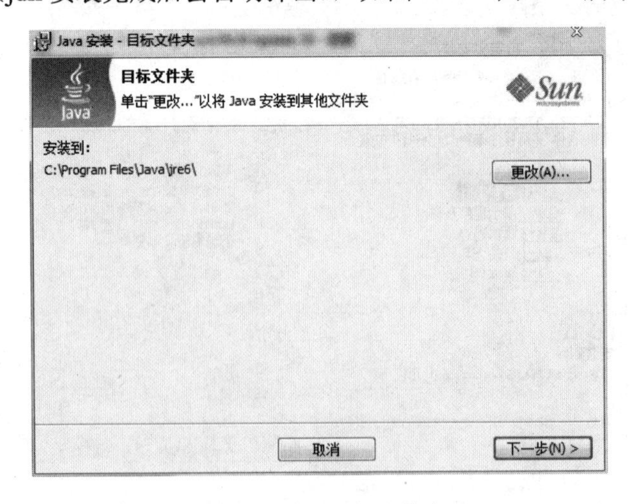

图 2.15 选择目标文件夹

注意：同样要记住安装路径。

图 2.16　正在安装 Java

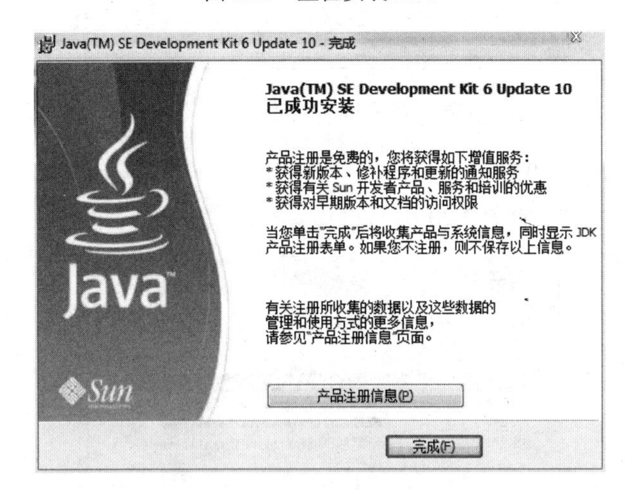

图 2.17　Java（TM）SE Development Kit 6 Update 10　已成功安装

④ 安装完成，开始配置环境变量，如图 2.18 所示。

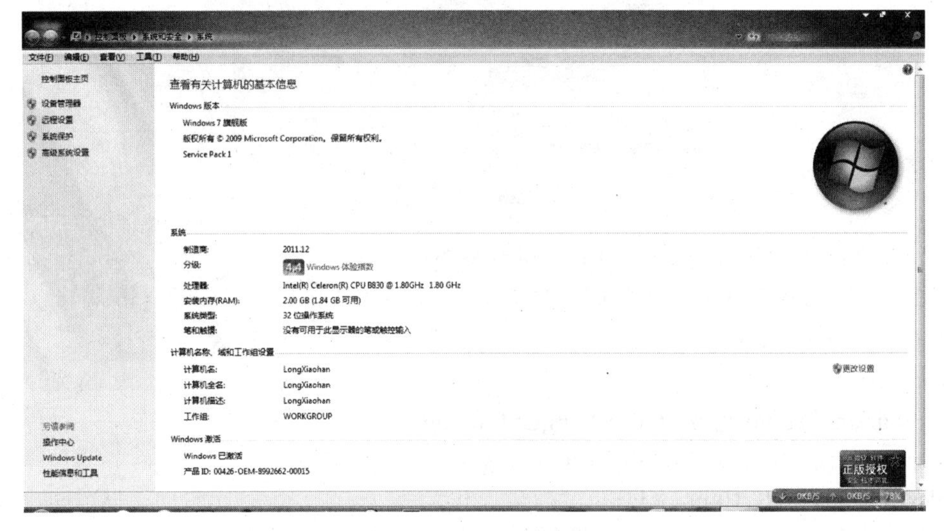

图 2.18　配置环境变量

a．右键单击计算机图标或我的电脑图标，点击“属性”，出现如图 2.19 所示界面。

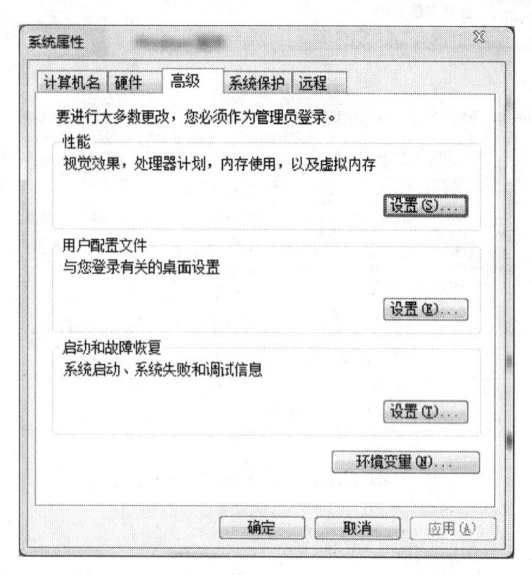

图 2.19　系统属性

b．点击“高级”系统设置。

c．点击“环境变量”，如图 2.20 所示。

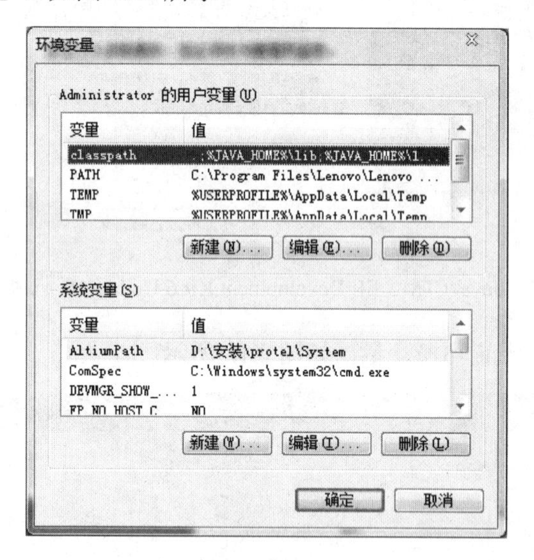

图 2.20　环境变量

d．点击系统变量下的新建按钮，编辑系统变量。

• 编辑 CLASSPATH 变量，如图 2.21 所示。

变量名：CLASSPATH

变量值：

C:\ProgramFiles\Java\jdk1.6.0_10\bin;C:\Program Files\Java\jdk1.6.0_10\lib\tools.jar;;C:\ Program Files\Java\jdk1.6.0_10\lib/dt.jar;

注意改为前面安装 jdk 时的相应路径。（下同）

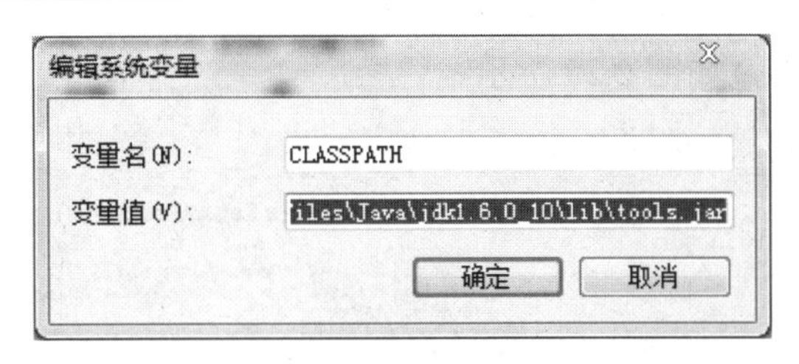

图 2.21　编辑系统变量 CLASSPATH

• 编辑 JAVA_HOME 变量，如图 2.22 所示。

变量名：JAVA_HOME

变量值：C:\Program Files\Java\jdk1.6.0_10

图 2.22　编辑系统变量 JAVA_HOME

• 编辑 PATH 变量，如图 2.23 所示。

变量名：PATH

变量值：

C:\ProgramFiles\Java\jdk1.6.0_10\bin;C:\ProgramFiles\Java\jdk1.6.0_10\jre\bin;

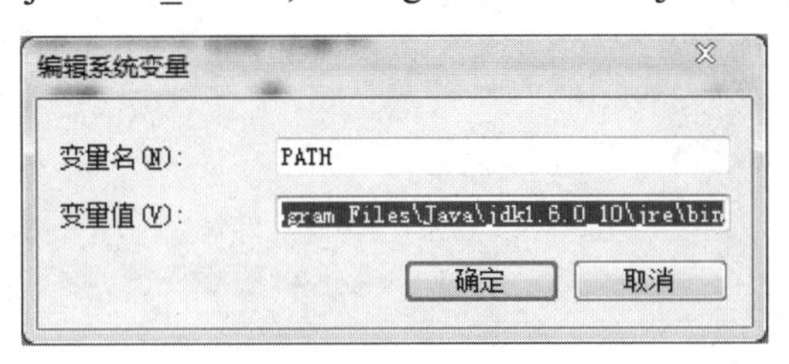

图 2.23　编辑系统变量 PATH

⑤ 测试环境变量是否正确。打开命令行（cmd.exe），输入 java 回车，出现图 2.24 所示界面，说明配置正确。

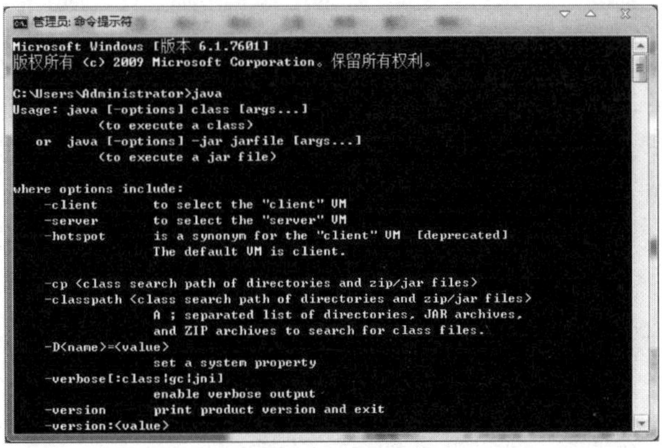

图 2.24　测试环境变量

⑥ 开始安装 Cygwin，如图 2.25 所示。

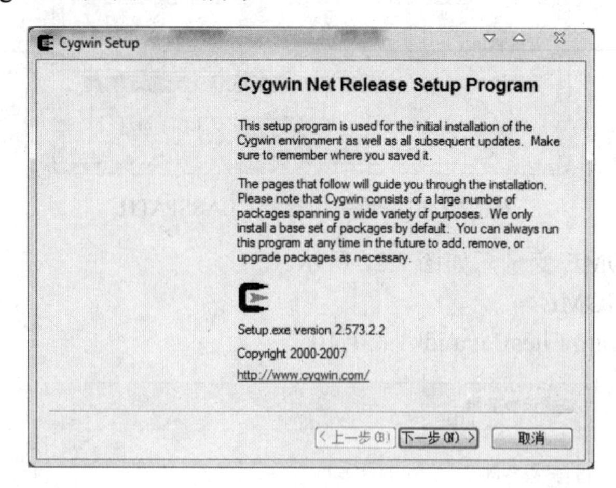

图 2.25 开始安装 Cygwin

a．双击 Setup.exe，出现如图 2.26 所示界面。

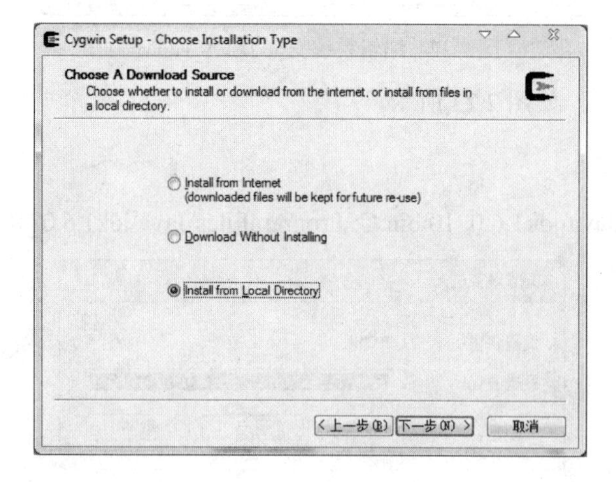

图 2.26 选择安装类型

b．选择 Install from Local Directory，单击“下一步”按钮，出现如图 2.27 所示界面。

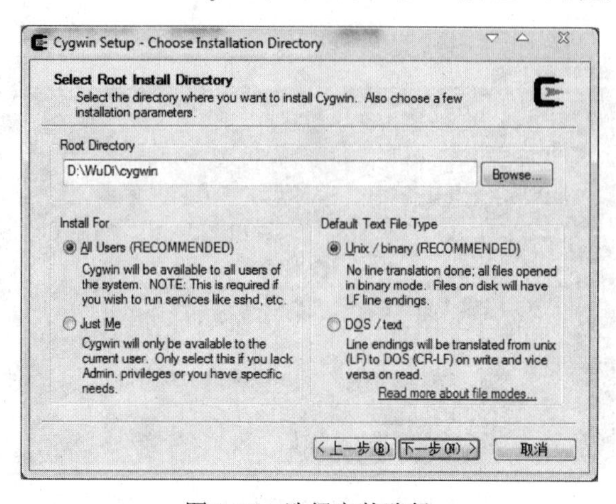

图 2.27 选择安装路径

c．选择安装路径。这里选择 D:\WuDi\cygwin，然后单击“下一步”按钮，开始安装，则陆续出现如图 2.28～图 2.30 所示界面。

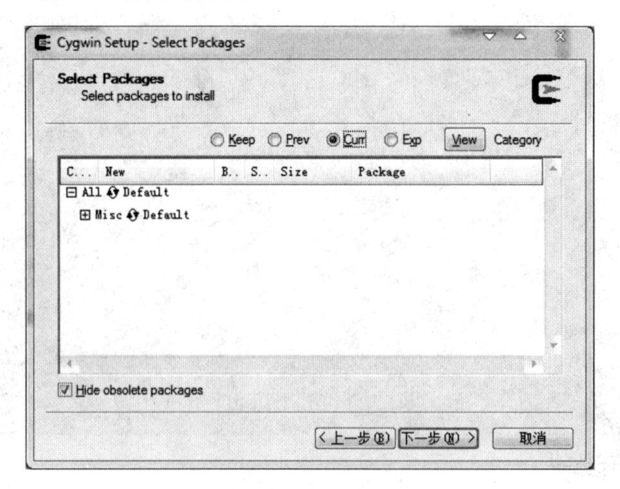

图 2.28　选择 Packages

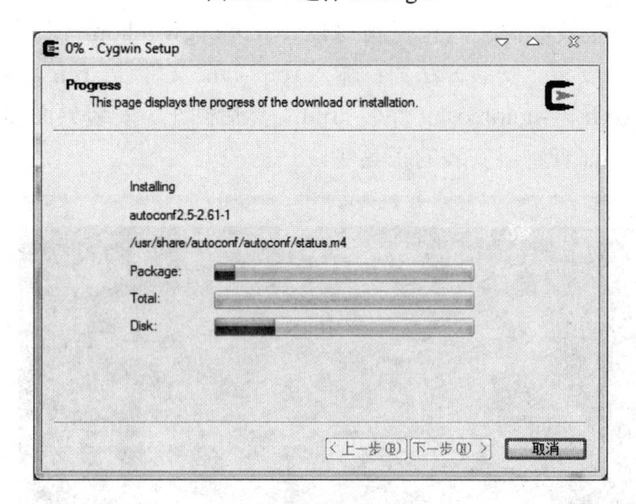

图 2.29　安装进度

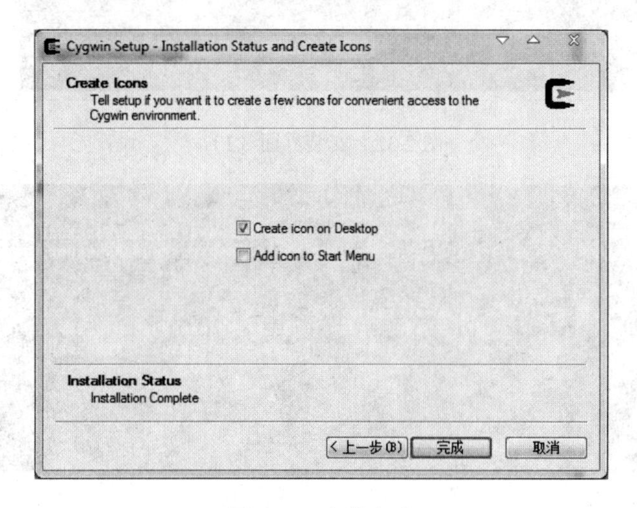

图 2.30　安装完成

⑦ 安装完成后，首次打开 Cygwin，如图 2.31 所示。

```
Copying skeleton files.
These files are for the user to personalise
their cygwin experience.

These will never be overwritten.

`./.bashrc' -> `/home/Administrator//.bashrc'
`./.bash_profile' -> `/home/Administrator//.bash_profile'
`./.inputrc' -> `/home/Administrator//.inputrc'

Administrator@LongXiaohan ~
$
```

图 2.31 打开 Cygwin

⑧ 将 tinyos 工具包及其他工具包复制到 D:\WuDi\cygwin\home\管理员名的文件夹下，然后再在 Cygwin 窗口中安装。安装方法为：输入 rpm -ivh 文件名 .rpm，然后回车。如果安装失败，可以用 rpm -Uvh --ignoreos 文件名 .rpm，然后回车。安装界面如图 2.32～图 2.35 所示。注意，可用 rpm -qa 查看已安装的工具包。

```
Copying skeleton files.
These files are for the user to personalise
their cygwin experience.

These will never be overwritten.

`./.bashrc' -> `/home/Administrator//.bashrc'
`./.bash_profile' -> `/home/Administrator//.bash_profile'
`./.inputrc' -> `/home/Administrator//.inputrc'

Administrator@LongXiaohan ~
$ rpm -ivh nesc-1.3.1-1.cygwin.i386.rpm
Preparing...                ########################################### [100%]
   1:nesc                   ########################################### [100%]

Administrator@LongXiaohan ~
$
```

图 2.32 安装界面（1）

```
Administrator@LongXiaohan ~
$ rpm -ivh tinyos-deputy-1.1-1.cygwin.i386.rpm
Preparing...                ########################################### [100%]
   1:deputy                 ########################################### [100%]

Administrator@LongXiaohan ~
$ rpm -ivh tinyos-tools-1.4.0-3.cygwin.i386.rpm
Preparing...                ########################################### [100%]
   1:tinyos-tools           ########################################### [100%]
Installing Java JNI code in /cygdrive/d/Program Files/Java/jdk1.6.0_10/jre/bin .
..
done.

Administrator@LongXiaohan ~
$
```

图 2.33 安装界面（2）

```
Administrator@LongXiaohan ~
$ rpm -ivh tinyos-2.1.1-3.cygwin.noarch.rpm
Preparing...                ########################################### [100%]
   1:tinyos                 ########################################### [100%]

Administrator@LongXiaohan ~
$
```

图 2.34 安装界面（3）

```
Administrator@LongXiaohan ~
$ rpm -qa
tinyos-tools-1.4.0-3
deputy-1.1-1
avarice-2.4-1
avr-gcc-4.1.2-1
avr-libc-1.4.7-1
msp430tools-binutils-2.16-20050607
msp430tools-libc-20080808-1
nesc-1.3.1-1
tinyos-2.1.1-3
avrdude-tinyos-5.6cvs-1
avr-binutils-2.17tinyos-3
avr-insight-6.3-1
msp430tools-base-0.1-20050607
msp430tools-gcc-3.2.3-20050607
msp430tools-python-tools-1.0-1

Administrator@LongXiaohan ~
$
```

图 2.35 安装界面（4）

⑨ 安装 graphviz-1.10.exe。安装过程较简单，点击“Next”按钮即可，分别如图 2.36～图 2.39 所示。

图 2.36 graphviz-1.10.exe 图标

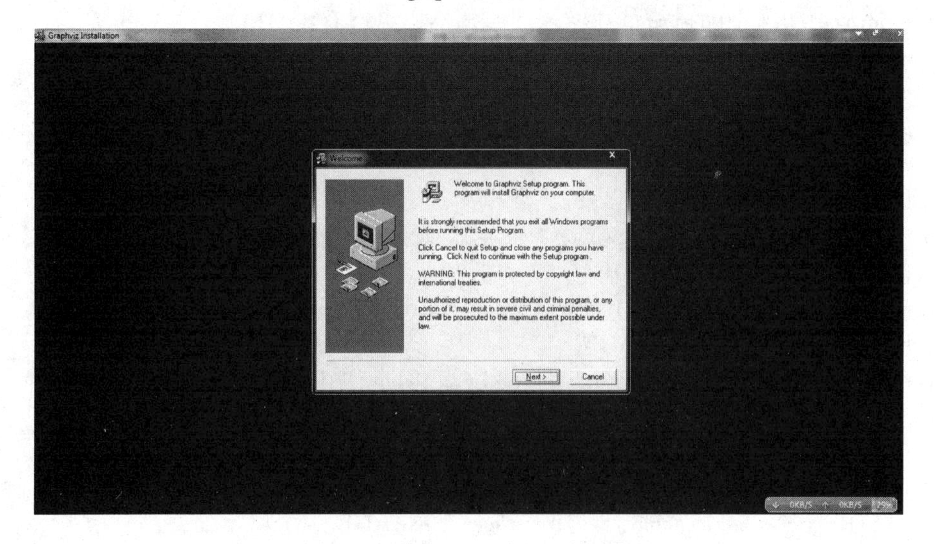

图 2.37 单击 Next 按钮开始安装

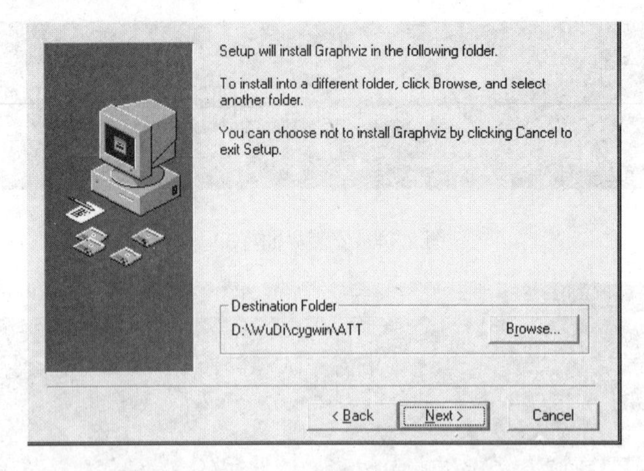

图 2.38 选择安装路径

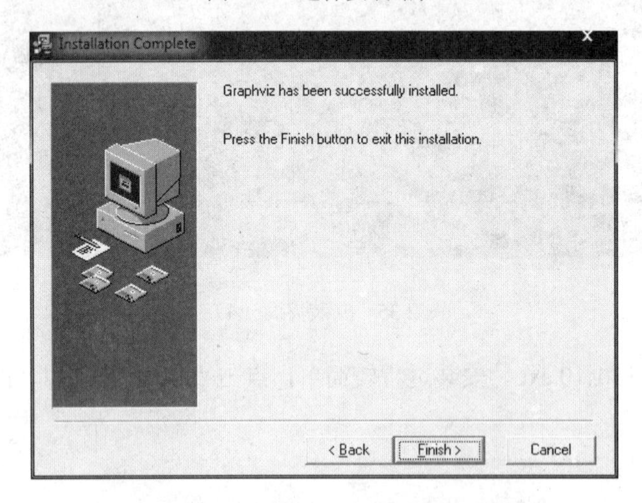

图 2.39 单击 Finish 按钮安装完成

⑩ 在 D:\WuDi\cygwin\etc\profile.d 下新建一个名为 tinyos.sh 的文件。注意该文件扩展名为“.sh”。然后，用文本编辑器打开该文件，输入以下内容：

```
# script for profile.d for bash shells, adjusted for each users
# installation by substituting /opt for the actual tinyos tree
# installation point.
export TOSROOT="/opt/tinyos-2.x"
export TOSDIR="$TOSROOT/tos"
export CLASSPATH="D:\WuDi\cygwin\opt\tinyos-2.x\support\sdk\java\tinyos.jar"
export CLASSPATH="$CLASSPATH;."
export MAKERULES="$TOSROOT/support/make/Makerules"
export PATH="/opt/msp430/bin:$PATH"
export PATH="/cygdrive/c/Program Files/Java/jdk1.6.0_10/bin:$PATH"
# Extend path for java
type java >/dev/null 2>/dev/null || PATH='/usr/local/bin/locate-jre --java':$PATH
type javac >/dev/null 2>/dev/null || PATH='/usr/local/bin/locate-jre --javac':$PATH
echo $PATH | grep -q /usr/local/bin || PATH=/usr/local/bin:$PATH
```

需要说明的是，所有换行符必须是 linux 下的 -LF，其界面如图 2.40 所示。

```
1  # script for profile.d for bash shells, adjusted for each users
2  # installation by substituting /opt for the actual TinyOS tree
3  # installation point.
4  export TOSROOT="/opt/tinyos-2.x"
5  export TOSDIR="$TOSROOT/tos"
6  export CLASSPATH="C:\cygwin\opt\tinyos-2.x\support\sdk\java\tinyos.jar"
7  export CLASSPATH="$CLASSPATH;."
8  export MAKERULES="$TOSROOT/support/make/Makerules"
9  export PATH="/opt/msp430/bin:$PATH"
10 export PATH="/cygdrive/c/Program Files/Java/jdk1.6.0_10/bin:$PATH"
11 # Extend path for java
12 type java >/dev/null 2>/dev/null || PATH=`/usr/local/bin/locate-jre --java`:$PATH
13 type javac >/dev/null 2>/dev/null || PATH=`/usr/local/bin/locate-jre --javac`:$PATH
14 echo $PATH | grep -q /usr/local/bin || PATH=/usr/local/bin:$PATH
```

图 2.40 新建 tinyos.sh 文件

⑪ 在 Cygwin 下输入 tos-install-jni，然后回车。如果出现如图 2.41 所示界面，说明配置文件成功安装。

```
Administrator@LongXiaohan ~
$ tos-install-jni
Installing 32-bit Java JNI code in /cygdrive/c/Program Files/Java/jdk1.6.0_10/jr
e/bin ...
done.

Administrator@LongXiaohan ~
$
```

图 2.41 配置文件安装成功

如果出现如图 2.42 所示界面，则将 jdk1.6.0_10\jre\bin 下的 toscomm.dll 改为 toscomm-32.dll，D:\WuDi\cygwin\lib\tinyos 下的 toscomm.dll 改为 toscomm-32.dll。

```
Administrator@LongXiaohan ~
$ tos-install-jni
Installing 32-bit Java JNI code in /cygdrive/c/Program Files/Java/jdk1.6.0_10/jr
e/bin ...
install: cannot stat `/usr/lib/tinyos/*-32.dll': No such file or directory
```

图 2.42 配置文件没有安装成功

⑫ 测试 tinyos。

a．在 Cygwin 下用 cd 命令将目录切换至 D:\WuDi\cygwin\opt\tinyos-2.x\apps\Blink 下，输入 make telosb，出现如图 2.43 所示界面，则可以进行下一步。

```
Administrator@LongXiaohan /opt/tinyos-2.x/apps/Blink
$ make telosb
mkdir -p build/telosb
    compiling BlinkAppC to a telosb binary
ncc -o build/telosb/main.exe  -Os -O -mdisable-hwmul -fnesc-separator=__ -Wall -
Wshadow -Wnesc-all -target=telosb -fnesc-cfile=build/telosb/app.c -board= -DDEFI
NED_TOS_AM_GROUP=0x22 -DIDENT_APPNAME=\"BlinkAppC\" -DIDENT_USERNAME=\"Administr
ator\" -DIDENT_HOSTNAME=\"LongXiaohan\" -DIDENT_USERHASH=0xe012d72eL -DIDENT_TIM
ESTAMP=0x52a2b62aL -DIDENT_UIDHASH=0xcdfd01b2L  BlinkAppC.nc -lm
    compiled BlinkAppC to build/telosb/main.exe
            2648 bytes in ROM
              54 bytes in RAM
msp430-objcopy --output-target=ihex build/telosb/main.exe build/telosb/main.ihex

    writing TOS image

Administrator@LongXiaohan /opt/tinyos-2.x/apps/Blink
$
```

图 2.43 输入 make telosb 命令

b．输入 make micaz sim 命令。

若出现如图 2.44 所示界面，则仿真编译成功。

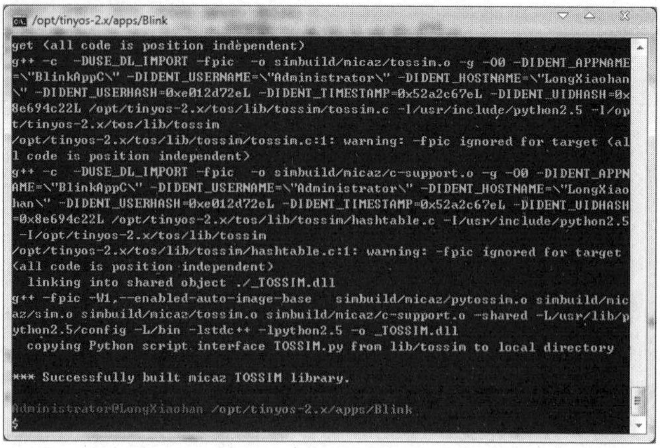

```
/opt/tinyos-2.x/apps/Blink
get (all code is position independent)
g++ -c  -DUSE_DL_IMPORT -fpic  -o simbuild/micaz/tossim.o -g -O0 -DIDENT_APPNAME
=\"BlinkAppC\" -DIDENT_USERNAME=\"Administrator\" -DIDENT_HOSTNAME=\"LongXiaohan
\" -DIDENT_USERHASH=0xe012d72eL -DIDENT_TIMESTAMP=0x52a2c67eL -DIDENT_UIDHASH=0x
8e694c22L /opt/tinyos-2.x/tos/lib/tossim/tossim.c -I/usr/include/python2.5 -I/op
t/tinyos-2.x/tos/lib/tossim
/opt/tinyos-2.x/tos/lib/tossim/tossim.c:1: warning: -fpic ignored for target (al
l code is position independent)
g++ -c  -DUSE_DL_IMPORT -fpic  -o simbuild/micaz/c-support.o -g -O0 -DIDENT_APPN
AME=\"BlinkAppC\" -DIDENT_USERNAME=\"Administrator\" -DIDENT_HOSTNAME=\"LongXiao
han\" -DIDENT_USERHASH=0xe012d72eL -DIDENT_TIMESTAMP=0x52a2c67eL -DIDENT_UIDHASH
=0x8e694c22L /opt/tinyos-2.x/tos/lib/tossim/hashtable.c -I/usr/include/python2.5
 -I/opt/tinyos-2.x/tos/lib/tossim
/opt/tinyos-2.x/tos/lib/tossim/hashtable.c:1: warning: -fpic ignored for target
(all code is position independent)
  linking into shared object ./_TOSSIM.dll
g++ -fpic -W1,--enabled-auto-image-base  simbuild/micaz/pytossim.o simbuild/mic
az/sim.o simbuild/micaz/tossim.o simbuild/micaz/c-support.o -shared -L/usr/lib/p
ython2.5/config -L/bin -lstdc++ -lpython2.5 -o _TOSSIM.dll
  copying Python script interface TOSSIM.py from lib/tossim to local directory

*** Successfully built micaz TOSSIM library.

Administrator@LongXiaohan /opt/tinyos-2.x/apps/Blink
$
```

图 2.44　仿真编译成功

若出现如图 2.45 所示界面，则将 D:\WuDi\cygwin\opt\tinyos-2.x\support\make 下的 sim.extra 用文本编辑器打开，找到“PYDIR = $(shell python$(PYTHON_VERSION)-config-prefix)/usr/include/python$(PYTHON_VERSION)”并改为“PYDIR=/usr/include/python $(PYTHON_VERSION)”，再将“-L/$(PYDIR)/config”修改为“-L/bin”。（注意，一共有两处-L/$(PYDIR)）

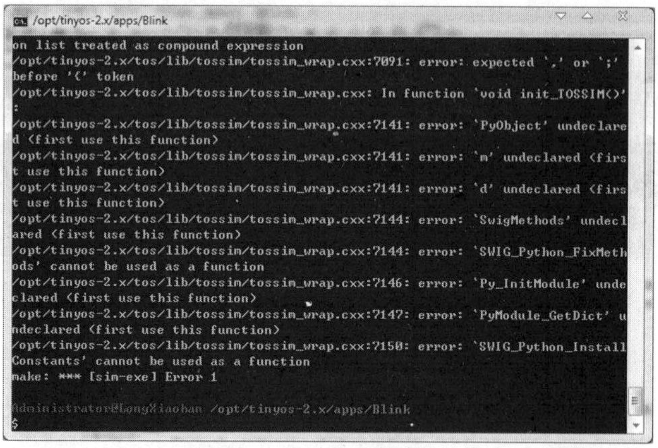

```
/opt/tinyos-2.x/apps/Blink
on list treated as compound expression
/opt/tinyos-2.x/tos/lib/tossim/tossim_wrap.cxx:7091: error: expected `,' or `;'
before '(' token
/opt/tinyos-2.x/tos/lib/tossim/tossim_wrap.cxx: In function `void init_TOSSIM()'
:
/opt/tinyos-2.x/tos/lib/tossim/tossim_wrap.cxx:7141: error: `PyObject' undeclare
d (first use this function)
/opt/tinyos-2.x/tos/lib/tossim/tossim_wrap.cxx:7141: error: `m' undeclared (firs
t use this function)
/opt/tinyos-2.x/tos/lib/tossim/tossim_wrap.cxx:7141: error: `d' undeclared (firs
t use this function)
/opt/tinyos-2.x/tos/lib/tossim/tossim_wrap.cxx:7144: error: `SwigMethods' undecl
ared (first use this function)
/opt/tinyos-2.x/tos/lib/tossim/tossim_wrap.cxx:7144: error: `SWIG_Python_FixMeth
ods' cannot be used as a function
/opt/tinyos-2.x/tos/lib/tossim/tossim_wrap.cxx:7146: error: `Py_InitModule' unde
clared (first use this function)
/opt/tinyos-2.x/tos/lib/tossim/tossim_wrap.cxx:7147: error: `PyModule_GetDict' u
ndeclared (first use this function)
/opt/tinyos-2.x/tos/lib/tossim/tossim_wrap.cxx:7150: error: `SWIG_Python_Install
Constants' cannot be used as a function
make: *** [sim-exe] Error 1

Administrator@LongXiaohan /opt/tinyos-2.x/apps/Blink
$
```

图 2.45　仿真编译不成功

c．编写 D:\WuDi\cygwin\opt\tinyos-2.x\apps\Blink\Blink.py 文件，文件内容如下：

```
#! /usr/bin/python
from TOSSIM import *
import sys
t=Tossim([]);
t.addChannel("BlinkC",sys.stdout)
t.getNode(1).bootAtTime(10000);
for i in range (0,100):
    t.runNextEvent()
```

然后，在 Cygwin 中切换到该目录下，输入“python Blink.py”，出现如图 2.46 所示界面，则安装成功。

```
Administrator@LongXiaohan /opt/tinyos-2.x/apps/Blink
$ python Blink.py
DEBUG (1): Timer 0 fired @ 0:0:0.244141635.
DEBUG (1): Timer 0 fired @ 0:0:0.488282260.
DEBUG (1): Timer 1 fired @ 0:0:0.488282270
DEBUG (1): Timer 0 fired @ 0:0:0.732422885.
DEBUG (1): Timer 0 fired @ 0:0:0.976563510.
DEBUG (1): Timer 1 fired @ 0:0:0.976563520
DEBUG (1): Timer 2 fired @ 0:0:0.976563530.
DEBUG (1): Timer 0 fired @ 0:0:1.220704135.
DEBUG (1): Timer 0 fired @ 0:0:1.464844760.
DEBUG (1): Timer 1 fired @ 0:0:1.464844770
DEBUG (1): Timer 0 fired @ 0:0:1.708985385.
DEBUG (1): Timer 0 fired @ 0:0:1.953126010.
DEBUG (1): Timer 1 fired @ 0:0:1.953126020
DEBUG (1): Timer 2 fired @ 0:0:1.953126030.
DEBUG (1): Timer 0 fired @ 0:0:2.197266635.
DEBUG (1): Timer 0 fired @ 0:0:2.441407260.
DEBUG (1): Timer 1 fired @ 0:0:2.441407270

Administrator@LongXiaohan /opt/tinyos-2.x/apps/Blink
$
```

图 2.46 安装成功

2.5 通信标准

随着无线传感器网络技术的快速发展，无线传感器网络的通信协议主要朝两个方向发展：

① 根据不同的应用背景，开发不同的通信协议，体现“个性化”需求；

② 采用统一的规范标准来组建无线传感器网络。

在体现“个性化”需求方面，已经有许多专家提出各种不同的通信协议，比如不同的 MAC 协议、不同的路由协议等。在统一的规范标准方面，目前得到广泛认可的是 IEEE 802.15.4/ZigBee 无线传感器网络通信标准。

2.5.1 IEEE802.15.4 标准

1998 年，IEEE 标准化委员会先正式批准成立了 IEEE 802.15 工作组，然后于 2000 年又正式批准成立了 IEEE 802.15.4 工作组。IEEE 802.15.4 工作组的任务就是制定 IEEE 802.15.4 标准。

IEEE 802.15.4 标准是一种短距离、低速无线通信标准，能够为无线个人区域网络（Wireless Personal Area Network，WPAN）内的相关设备建立无线连接，是针对低速无线个人区域网络（Low-rate Wireless Personal Area Network，LR-WPAN）制定的通信标准。IEEE 802.15.4 无线技术的显著特征是：具有低复杂性、低成本、低能量消耗、低数据传输率以及便宜的配件。由于无线传感器网络与低速无线个人区域网络的相似性，IEEE 802.15.4 已经成为无线传感器网络一种事实上的通信标准，得到广泛的应用。需要说明的是，IEEE 802.15.4 标准主要包括两层通信规范：① 物理层规范；② MAC 层规范。

IEEE 802.15.4 定义了两种物理层规范：① 2.4GHz 频段的物理层；② 868 / 915MHz 频段的物理层。其中，2.4GHz 频段是全球可用的、免许可证的 ISM（工业科学医疗）频段，868MHz 频段是欧洲的 ISM 频段，915MHz 频段是美国的 ISM 频段。这两种物理层规范都采用了直接序列扩频（Direct Sequence Spread Spectrum，DSSS）技术，物理层数据包格式也相同，但是工作频率不同、调制技术不同，扩频码片长度以及传输速率也不同。比如，2.4GHz 频段的物理层基于高阶调制技术，其传输速率可以达到 250Kbit/s，吞吐量高，通信延时小，工作周期短。而 868MHz 频段的传输速率为 20Kbit/s，915MHz 频段的传输速率为 40Kbit/s，但是 868MHz 频段和 915MHz 频段上的无线信号传播损耗较小，能够利用较少的设备覆盖相同的区域。

针对上述 3 个不同的频段，IEEE 802.15.4 分别分配了不同数量的信道：① 868MHz 频段上分配了 1 个信道，中心频率为 868.3MHz，编号 *k*=0；② 915MHz 频段上分配了 10 个信道，中心频率为［906+2(*k*–1)］MHz，编号 *k*=1，2，…，10；③ 2.4GHz 频段上分配了 16 个信道，中心频率为［2405+5(*k*–11)］MHz，编号 *k*=11，12，…，26。

IEEE 802.15.4 定义了两种设备：全功能设备（Full-Function Device，FFD）和精简功能设备（Reduced-function Device，RFD）。全功能设备（FFD）的硬件功能比精简功能设备（RFD）完备，且可以采用主电源供电。在 IEEE 802.15.4 中，定义了 35 个 MAC 层基本参数和 14 个物理层基本参数，总共 49 个基本参数。全功能设备（FFD）必须支持 49 个基本参数，而精简功能设备（RFD）最低支持 38 个基本参数即可。全功能设备（FFD）能够与网络中所有设备进行通信。而精简功能设备（RFD）只能与其相关联的全功能设备（FFD）进行通信，这个全功能设备（FFD）称为该精简功能设备（RFD）的协调器（coordinator）。同时，在 IEEE 802.15.4 网络中，还有一个 FFD 充当整个网络的主控制器，称之为网络协调器。网络协调器除了能够承担普通 FFD 的全部功能外，还需要管理网络内成员节点、管理链路状态信息及分组转发报文等任务。此外，IEEE 802.15.4 还通过在 MAC 层加入关联、分离功能，支持自配置网络，自动建立星形网以及对等网。

物理层处于 OSI 参考模型的最底层，是保障信号正常传输的基础层。IEEE 802.15.4 的物理层定义了物理无线信道和 MAC 层之间的接口，包括物理层数据服务和物理层管理服务两部分。物理层数据服务主要负责接收和发送数据，物理层管理服务负责激活或休眠射频收发器、信道评估、信道频段选择、信道能量检测、链路质量指示以及管理物理层信息库等工作。IEEE 802.15.4 物理层参考模型如图 2.47 所示。由图可以看出，物理层的服务都要通过物理层服务访问接口来实现。其中，RF-SAP 是由驱动程序提供的访问接口，PD-SAP、PLME-SAP 是物理层提供给 MAC 层的服务访问接口，且每个接口都提供相关访问原语。另外，物理层管理实体还负责维护物理层 PAN 信息库。

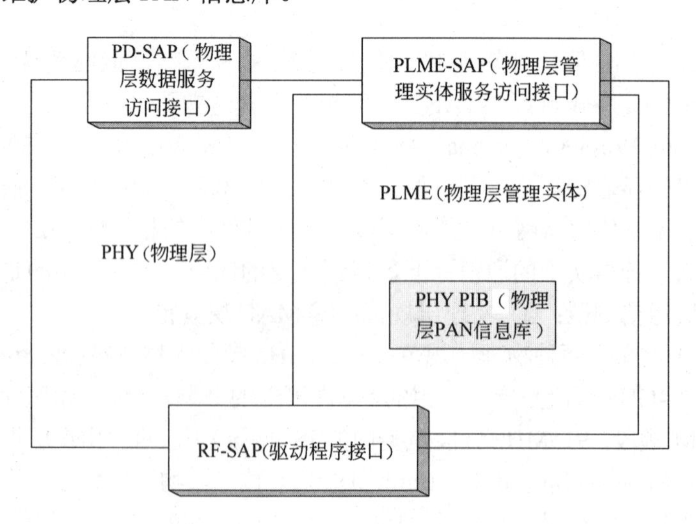

图 2.47 IEEE 802.15.4 物理层参考模型

IEEE 802.15.4 标准定义的 MAC（媒体访问控制）层主要具有以下功能：① 采用免冲突载波检测多路访问（CSMA-CA）的信道访问机制来访问物理信道；② 网络协调器对网络进行建立与维护；③ 网络协调器产生信标帧（beacon）并发送；④ 设备根据信标帧进行同步；⑤ 支持 PAN 网络的关联（association）操作及取消关联（disassociation）操作；⑥ 在两个 MAC 实体之间提供可靠的通信链路；⑦ 可选的处理和维护保护时隙机制；⑧ 支持设备安全的机制；⑨ 实现间接传输。

IEEE 802.15.4 MAC 层参考模型如图 2.48 所示。从逻辑上看，IEEE 802.15.4 MAC 层主要提供两种服务：① MAC 层数据服务；② MAC 层管理服务。MCPS-SAP 是 MAC 层提供给网络层的数据服务接口，MLME-SAP 是 MAC 层提供给网络层的管理服务接口，PD-SAP 是物理层提供给 MAC 层的数据服务访问接口，PLME-SAP 是物理层提供给 MAC 层的管理服务访问接口。MAC PIB（MAC PAN 信息库）由 MLME 负责维护。此外，MAC 层管理实体（MLME，MAC Sublayer Management Entity）与 MAC 通用部分子层（MCPS，MAC Common Part Sublayer）之间还有一个内部接口，以便 MLME 能够访问 MAC 层数据服务。

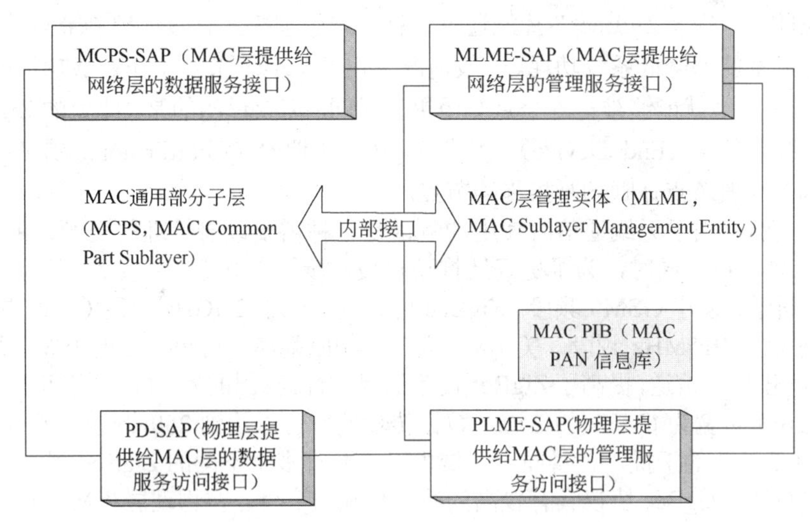

图 2.48 IEEE 802.15.4 MAC 层参考模型

2.5.2 ZigBee 标准

（1）ZigBee 概述

ZigBee 标准以 IEEE 802.15.4 标准为基础，面向短距离、低速率的无线通信系统，制定了网络层（NWK，network layer）及应用层（APL，application layer）的相关通信协议，而物理层、MAC（媒体访问控制）层则全部按照 IEEE 802.15.4 标准的规定。比如，IEEE 802.15.4 标准的物理层定义了 3 个不同的频段，则 ZigBee 标准也包含 3 个不同的频段，即 2.4GHz 频段、868MHz 频段以及 915MHz 频段。

ZigBee 协议标准之所以取名“ZigBee”，来源于人们发现 ZigBee 协议的工作过程与蜜蜂采蜜的过程有相似之处。蜜蜂体积较小，能量消耗也较小，采蜜过程中跳着 ZigBee 形状的舞蹈，通过交流信息能够获得目标食物的方位、距离以及位置等信息，还能够传递所采集到的花粉。所以 ZigBee 的中文名通常称为“紫峰”或“智蜂”。

ZigBee 联盟于 2001 年 8 月成立，在开发与推广 ZigBee 技术方面起了至关重要的作用。人们将 ZigBee 联盟所开发的技术称为 ZigBee 技术。ZigBee 技术主要面向低速无线个域网，要求网络中设备成本低、体积小、功耗低，适合应用于短距离、数据传输量较少、对可靠性有一定要求的无线网络控制系统。目前，ZigBee 标准已经成无线传感器网络领域的一种标准技术，符合 ZigBee 标准的无线传感器网络被称为 ZigBee 无线传感器网络。

2005 年 6 月，ZigBee 联盟发布了首个 ZigBee 规范：ZigBee Specification v1.0。2006 年 12 月，又发布了其改进版本：ZigBee Specification—2006。2007 年，TI 公司发布了可免费下载的 ZigBee 协议栈——Z-Stack 版本。该版本达到了 ZigBee 联盟参考平台水平，已经被广泛采用。

ZigBee 技术的特点主要有以下几点。

① 低成本　ZigBee 协议相对较简单，对 MCU 的资源要求较低，能够适用于存储能力和计算能力都很有限的 MCU，且免收专利费。

② 低功耗　ZigBee 系统的功耗较低，能够采用多种办法降低功耗。比如，ZigBee 协议采用间接数据传输方式，ZigBee 芯片能通过多种电源管理模式有效地控制节点的工作或休眠状态，这些措施都能够降低系统功耗。一般情况下，当 ZigBee 节点工作在低功耗待机模式时，使用两节 5 号干电池就能够维持 6 个月甚至更长时间。需要说明的是，此处的 ZigBee 节点指的是 ZigBee 终端节点（End Device），并非 ZigBee 协调器（Coordinator）或 ZigBee 路由器（Router）。因为一般节点休眠均是指终端节点。

③ 频段灵活　由于无线通信时使用的频谱是一种需要政府管理的资源，所以某些频段使用前需要获得许可。同时，为了更好地推动科技进步，也规定了“免许可”即可使用的频段，即工业、科学、医疗（ISM）频段。ZigBee 可分别工作于 2.4GHz 频段（全世界）、868MHz 频段（欧洲）以及 915MHz 频段（美国），这 3 个频段都属于可免许可的 ISM 频段。3 个频段总共被划分出 27 个信道，提高了 ZigBee 设备的灵活性。我国的 ZigBee 设备可工作于 2.4GHz 频段，拥有 16 个带宽为 6MHz 的信道，数据传输速率可以达到 250Kbit/s。通过选择不同的信道，能够降低彼此的干扰，使得同一区域内可以共存多个不同的 ZigBee 网络。

④ 可靠性高　ZigBee 协议具有较高的数据传输可靠性，在物理层和M A C层采用 IEEE 802.15.4 标准来保证媒体访问控制的正确性，采用载波检测多址访问与冲突避免 CSMA-CA（Carrier Sense Multiple Access Collision Avoidance）机制解决数据的竞争和冲突问题，结合确认数据和检验数据措施，网络内节点能够通过自组网、自动路由的方式传输数据。

⑤ 网络结构灵活　ZigBee 不仅能构建星形网、树状网以及网状网，还能通过路由实现多跳数据传输，能够覆盖较大的监测区域。

⑥ 网络容量超大　ZigBee 节点可以使用 64 位的 IEEE 地址，也可使用指配的 16 位短地址，一个单独的 ZigBee 网络最高可支持 65000 个节点。

（2）ZigBee 网络结构

ZigBee 网络中的设备按照功能的不同分为两大类：① 全功能设备（FFD，Full Function Device），具备完整的功能，可以作为协调器节点、路由器节点或者终端节点；② 精简功能设备（Reduce Function Device，RFD），只具有部分功能，只能作为终端节点。一个 ZigBee 网络需要配备一个主协调器，作为 ZigBee 网络的中心控制节点。终端节点负责收集数据，然后发送给与之相连的 FFD。路由器节点必须是 FFD，负责转发数据。

ZigBee 网络按照 OSI 参考模型，可以分成 4 层：物理层（PHY）、媒介访问控制层（MAC）、网络层（NWK）和应用层（APL）。其中，应用层还可包括应用程序支持子层（APS）、ZigBee 设备对象（ZDO）以及应用程序对象，其示意图如图 2.49 所示。其中，物理层（PHY）和媒介访问控制层（MAC）采用 IEEE 802.15.4 标准，网络层（NWK）和应用层（APL）的规范由 ZigBee 联盟制定。

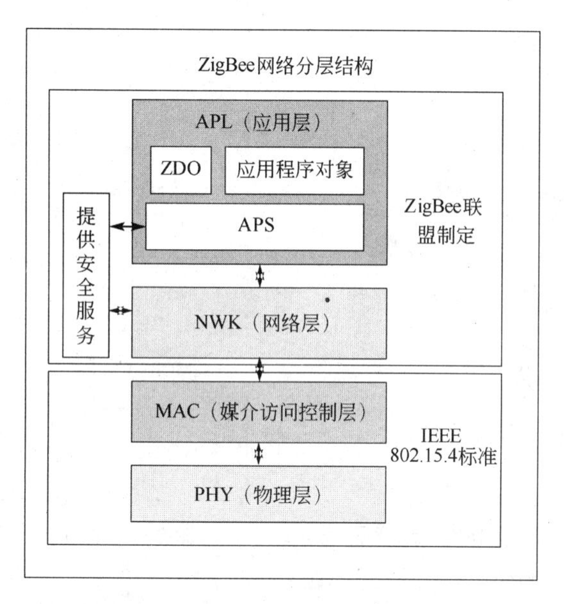

图 2.49 ZigBee 网络分层结构示意图

ZigBee 网络可以构建星形拓扑结构、树形拓扑结构以及网状拓扑结构，其示意图分别如图 2.50、图 2.51 和图 2.52 所示。网络中主要包含的 3 种设备，从高级到低级依次是网络协调器、网络路由器和终端设备。网络协调器处于 ZigBee 网络结构的最顶层，能够启动 PAN、制定规则、选择信道，必须是 FFD，必须保证充分的电源供给。网络路由器处于 ZigBee 网络结构的中间，具有路由发现的能力，能够实现数据转发和存储，也必须是 FFD，也需要保证充分的电源供给。终端设备处于 ZigBee 网络结构的最底层，能够根据网络的要求采集数据，具有 240 个可执行不同任务的端点，共享一个无线收发器，可以是 RFD 或者 FFD，用电池供电即可。

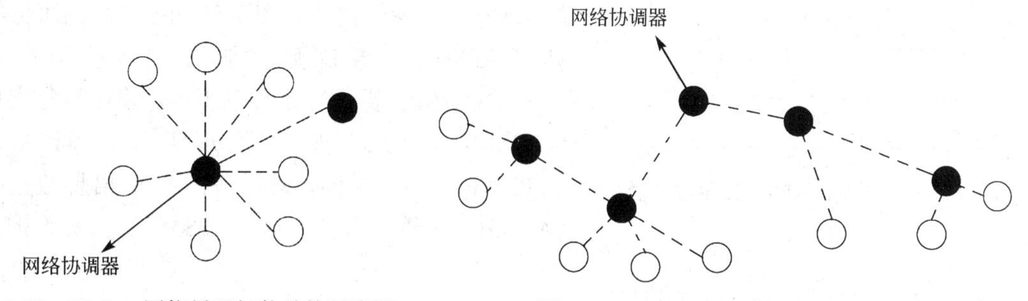

图 2.50 ZigBee 网络星形拓扑结构示意图

●FFD 全功能设备；○RFD 精简功能设备；
----无线通信链路

图 2.51 ZigBee 网络树形拓扑结构示意图

●FFD 全功能设备；○RFD 精简功能设备；
----无线通信链路

（3）ZigBee 网络层

ZigBee 网络层的内在逻辑主要分成两部分：网络层数据实体（NLDE）和网络层管理实体（NLME），其示意图如图 2.53 所示。NLDE-SAP 为数据服务访问接口，NLME-SAP 为管理服务访问接口，NWKIB 为网络层信息库。

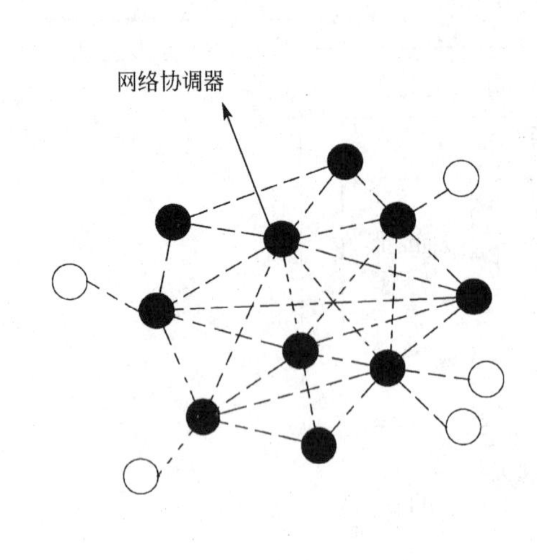

图 2.52 ZigBee 网络网状拓扑结构示意图

●FFD 全功能设备；○RFD 精简功能设备；－－－－无线通信链路

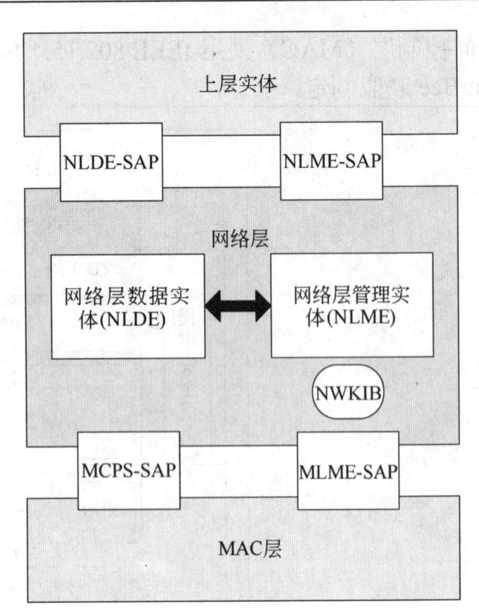

图 2.53 ZigBee 网络层参考模型

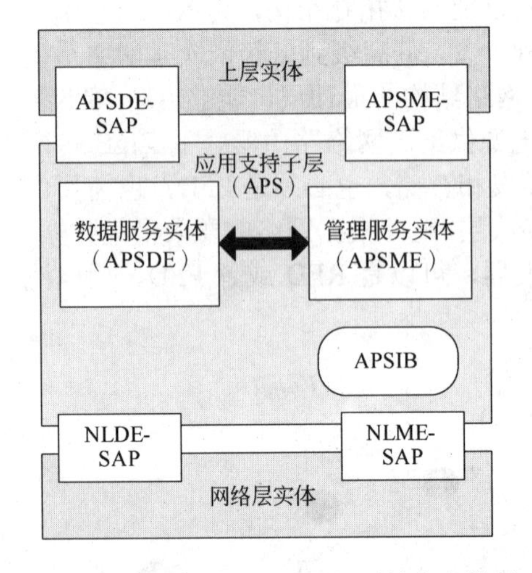

图 2.54 应用支持子层（APS）的参考模型

（4）ZigBee 应用层

具体来说，ZigBee 的应用层主要包括应用支持子层（APS）、ZigBee 设备对象（ZDO，ZigBee Device Object）、应用框架（AF，Application Framework）、ZigBee 设备模板和应用程序对象。

应用支持子层（APS）通过一组通用的服务为网络层和应用层提供接口。应用支持子层（APS）提供的这些服务可以通过数据服务实体（APSDE）和管理服务实体（APSME）来实现。应用支持子层（APS）的参考模型如图 2.54 所示。数据服务实体（APSDE）通过数据服务实体访问接口（APSDE-SAP）提供数据传输服务，管理服务实体（APSME）通过管理服务实体访问接口（APSME-SAP）提供管理服务，APS 信息数据库（APSIB）由管理服务实体（APSME）负责维护。

2.6 无线传感器网络时间同步技术

2.6.1 概述

无线传感器网络本身是一个分布式协同工作的系统，系统中每个节点既相互独立又协同工作，均维护各自的本地时钟。由于节点中提供计时信号的晶体振荡器自身的偏差以及温度、电压、电磁波等因素的干扰，不同的无线传感器网络节点具有不同的计时速率，会出现时间偏差。而无线传感器网络中，各节点时间同步是非常关键的。因为当无线传感器网络中多个节点需要协同配合地完成一件任务时，比如数据融合、节点定位等，必须事先进行时间同步，否则就无法完成。所以，时间同步机制是无线传感器网络中一项关键技术。

2.6.2 典型的无线传感器网络同步算法

由于无线传感器网络自身的特点，导致传统的时间同步协议不能适用于无线传感器网络。常见的无线传感器网络同步机制有 RBS、TPSN、Mini-Sync 及 Tiny-Sync 和 LTS 等。

（1）RBS（Reference Broadcast Synchronization）

RBS（Reference Broadcast Synchronization，基于参考广播的时间同步）是由 J.Elson 等人提出的，利用无线数据链路层的广播信道特点，采用接收者-接收者模式的同步方式。RBS 协议不同步广播消息的收、发双方，而是同步该广播消息的多个接收者。一个节点发送广播消息，在其广播域内其他节点都将接收到该广播消息，并记录各自接收到该广播消息的本地时刻。接收节点相互交换各自记录的本地时刻并计算差值，即可得接收者之间的时钟偏移。其中一个接收节点可以根据时钟偏移更改自身本地时间，实现该节点与另外一个节点时间同步，通过一系列比较和计算，使各接收节点彼此同步。

RBS 协议中，发送节点发送的广播消息并不需要携带本地时间，只是促使广播域内接收节点同时记录下各自的本地时间，实现接收节点之间的相对时间同步。J. Elson 等人分别在 Berkeley Motes 平台以及 Compaq IPAQs 平台上对 RBS 协议进行了实现和测试。测试结果表明，RBS 协议同步精度较高。这是因为 RBS 协议通过接收节点对时抵消发送时间及访问时间，从而去除了发送时间及访问时间引入的时间同步误差。同时，RBS 协议假设到达广播域内各接收节点的路径一样，路径延时变短，也能减少时间同步误差。RBS 协议的缺点是各接收节点彼此需要交换含有时间信息的广播消息，从而增加了算法的复杂度。

（2）TPSN（Timing Sync Protocol for Sensor Networks）

TPSN（Timing Sync Protocol for Sensor Networks，无线传感器网络时间同步协议）是由 Ganeriwal 等人提出的，该时间同步协议适用于无线传感器网络整个网络范围。TPSN 协议中，需要一个节点作为整个无线传感器网络系统的时钟源，这个节点被称之为根节点。根节点通过配置 GPS 接收机等设备与该无线传感器网络系统的外部通信并获得外部时间。

TPSN 协议的同步过程主要包括分级、同步两步。首先需要将所有节点进行分级，建立分级的、层次型的网络结构。分级时，要先确定根节点，然后将所有无线传感器网络节点按层次结构进行分级，每个节点都有一个级别。根节点的级别定为零级，根节点发送包含自身级别（0 级）的广播消息，根节点的邻居节点接收到该广播消息后，把自己的级别定为 0 加 1，即 1 级。然后，所有的 1 级节点开始发送包含自身级别（1 级）的广播消息，则所有邻居节点（不包含已经定级过的节点）接收到该广播消息后，把自己的级别定为 1 加 1，即 2 级。依次类推，直到网络中所有节点全部定级完毕。

网络中所有节点分级完毕后进行同步操作，基本思想是网络中每个节点均与上一级的节点进行时间同步操作，直到所有节点都与根节点（时钟源）的时间同步。TPSN 协议中采用了发送者-接收者的同步机制，引入了 NTP 协议中的双向消息交换机制。下面介绍 NTP 协议中的双向消息交换机制，如图 2.55 所示。

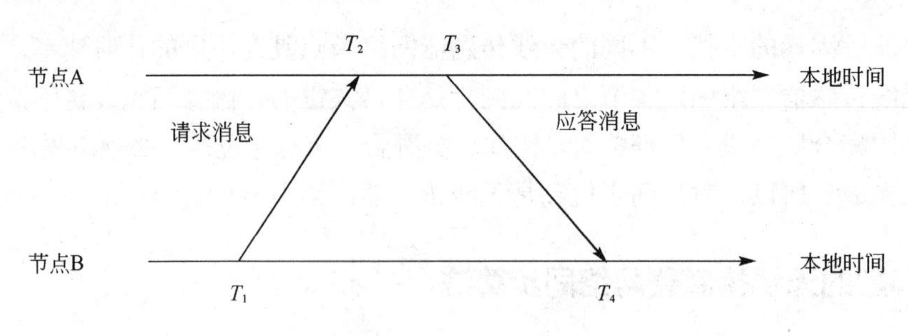

图 2.55 双向消息交换机制

由图 2.55 可以看出，T_2、T_3 代表节点 A 的本地时间，T_1、T_4 代表节点 B 的本地时间。假设在单个消息交换的时间内节点 A、B 之间的时钟漂移没有变化，即节点 B 在 T_4 时刻与节点 A 之间的时偏、T_1 时刻与节点 A 之间的时偏相同，记为 t_1。同时，假设消息的传输延迟相同，记为 d。首先，节点 B 在 T_1 时刻向节点 A 发送一个同步请求消息，其中包含节点 B 的等级即 T_1，则节点 A 在 T_2 时刻收到该请求消息，此时 $T_2=T_1+t_1+d$。然后，节点 A 立即在 T_3 时刻向节点 B 返回一个应答消息，其中包含节点 A 的等级、T_1、T_2 及 T_3。节点 B 在 T_4 时刻收到该应答消息，此时 $T_4=T_3-t_1+d$。然后，节点 B 能够根据式（2.11）计算出时偏 t_1 和传输延迟 d。则 T_4 时刻，节点 B 的本地时间加上时偏 t_1，就可以与节点 A 进行瞬时的时间同步。

$$
\begin{aligned}
t_1&=[(T_2-T_1)-(T_4-T_3)]/2 \\
d&=[(T_2-T_1)+(T_4-T_3)]/2
\end{aligned}
\tag{2.11}
$$

由以上分析可以看出，TPSN 协议能够实现短期的全网范围内节点的时间同步。如果周期地运行 TPSN 进行时间同步，则可以实现长期的全网范围内节点的时间同步。

第 3 章　仿真平台

3.1 OPNET

3.1.1　概述

OPNET 仿真软件是一种能够准确地分析复杂网络的性能、行为的网络仿真软件，是由 OPNET Technologies 公司研发的，能为用户提供一系列的仿真模型库。OPNET 软件作为一种高科技的、专业的网络规划、仿真工具，已经在通信、计算机网络等领域得到广泛认可，曾被第三方权威机构（如 Network World 等）评选为“世界网络仿真软件”第一名，能够提供程序性能管理解决方案、网络研发解决方案、多种设计方案以及智能管理方案。OPNET 主要针对网络服务提供商、设备制造商及一般企业等三类客户，其功能主要涉及以下 3 个方面。

① 用于开发新设备　一些大的设备制造商，在新设备投产以前，首先利用 OPNET 仿真软件对新设备进行建模、仿真分析，即首先在虚拟的网络环境中验证该新设备的性能。

② 用于开发新协议　OPNET Modeler 采用有限状态机（FSM）对新协议及其他过程进行建模，并提供了丰富的 C 语言库函数，还提供外部模块访问（EMA）接口，以便进行二次开发。

③ 用于开发新型网络及业务　能够仿真并分析有线、无线网络的整体性能及特定参数，能够帮助开发新型业务模式。

OPNET 面向专业技术人员，不仅能够提供三层建模机制、比较齐全的基本模型库，采用离散事件驱动的仿真机理、混合建模机制，具有统计收集和分析的功能，还具有网络管理系统、流量监测系统的接口，其软件产品主要分成 4 个系列：

① OPNET Modeler　是一个网络技术和产品开发平台，其面向对象的建模方法和图形化的编辑器能够帮助技术人员设计网络、网络设备和通信协议，能够采用无限嵌套的子网来构建复杂的网络拓扑，并进行仿真分析；

② ServiceProviderGuru　主要面向网络服务提供商，是智能化网络管理软件，能辨识整个网络；

③ WDM Guru　主要用于分析、评测波分复用光纤网络；

④ ITGuru　面向网络专业技术人员和管理人员，能够预测、分析网络及网络应用的性能，诊断问题，查找瓶颈并解决问题。

3.1.2 OPNET 实验

OPNET 能够在快速地建立起网络的模型的同时，方便地修改模型及其参数，并运行仿真，非常适用于预测网络的性能。下面通过 OPNET Modeler 仿真一个小型树形网络，并收集部分相关仿真参数。

为了创建一个新的网络模型，首先要创建一个新的项目（Project）和一个新的场景（Scenario），具体步骤如下。

① 打开 OPNET Modeler，从 File 下拉菜单中选择 New…，如图 3.1 所示。

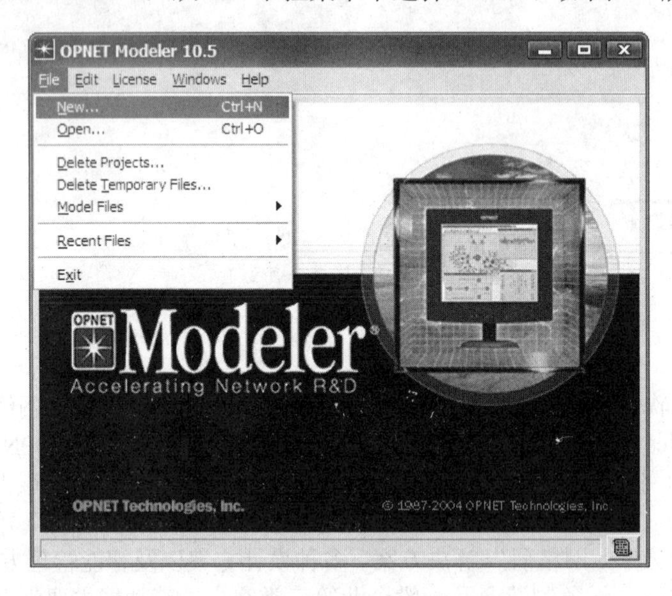

图 3.1 打开 OPNET Modeler 并选择 New

② 在弹出的下拉框中选择 Project，单击“OK”按钮，如图 3.2 所示。

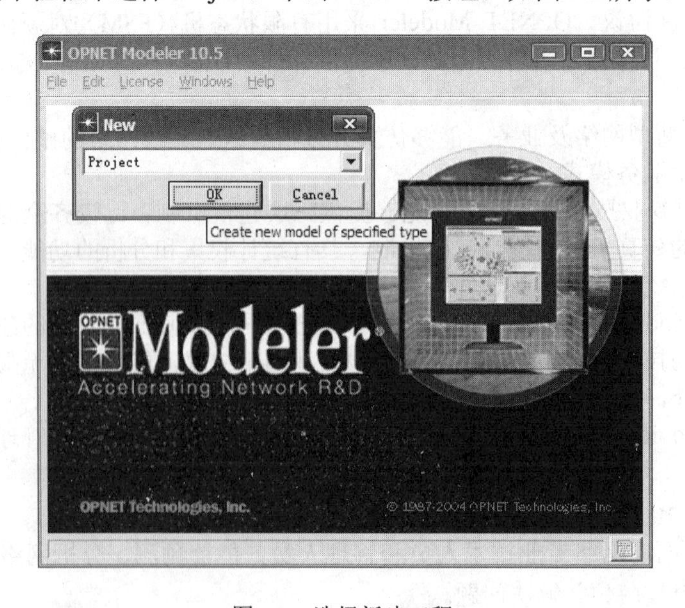

图 3.2 选择新建工程

③ 将工程命名为 wudi_fangzhen，场景命名为 wudi_first，并单击“OK”按钮，如图 3.3 所示。

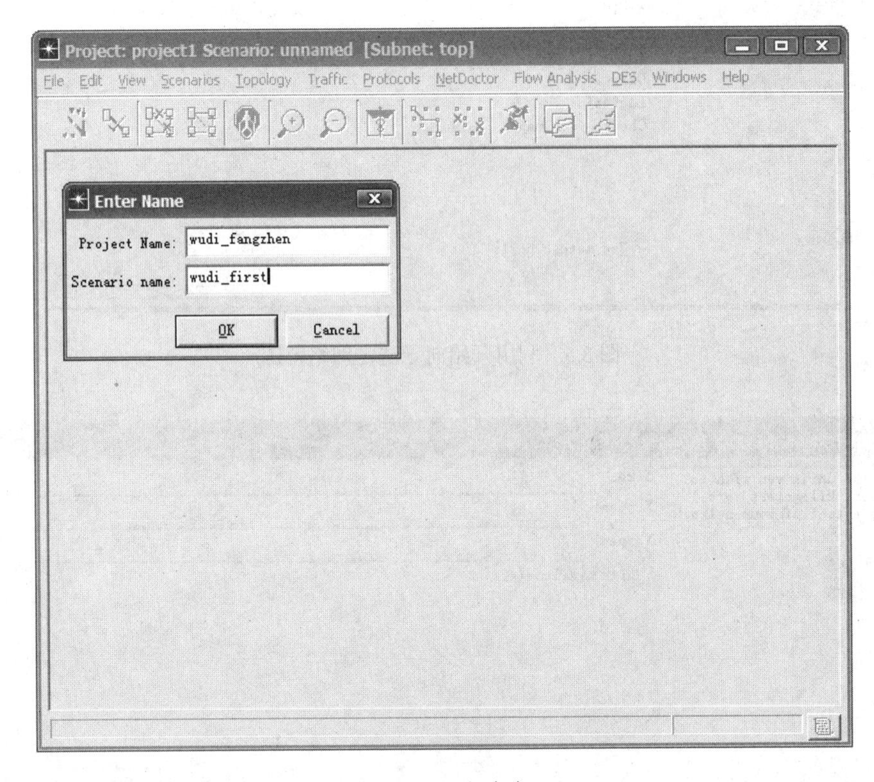

图 3.3　工程命名

④ 出现向导（Startup Wizard），开始创建新的背景拓扑图。在 Initial Topology 选择框里选择 Create empty scenario，并单击“Next”按钮，如图 3.4 所示。

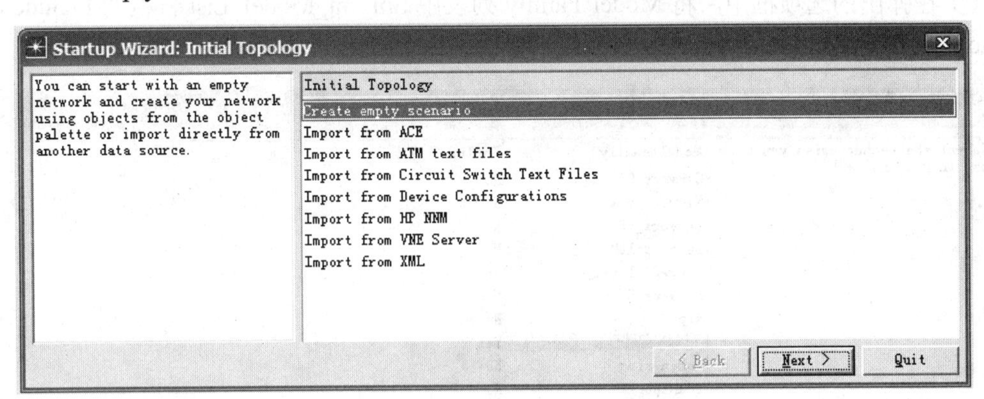

图 3.4　利用向导创建新的背景拓扑图

⑤ 选择网络范围，在 Network Scale 选项框里选择 Campus，然后单击“Next”，如图 3.5 所示。

⑥ 定义网络尺寸，在设定网络规模选项框中分别填写 X、Y 的长度和单位，进行网络大小的设定，然后单击“Next”，如图 3.6 所示。

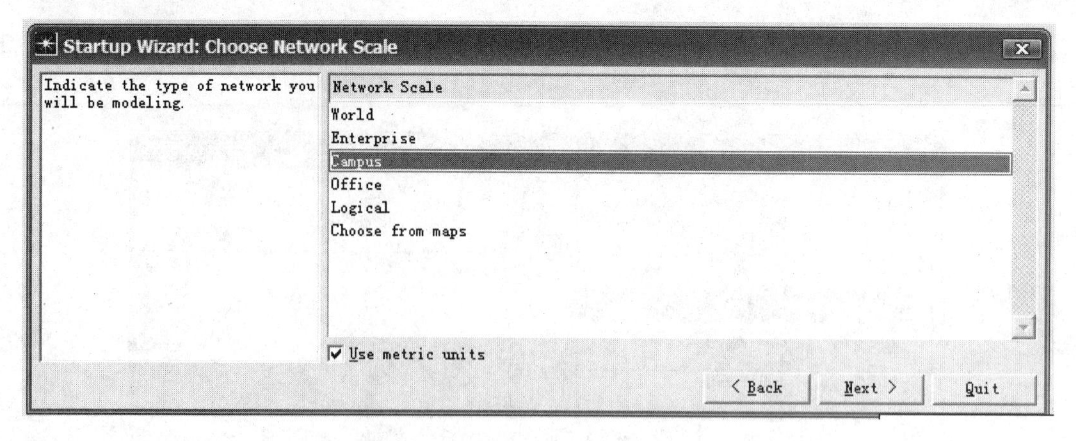

图 3.5 利用开始向导选定网络范围

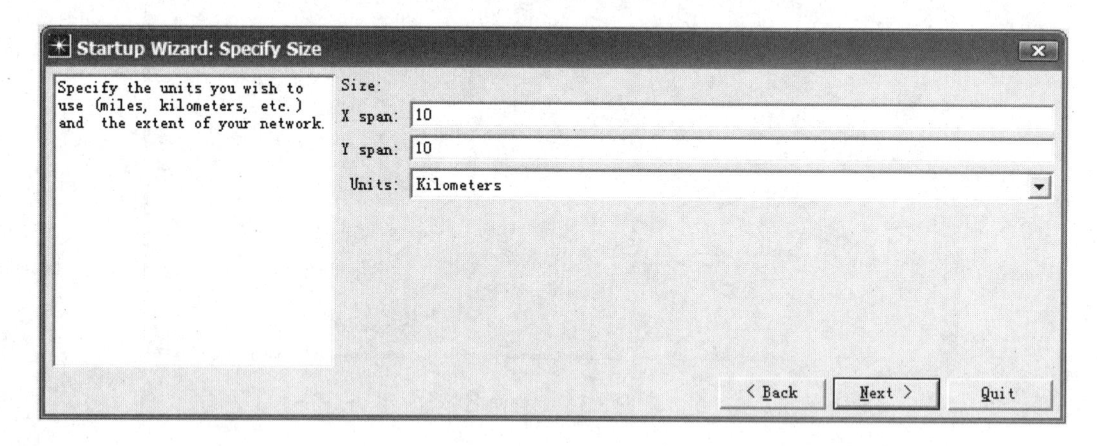

图 3.6 设定网络尺寸

⑦ 在弹出的选项框中，将 Model Family 列表中 Sm_Int_Model_List 一栏的 Include 状态由 No 改为 Yes，如图 3.7 所示。

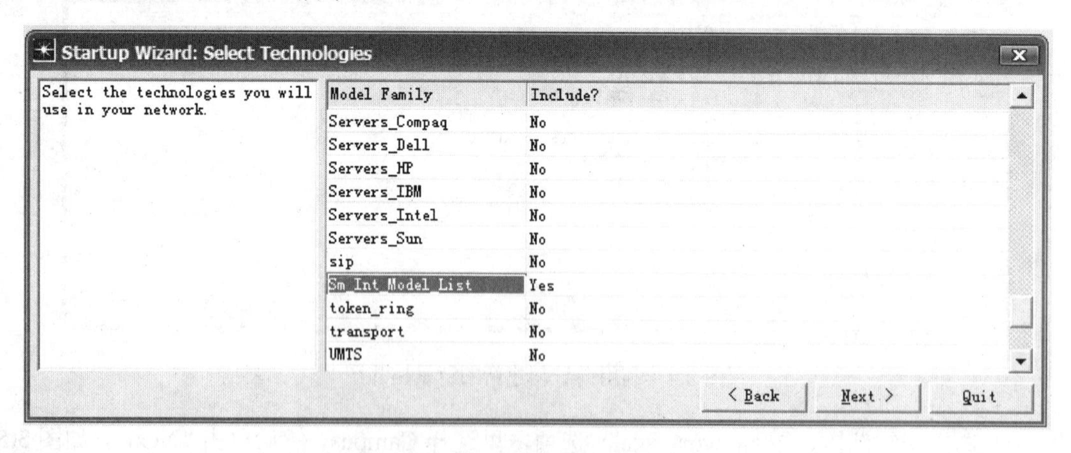

图 3.7 选择对象模型家族

⑧ 弹出 Review 对话框，确认之前配置的网络环境无误后，单击“Finish”按钮，如图 3.8 所示。

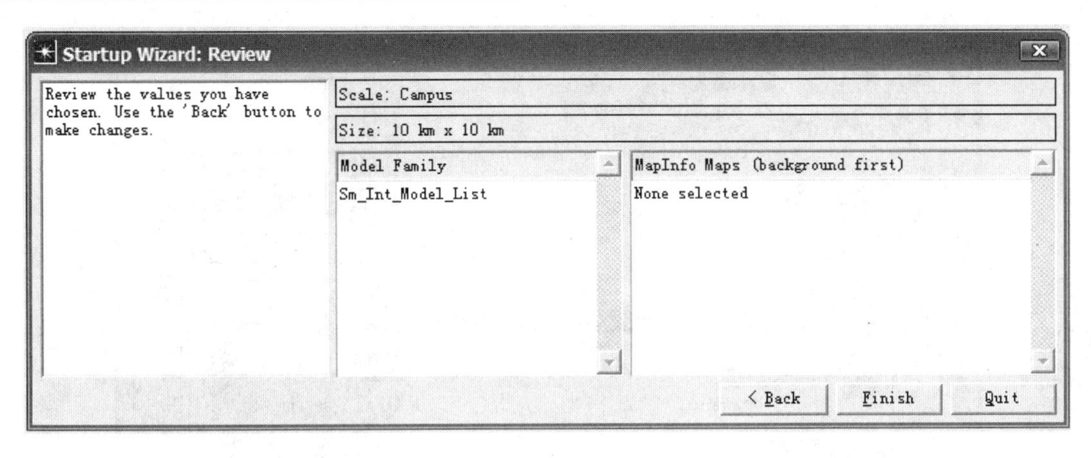

图 3.8 确认网络环境

⑨ 进入工程编辑器界面，同时弹出一个对象模板（包含 Sm_Int_Model_List 对象模型家族的所有模型），如图 3.9 所示。

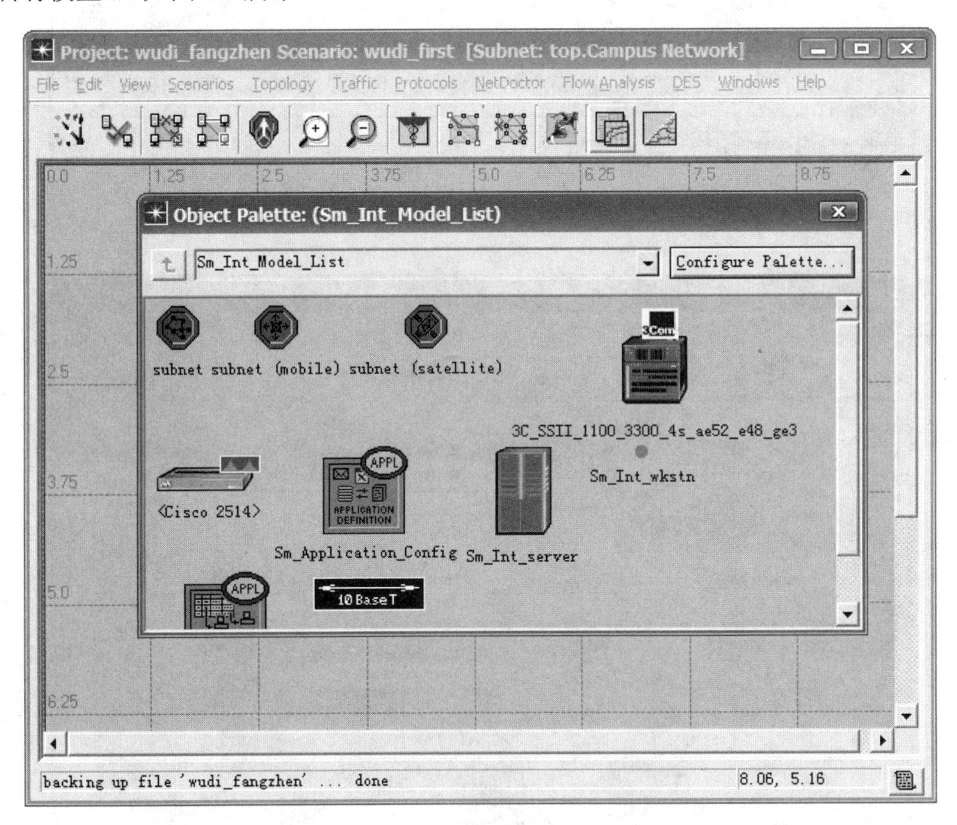

图 3.9 工程编辑器界面

⑩ 单击工程编辑器界面的 Topology 菜单，在下拉菜单中选择 Rapid Configuration，如图 3.10 所示。

⑪ 弹出拓扑快速配置对话框，默认类型为 Bus，通过配置下拉列表将 Bus 类型修改为 Tree 类型，然后单击“OK”，如图 3.11 所示。

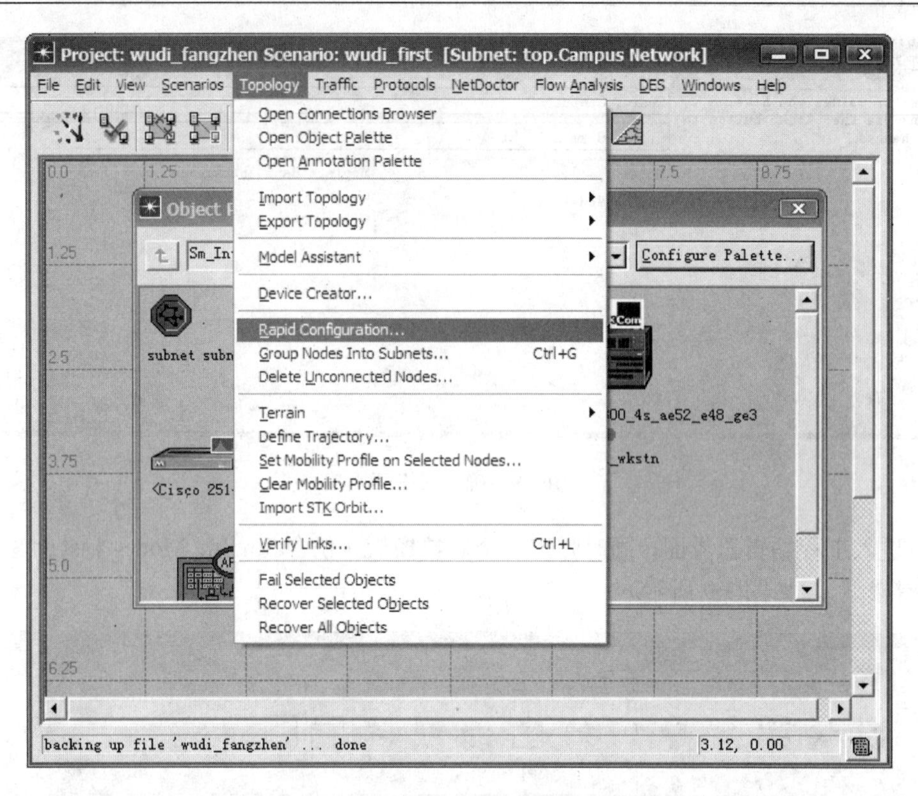

图 3.10 选择拓扑图快速配置命令

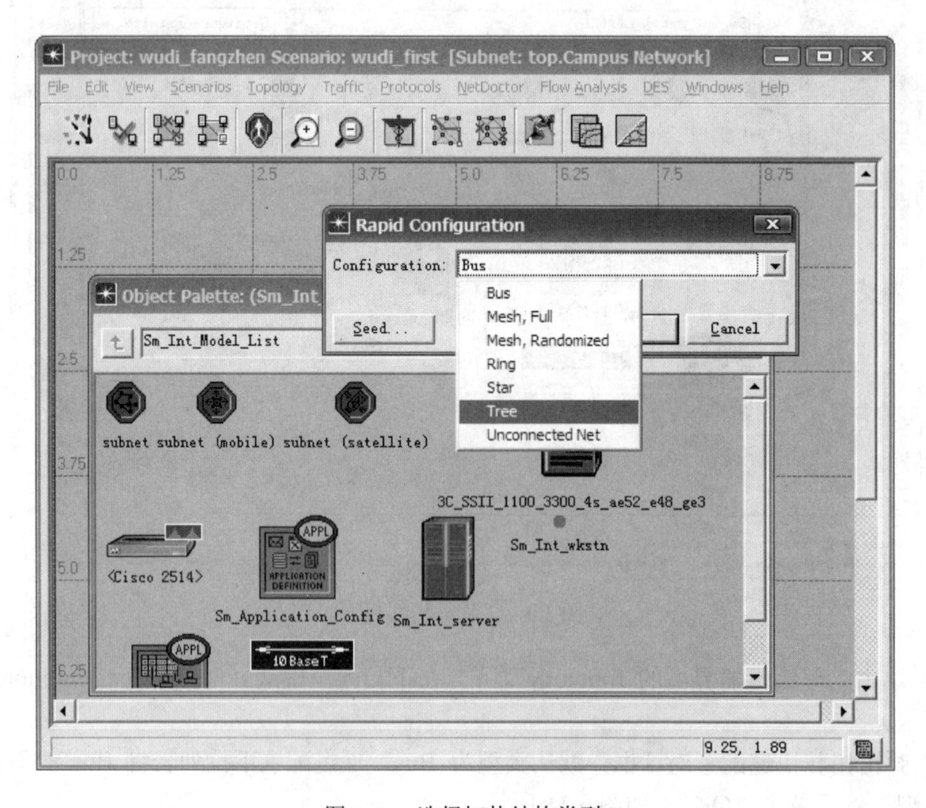

图 3.11 选择拓扑结构类型

⑫ 在弹出的对话框中设定节点模型、链路模型、层级等参数，然后单击“OK”按钮，如图 3.12 所示。

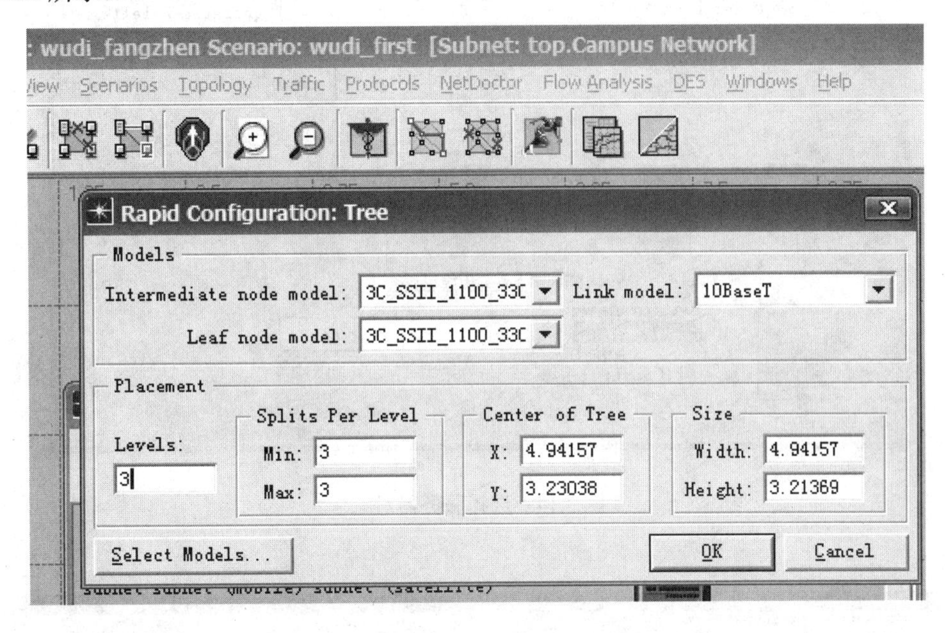

图 3.12 树形拓扑快速配置对话框

⑬ 弹出生成的树形网络模型，如图 3.13 所示。

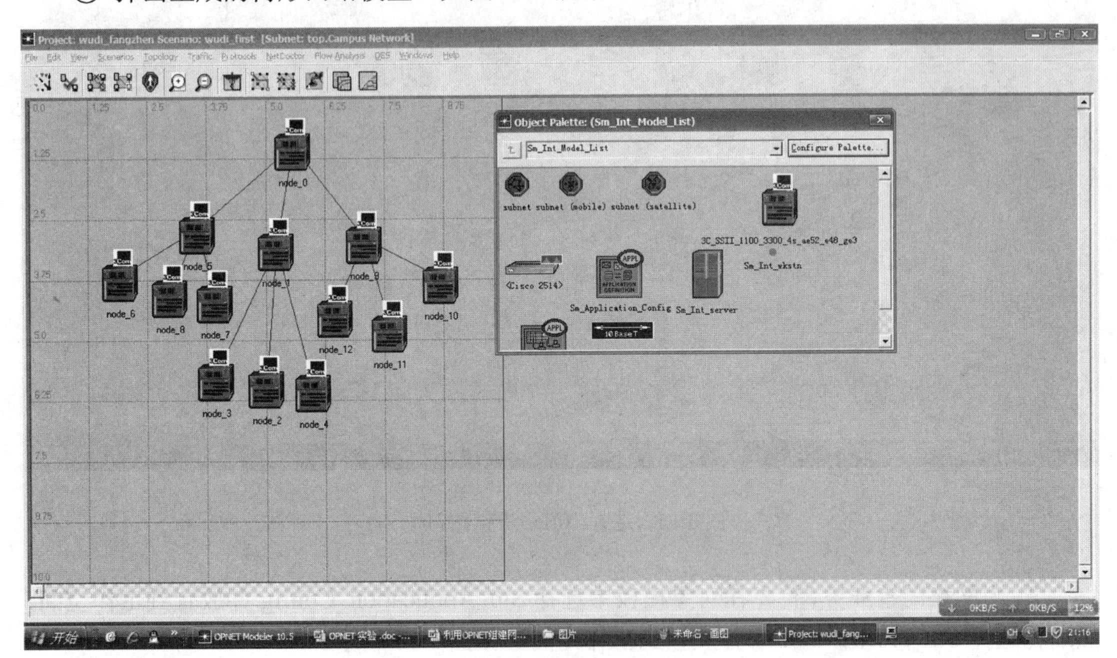

图 3.13 快速配置生成的树形拓扑结构图

⑭ 打开对象模板，找到 Sm_Int_server 对象，并将其拖动到工作空间，如图 3.14 所示。

⑮ 在对象模板中选择 10BaseT 链路对象，并拖动到工作空间，如图 3.15 所示。

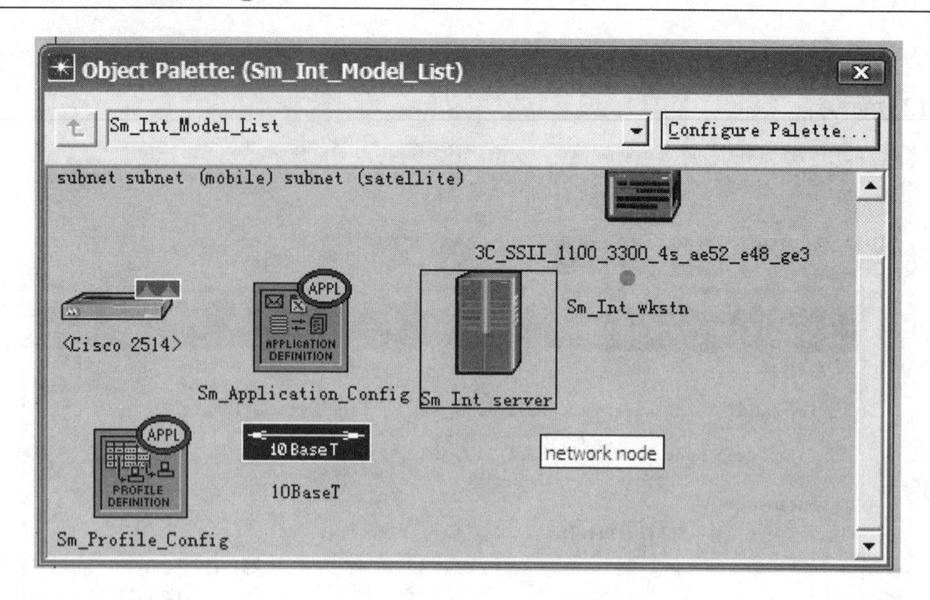

图 3.14　选择服务器对象

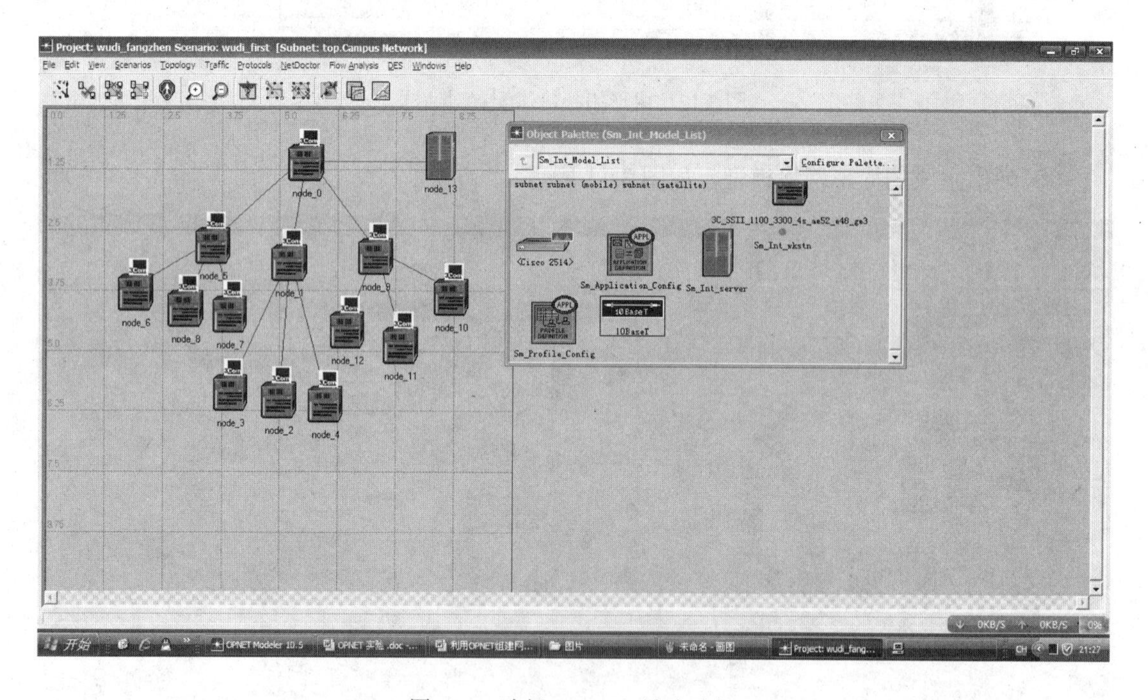

图 3.15　选择 10BaseT 链路对象

⑯ 为网络配置业务，首先在对象模板中选择 Sm_Application_Config 并放置到工作空间，然后再选择 Sm_Profile_Config 并放置到工作空间，如图 3.16 所示。

⑰ 选择服务器统计量，在服务器节点上单击鼠标右键，在弹出的菜单中选择 Choose Individual DES Statistics，如图 3.17 所示。

⑱ 弹出 Choose Results 对话框，进行统计量的选择。单击 Node Statistics，再单击 Ethernet，选择 Load（bits/sec）统计量，然后单击“OK”按钮，如图 3.18 所示。

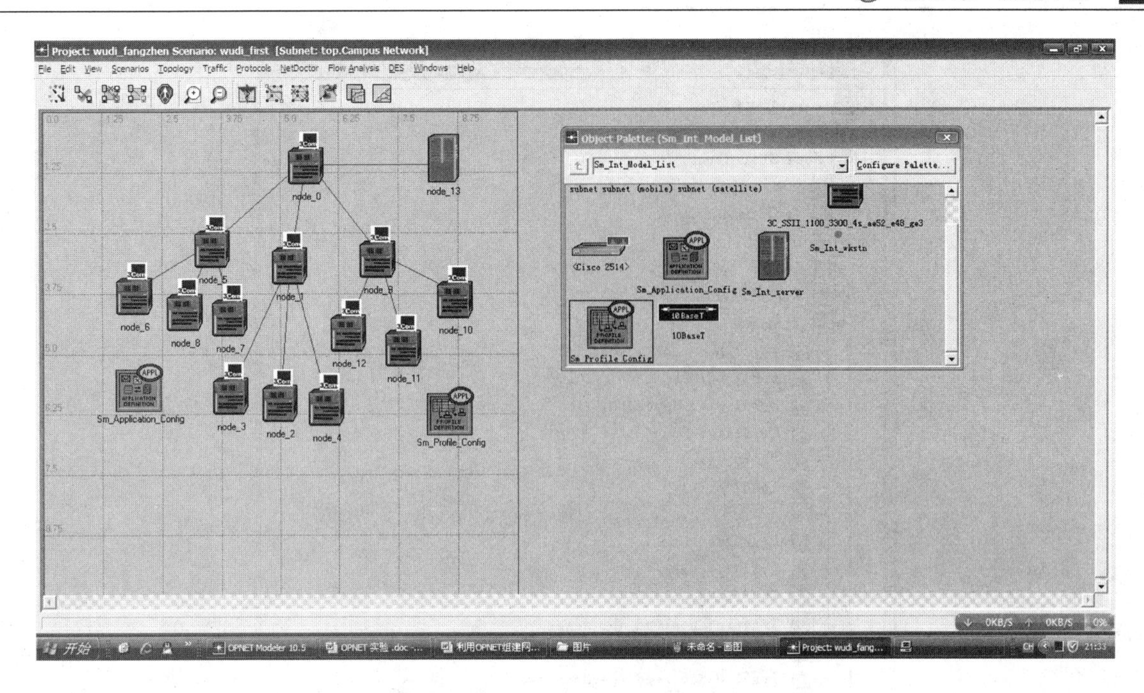

图 3.16　配置完成后的网络模型图

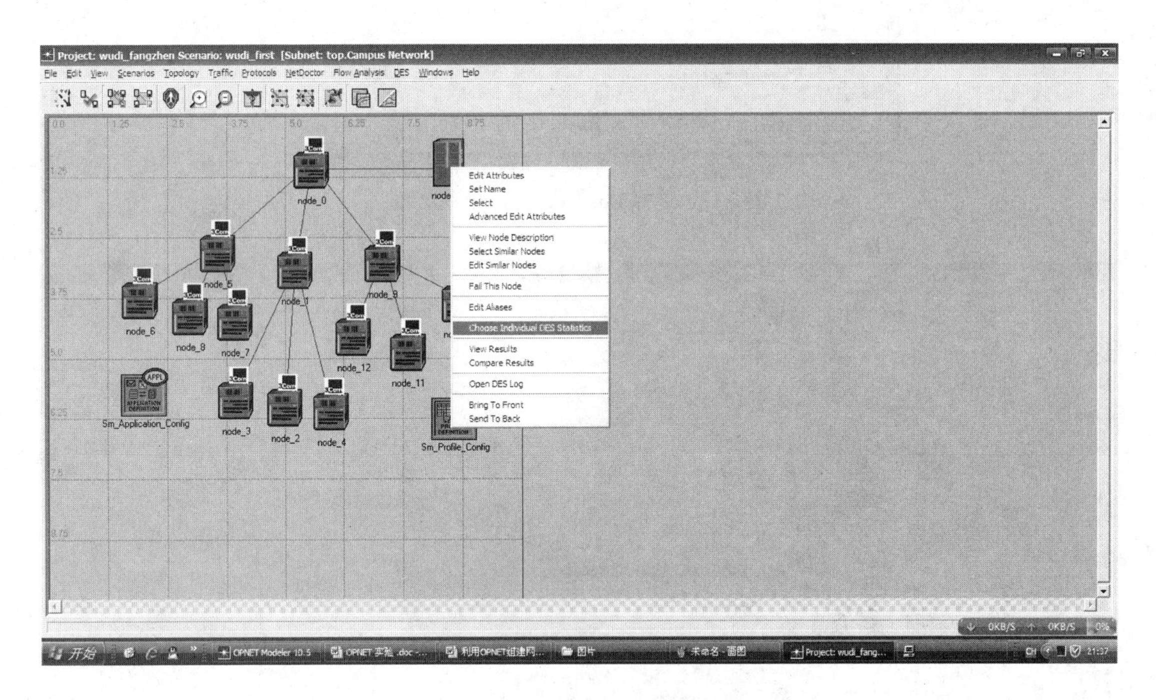

图 3.17　选择服务器统计量

⑲ 在工作空间的空白处单击鼠标右键，在弹出菜单中选择 Choose Individual DES Statistics，如图 3.19 所示。

⑳ 弹出 Choose Results 对话框，单击 Gobal Statistics，再单击 Ethernet，再单击 Delay(sec)，即选择 Delay（sec）统计量，然后单击“OK”按钮，如图 3.20 所示。

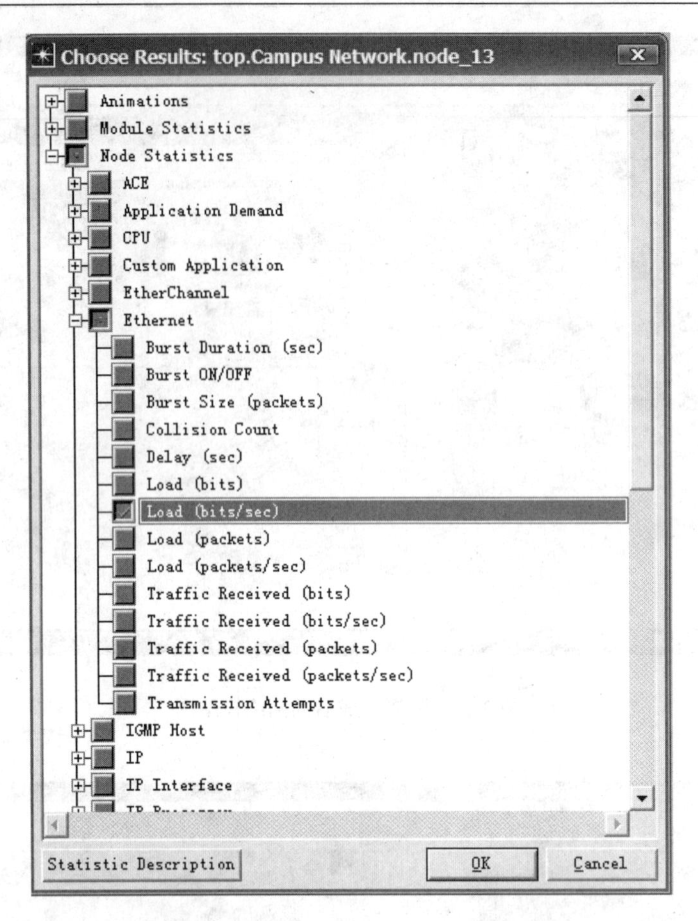

图 3.18 选择 Load（bits/sec）统计量

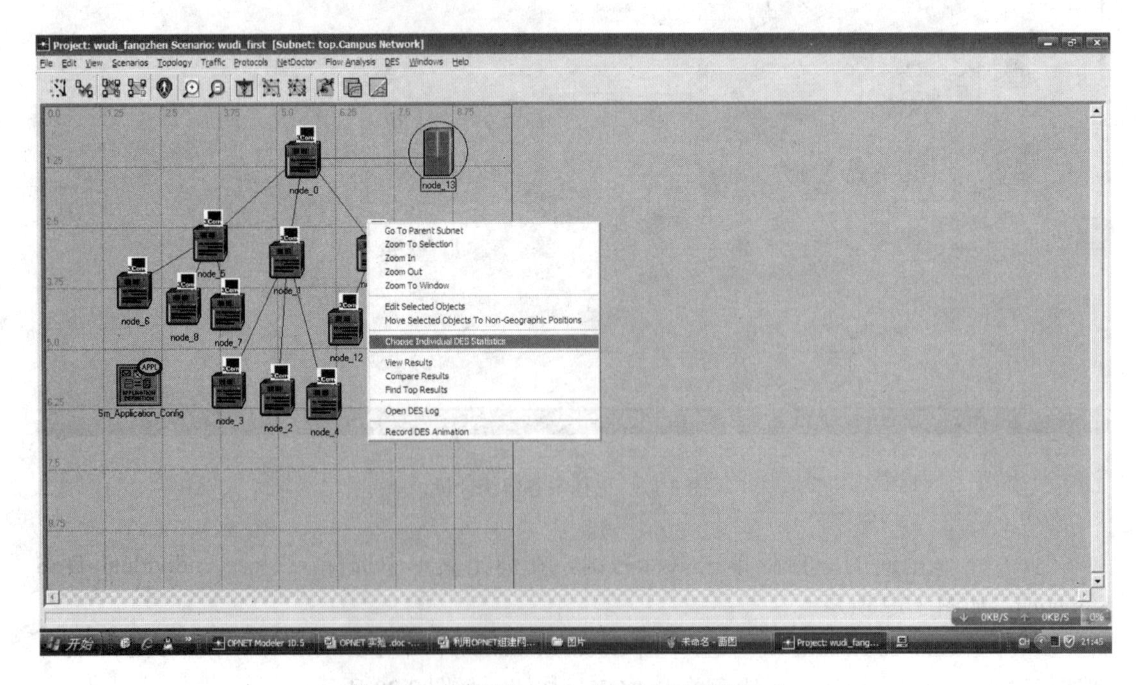

图 3.19 选择 Choose Individual DES Statistics

㉑ 在工程编辑界面的 Edit 菜单中选择 Preferences，如图 3.21 所示。

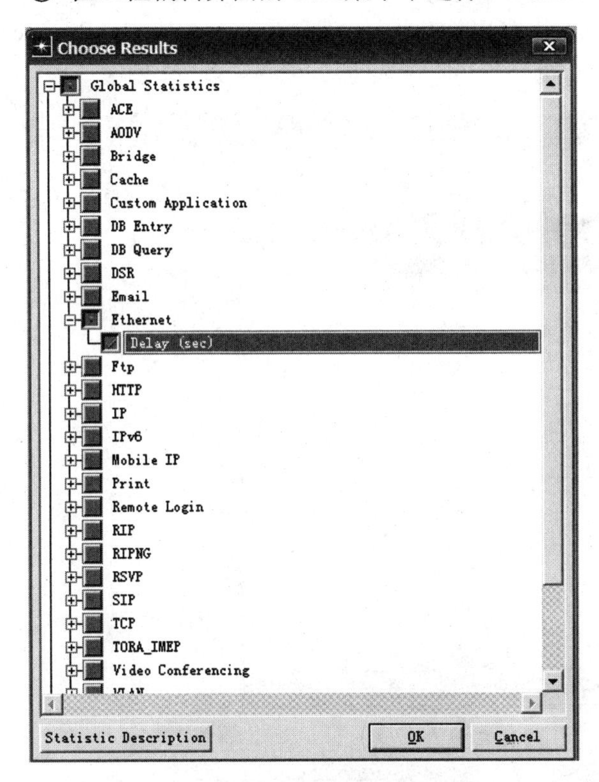

图 3.20 选择结果统计量

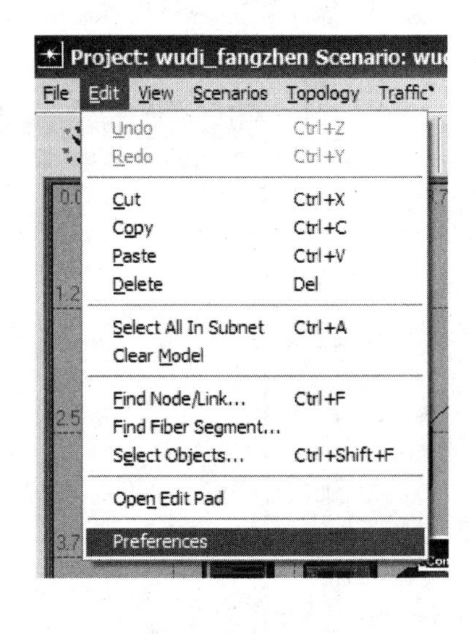

图 3.21 参数选择菜单

㉒ 在弹出的对话框中输入 repositories，然后单击“Find”按钮，如图 3.22 所示。

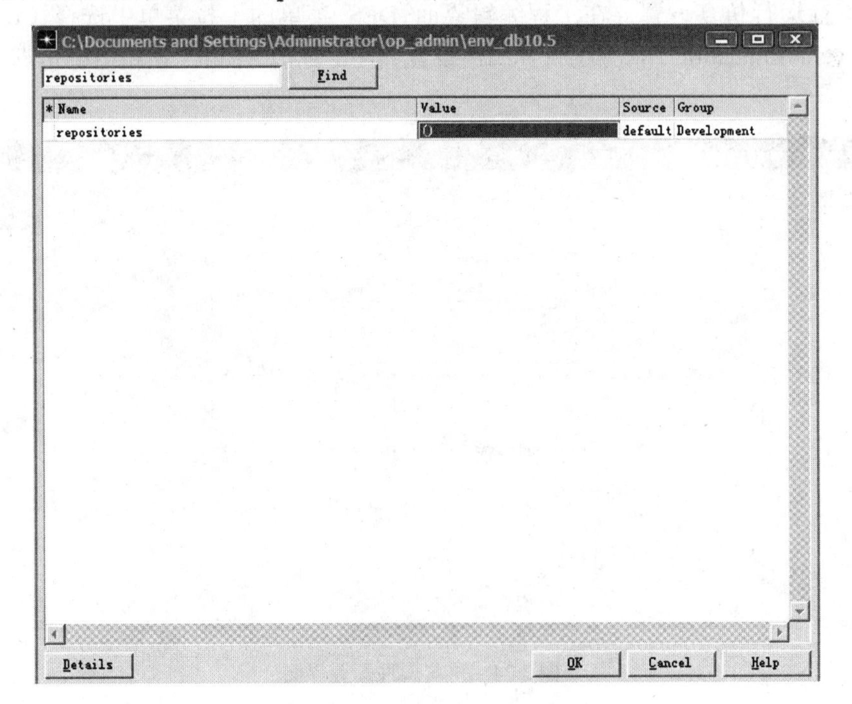

图 3.22 查找 repositories

㉓ 单击 Value 标签，在弹出的对话框中单击“Insert”按钮，在文本框中输入 stdmod，单击“OK”按钮，如图 3.23 所示。然后再单击“OK”按钮，分别关闭 repositories 和 Rreferences 对话框。

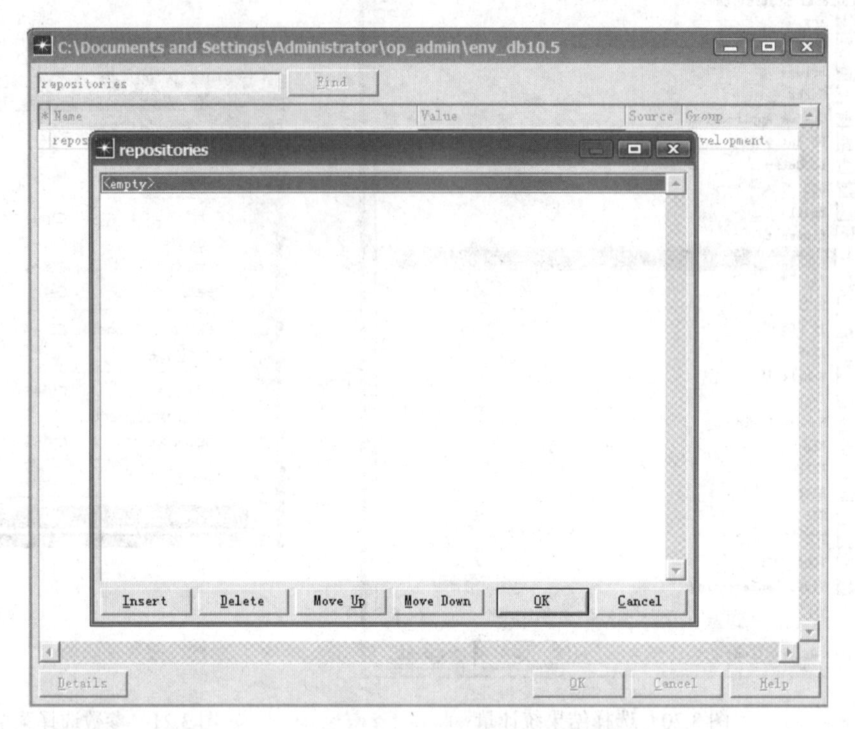

图 3.23 设置 repositories 的值

㉔ 进行运行仿真设置，在工程编辑界面 DES 菜单的下拉菜单中选择 Configure/Run Discrete Event Simulation…，弹出仿真属性设置界面，单击“Run”按钮运行仿真，如图 3.24 所示。

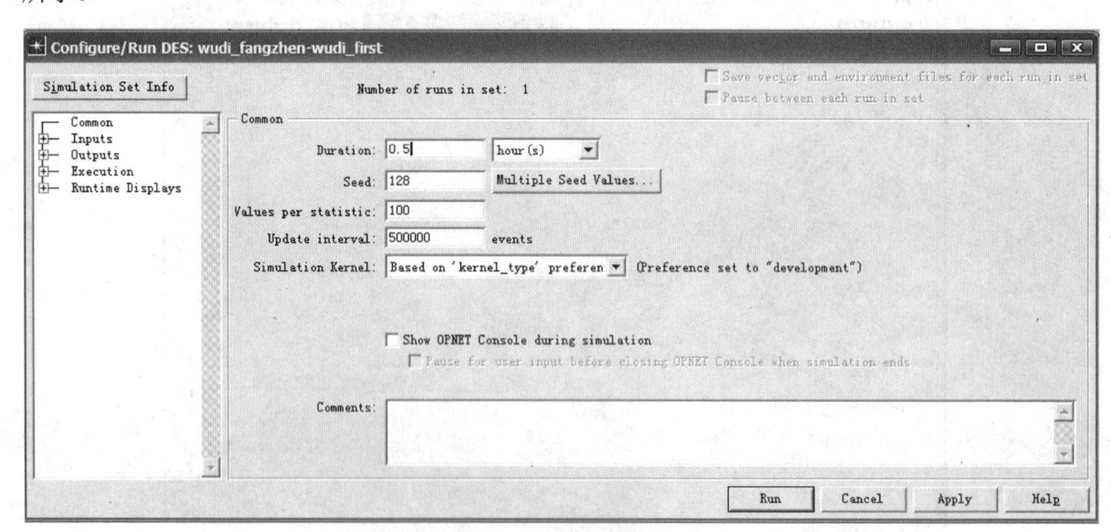

图 3.24 仿真属性配置界面

㉕ 弹出仿真运行完毕界面，单击“Close”按钮关闭对话框，如图 3.25 所示。

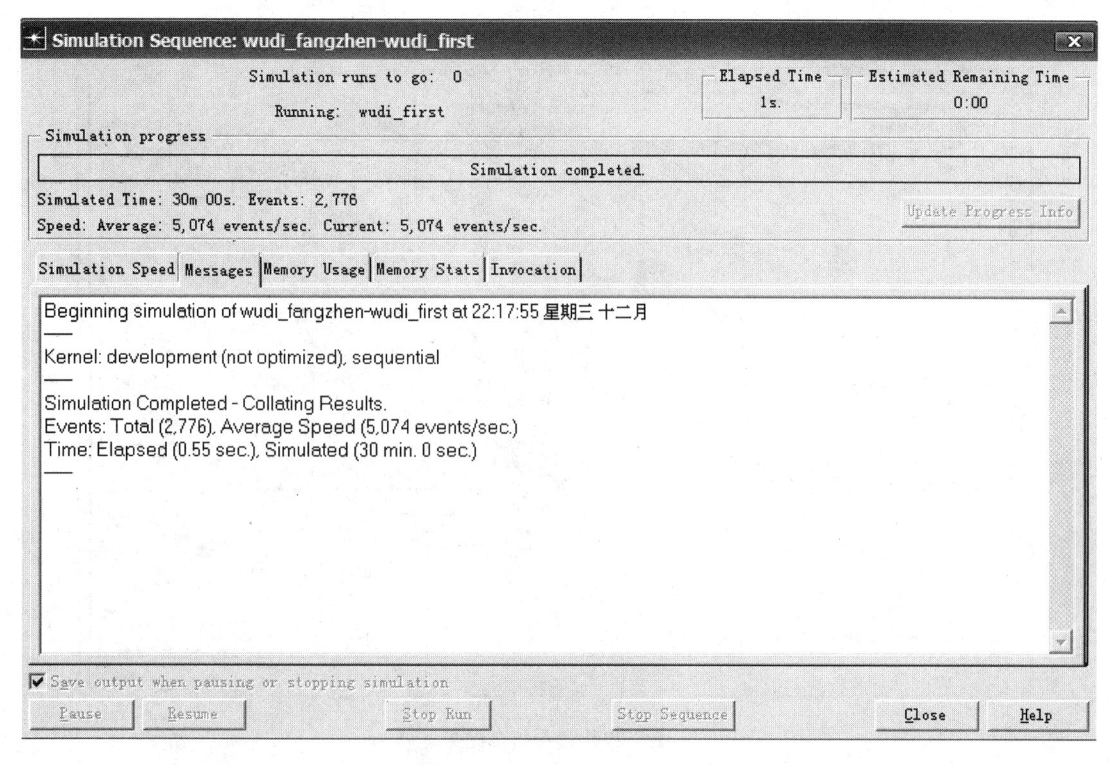

图 3.25 仿真运行完毕

㉖ 在服务器节点上单击鼠标右键，在弹出的菜单中选择 View Results，如图 3.26 所示。

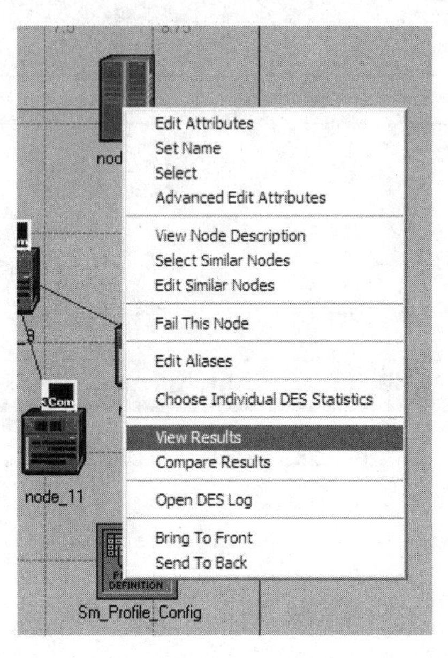

图 3.26 选择 View Results 查看结果

㉗ 选择 Load（bits/sec），然后单击“Show”按钮，这时工程编辑器上出现仿真结果图（网络负载），如图 3.27 和图 3.28 所示。

至此，完成了基于 OPNET 的树形结构网络建模、仿真以及查看结果等工作。

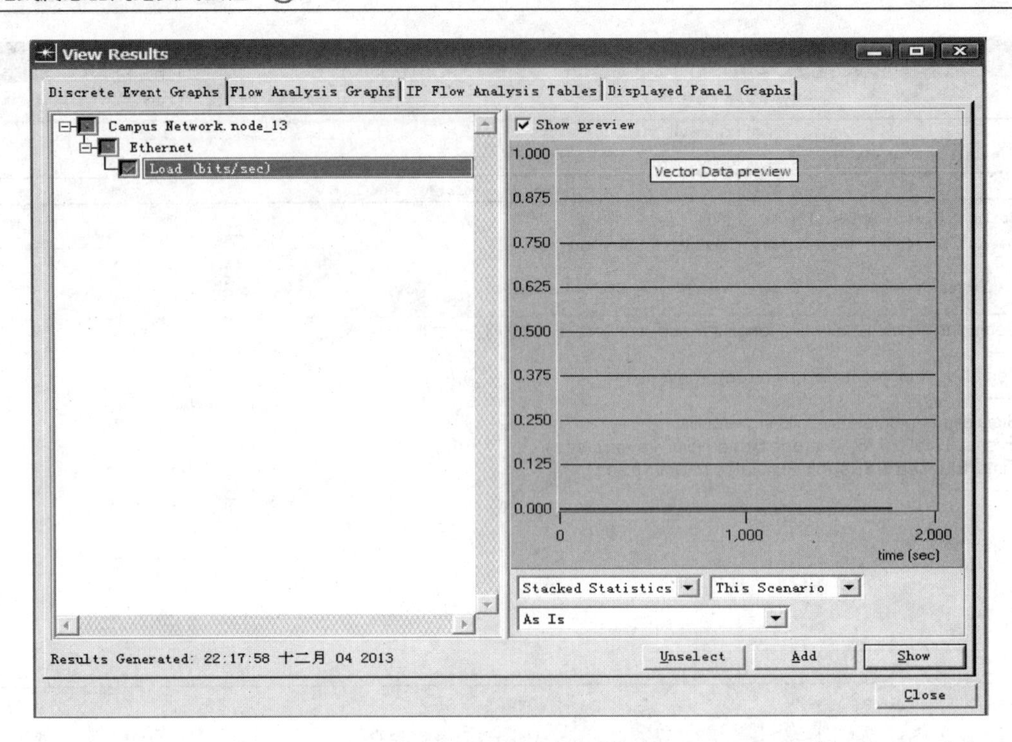

图 3.27　查看仿真结果

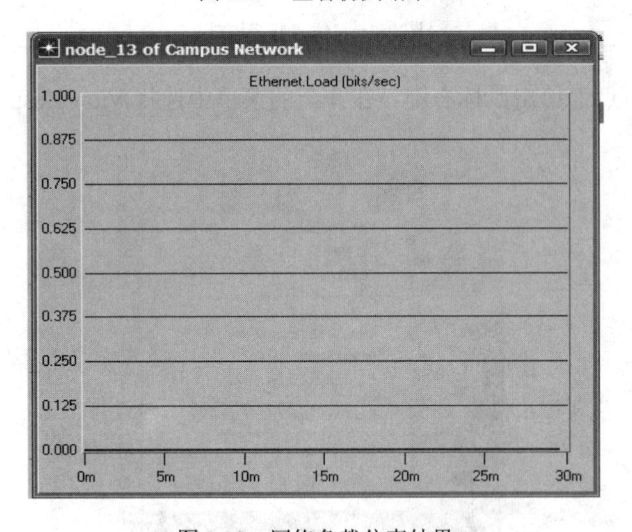

图 3.28　网络负载仿真结果

3.2 NS2

3.2.1 概述

NS2（Network Simulator Version 2）是一款国际流行的、免费的、开源的、面向对象的、事件驱动的网络仿真软件，其可靠性和实用性较高，能够对很多通信网络进行仿真，因此拥有大量的开发者和使用者。

NS2 由许多不同的研究室共同开发，如 Xerox、LBL、UCB 和 USC/ISI，其最早来源于哥伦比亚大学开发的“Real Network Simulator”项目，后由美国加州大学伯克利分校设计开发而成。

NS2 本质上是一个离散事件模拟器，使用离散事件仿真技术来对计算机网络进行仿真和研究。NS2 能够支持 TCP 协议、UDP 协议、文件传输协议 FTP、远程登录协议 Telnet、Web CBR、VBR、路由队列管理机制（DropTail、RED 和 CBQ）、Dijkstra 路由算法、WLAN、AdHoc 路由、移动 IP、卫星通信网络、多播协议以及一些 MAC 子层协议的仿真。同时，由于 NS2 获得了包括 UCB Daedelus、CMU Monarch project 和 Sun Microsystems 所开发的无线模块的大力支持，因此 NS2 软件常被用作无线网状网的仿真工具。

NS2 软件采用两级体系结构，使用 OTcl 和 C++两种编程语言共同开发。构件库通常由相互关联的两个类来实现，其中一个在 OTcl 中，另一个在 C++中，通常把这种方式称之为分列对象模型。事件调度器（Event Scheduler）和网络组件（Network Component）主要由 C++语言编写。NS2 构件的主要功能通常还是在 C++中实现，OTcl 中的类通常提供 C++对象面向用户的接口。

通常情况下，NS2 会将数据操作部分和控制部分的实现分离开来，其目的是为了提高代码的执行效率，减少事件和分组的处理时间。通常，使用 C++来编译和编写事件调度器和基本的网络组件，并且通过映射对 OTcl 解释器可见，以此来实现对数据包的处理。用户能够利用 OTcl 库中的仿真对象来设计和运行 Tcl 仿真，然后事件调度器和网络组件就会通过 OTcl 连接和 OTcl 相关联，使得用户能在 OTcl 空间内方便地对 C++对象的函数和变量加以修改和配置。

NS2 是一个基于包（Packet）的离散事件仿真器（用来调度数据包和定时器等事件的离散事件调度器），自带一个虚拟时钟，只能按顺序一个一个地处理事件，而不会准确地模拟同时发生的事件，因此不能直接用仿真过程对应实际时间。但是，在大多数网络仿真情况下，这些事件一般都是极其短暂的，因此并不会对仿真结果造成太大的影响。

3.2.2 NS2 实验

下面首先介绍 NS2 软件的安装方法，并且运行一个基于 NS2 的仿真例程。

（1）首先安装 VM

在 VM 虚拟机中可以模拟各种操作系统，具体步骤如下。

① 点击程序，如图 3.29 所示。

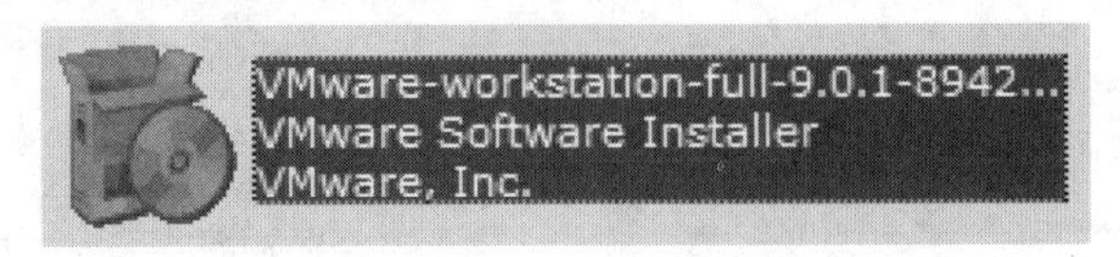

图 3.29 VM 程序

② 选择自定义安装（custom），如图 3.30 所示。

③ 选择安装地点一共两次，可以选择 E 盘（E:\VM），如图 3.31～图 3.32 所示。

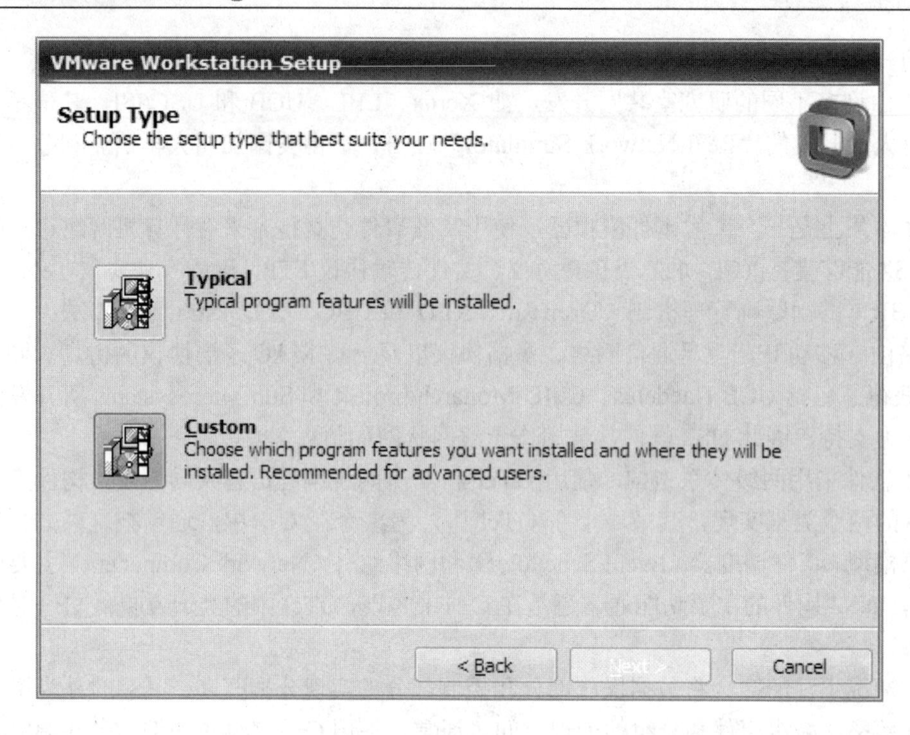

图 3.30　选择 Custom

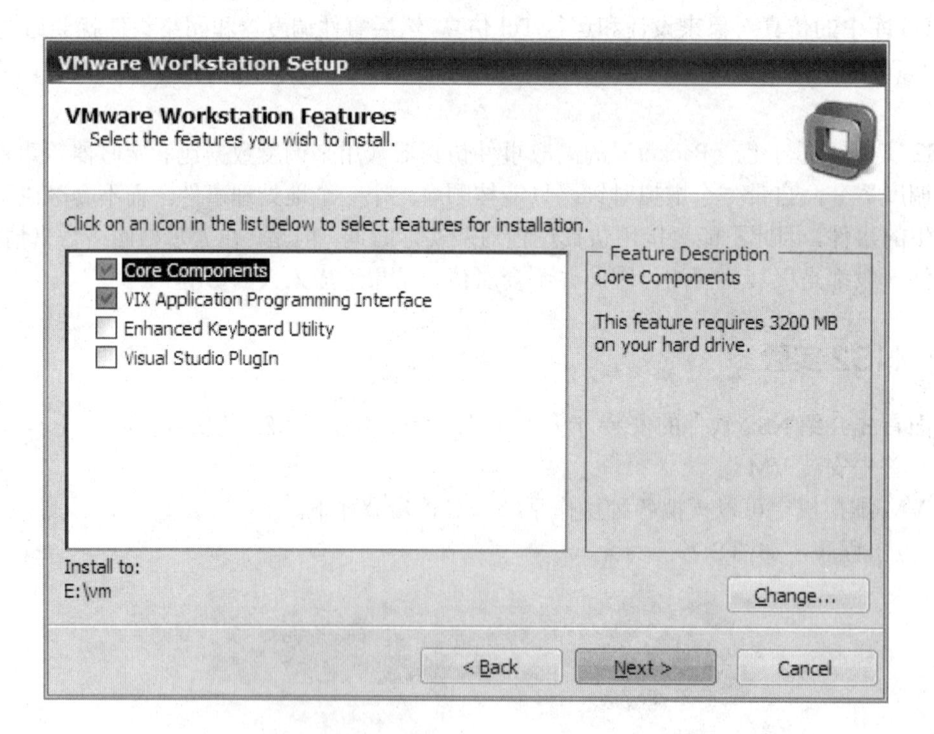

图 3.31　选择安装地点（a）

④ 选择需要的桌面图标（Desktop），如图 3.33 所示。单击“Next”按钮开始安装，再单击“Enter”按钮，直至安装完毕。

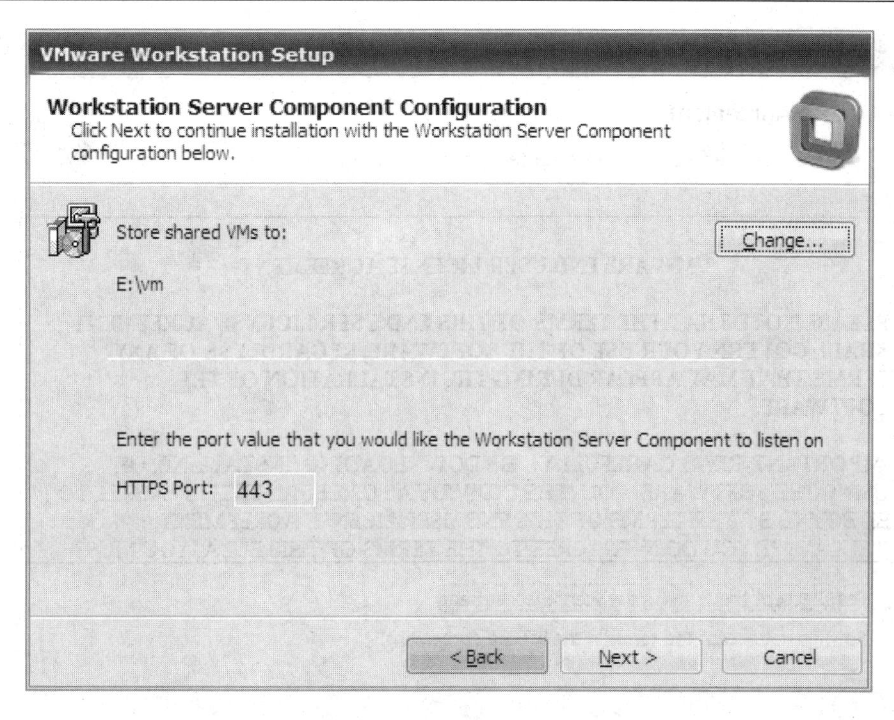

图 3.32　选择安装地点（b）

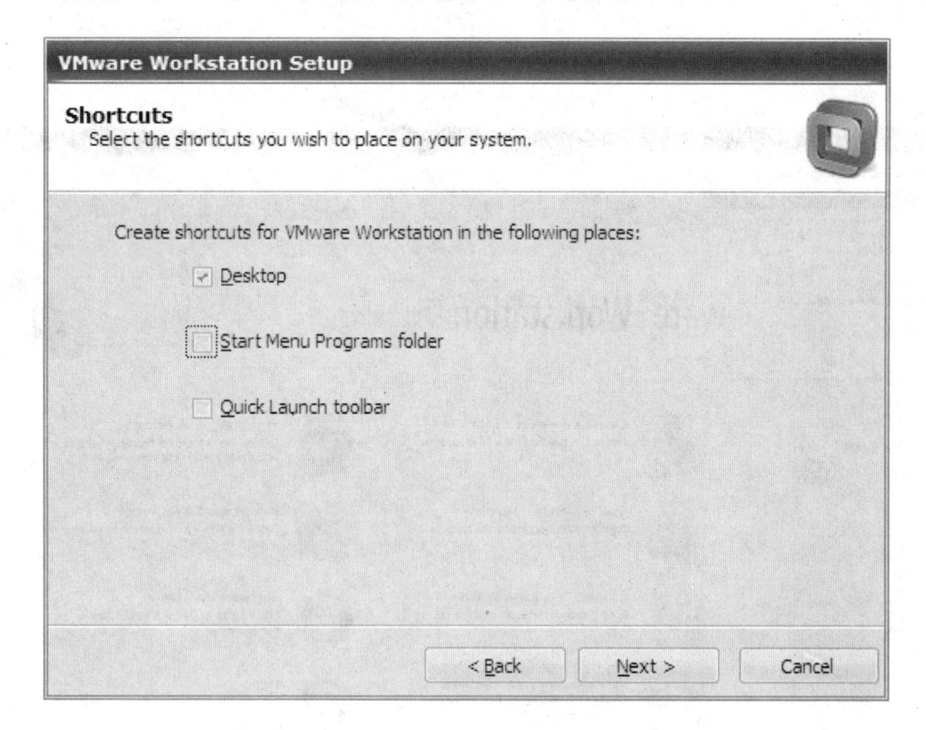

图 3.33　选择 Desktop

（2）第二步：安装 UBUNTU 操作系统

① 打开 VM，同意它的协议，如图 3.34 所示。

② 点击 file 选择 new virture machine，建立一个新的虚拟机，如图 3.35 所示。

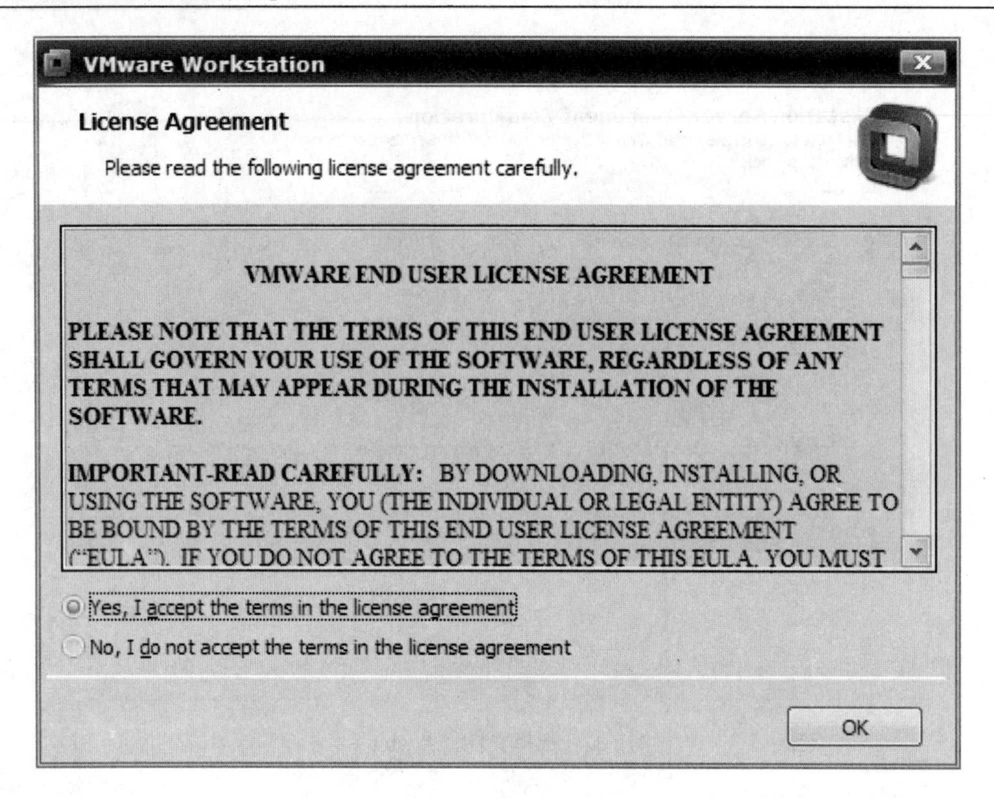

图 3.34 打开 VM

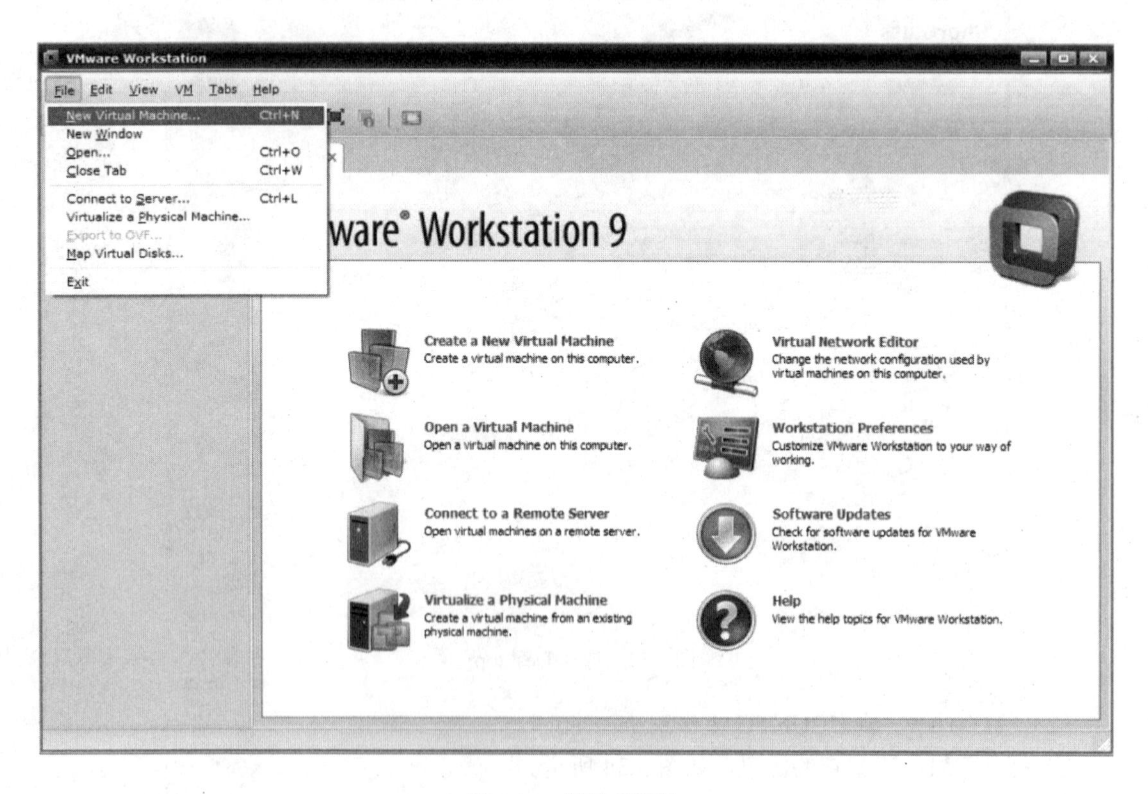

图 3.35 新建虚拟机

③ 选择自定义安装，如图 3.36 所示。

图 3.36 选择 Custom

④ 选择稍后安装操作系统，如图 3.37 所示。

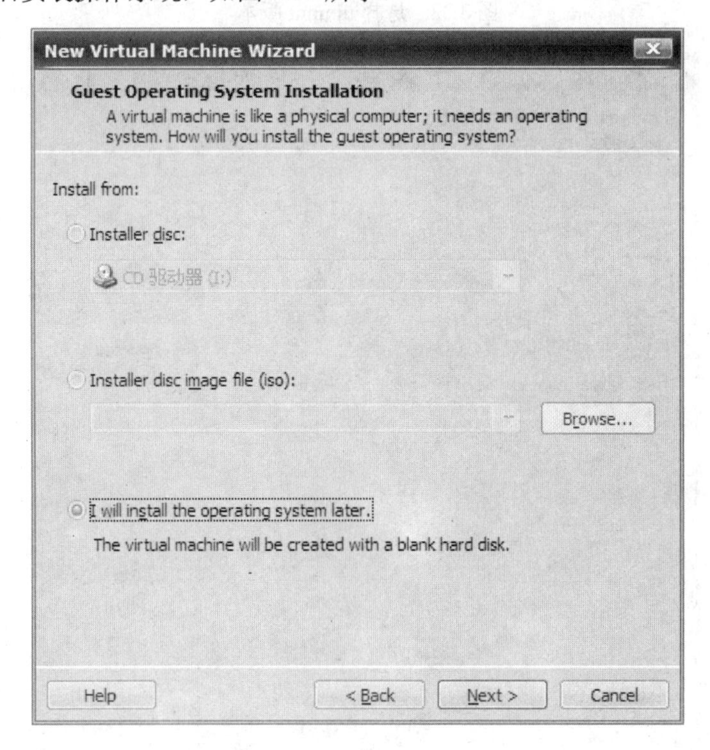

图 3.37 选择 I will install the operating system later

⑤ 选择 linux 后 version 为 ubuntu，如图 3.38 所示。下一步选择路径为 E：\ubuntu.linux，如图 3.39 所示。

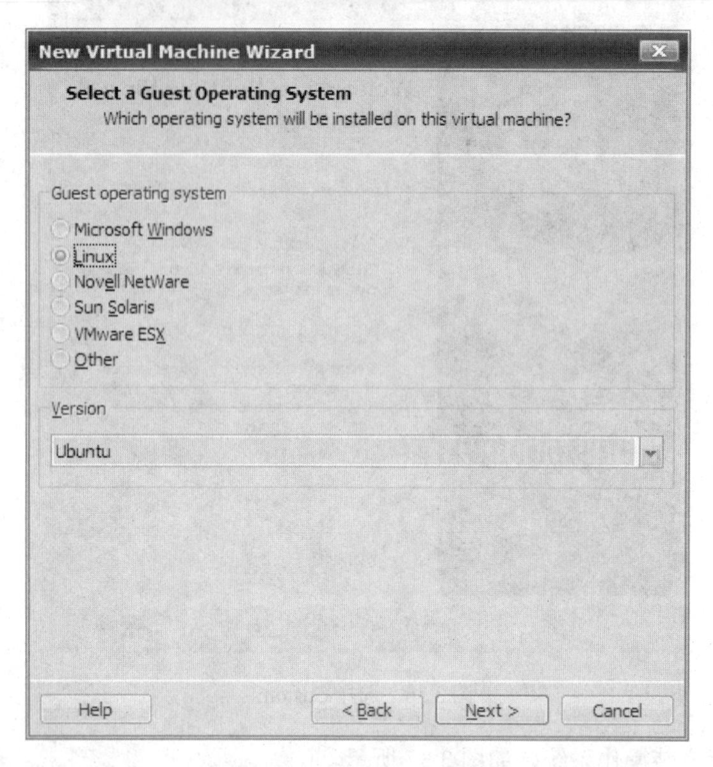

图 3.38 选择 ubuntu 版本

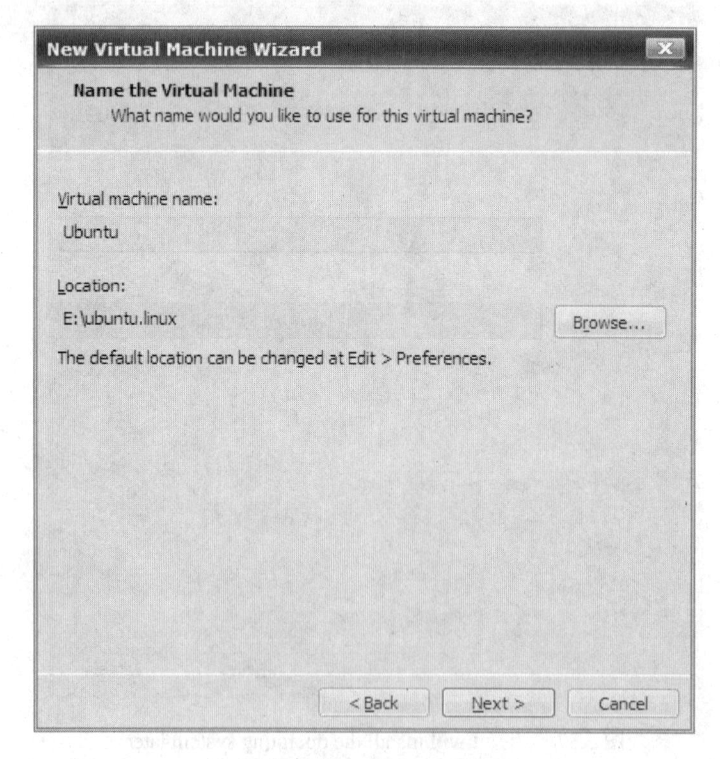

图 3.39 选择路径

⑥ 一路默认到底，直到 finish，分别如图 3.40～3.48 所示。

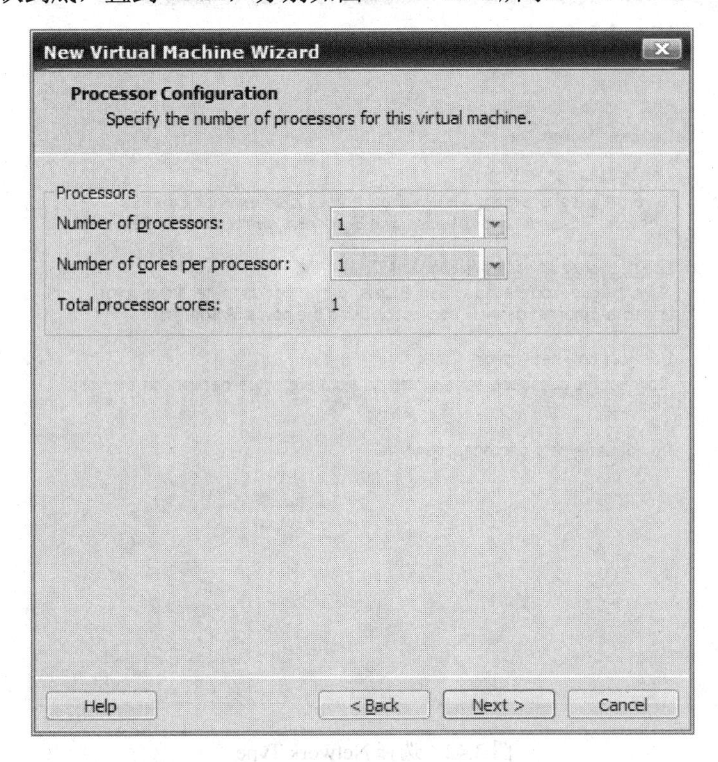

图 3.40 配置 Processor

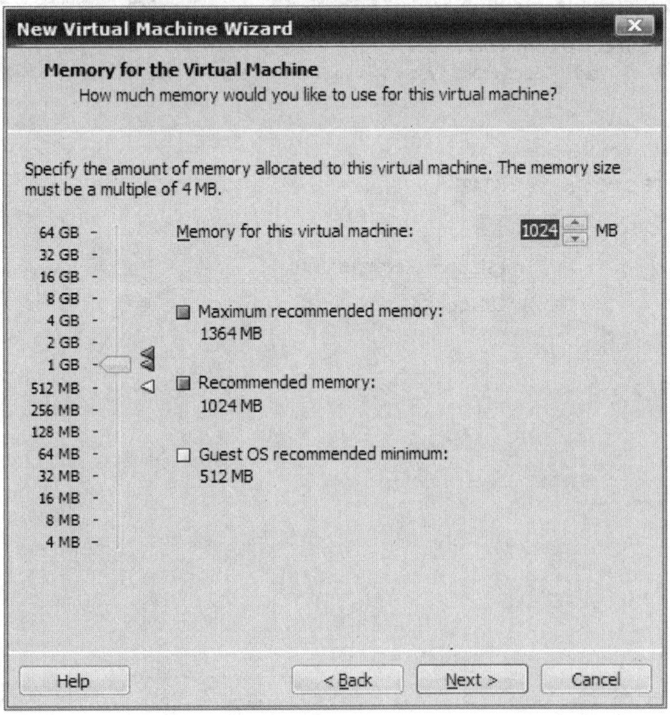

图 3.41 设置 Memory

图 3.42 选择 Network Type

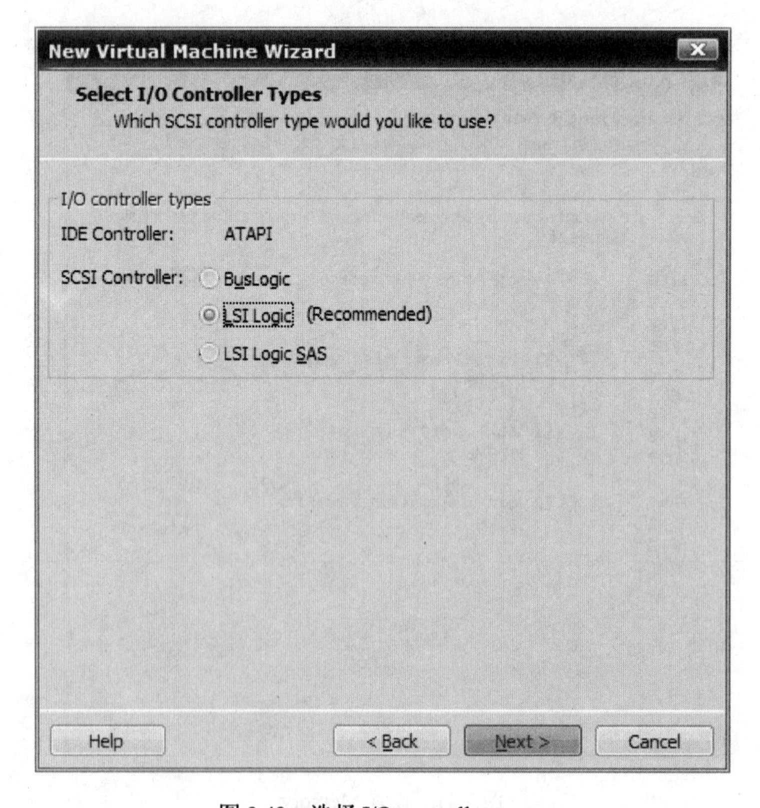

图 3.43 选择 I/O controller types

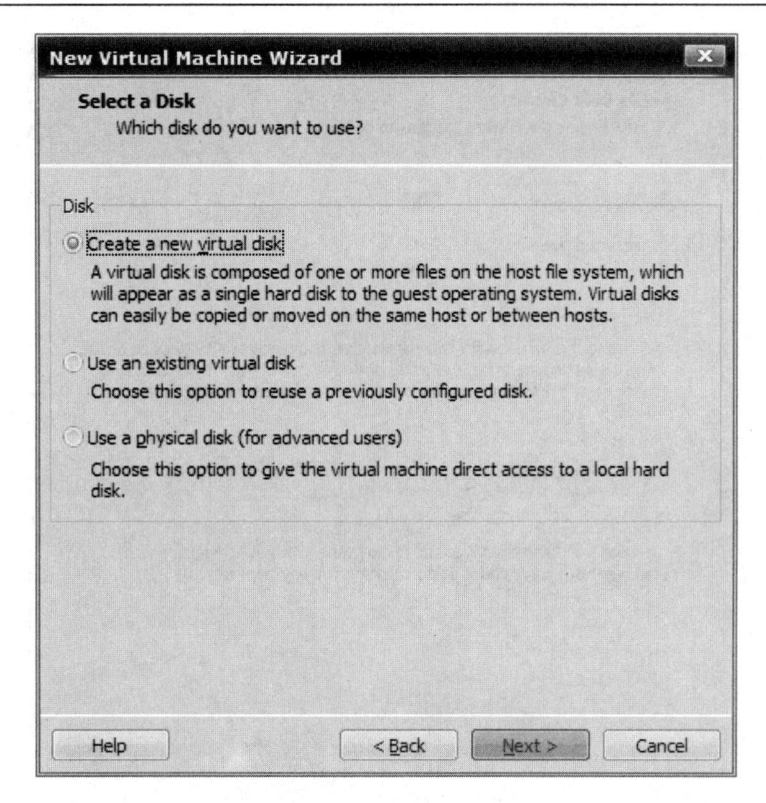

图 3.44 选择 Disk

图 3.45 选择 Disk 类型

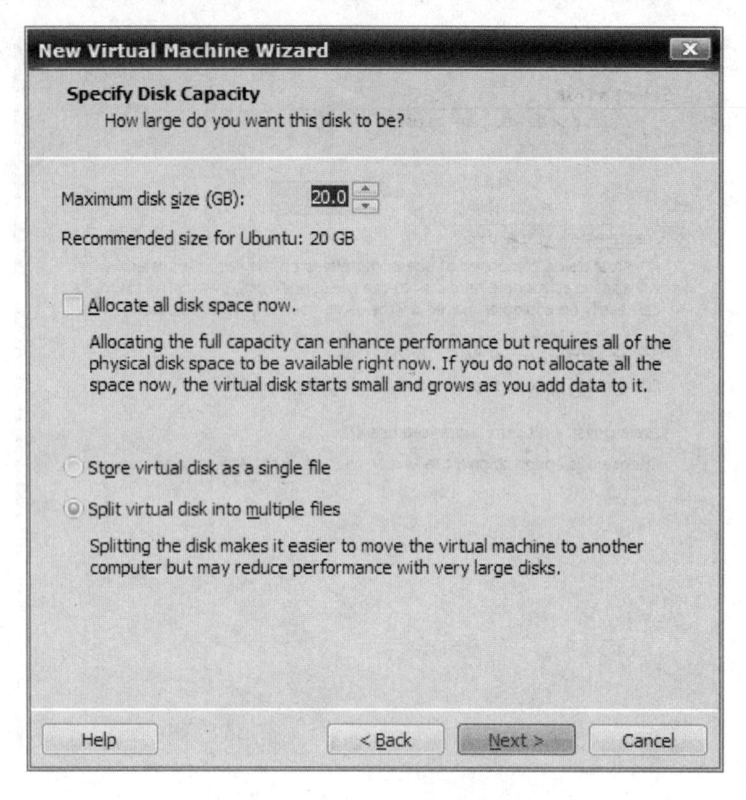

图 3.46 设置 Disk 容量

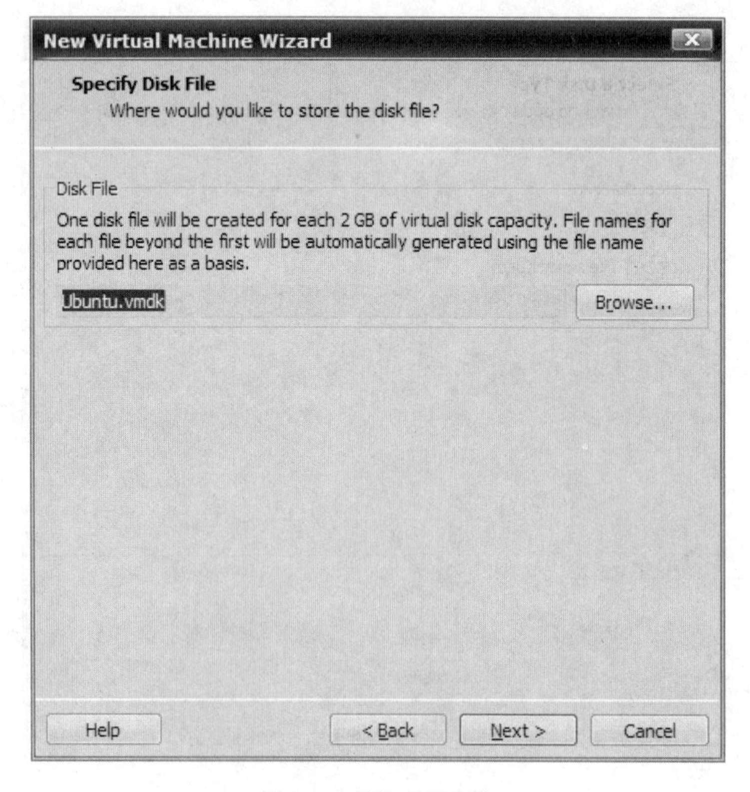

图 3.47 设置存储路径

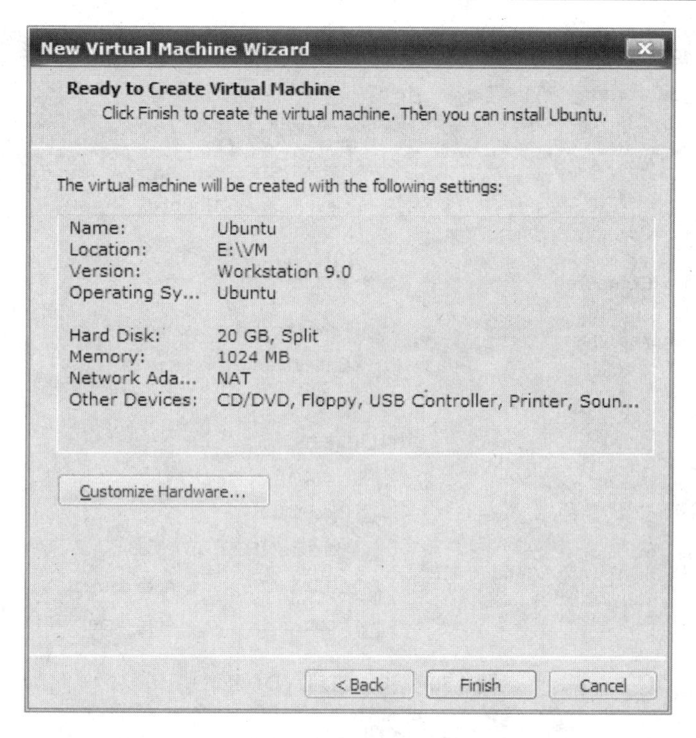

图 3.48　单击 Finish 按钮完成创建虚拟机

到此，Ubuntu 操作系统就可以在虚拟机上安装了。

⑦ 选择 Ubuntu（说明：单击 Tabs 标签——）go to home，则可以打开 home 界面，如图 3.49 所示。

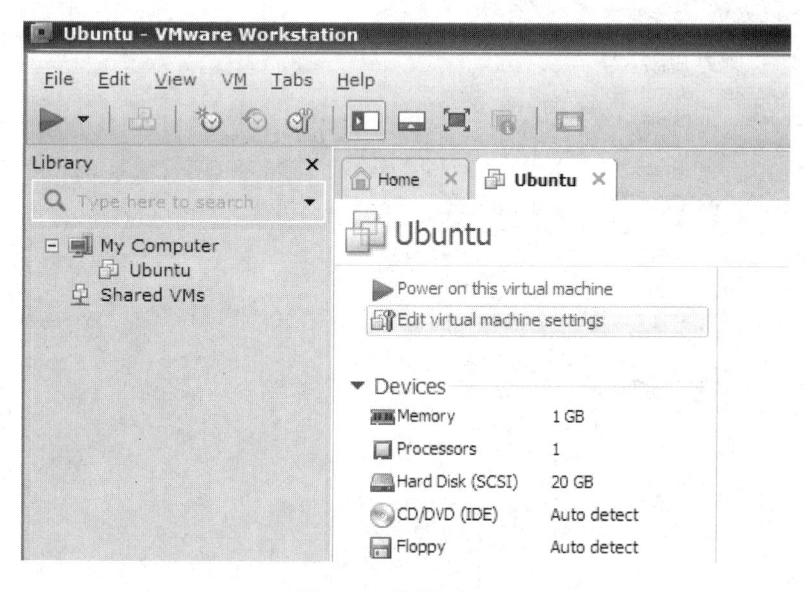

图 3.49　选择 Ubuntu

⑧ 选择 Ubuntu 里的 Edit virtual machine settings，编辑虚拟机的设置，然后单击 CD/DVD（IDE）选项（或者可以直接点击 Devices 下的 CD/DVD（IDE）），如图 3.50 所示。选择路径为 E:/soft/ubuntu-11.04-desktop-i386[ED2000.COM].iso，选择“OK”，如图 3.51 所示。

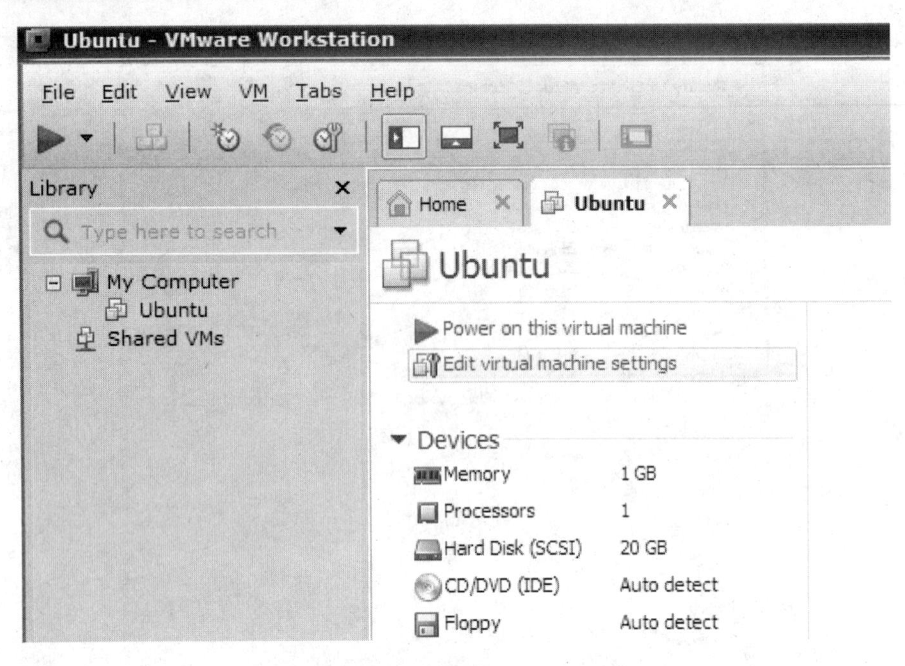

图 3.50　单击 CD/DVD（IDE）

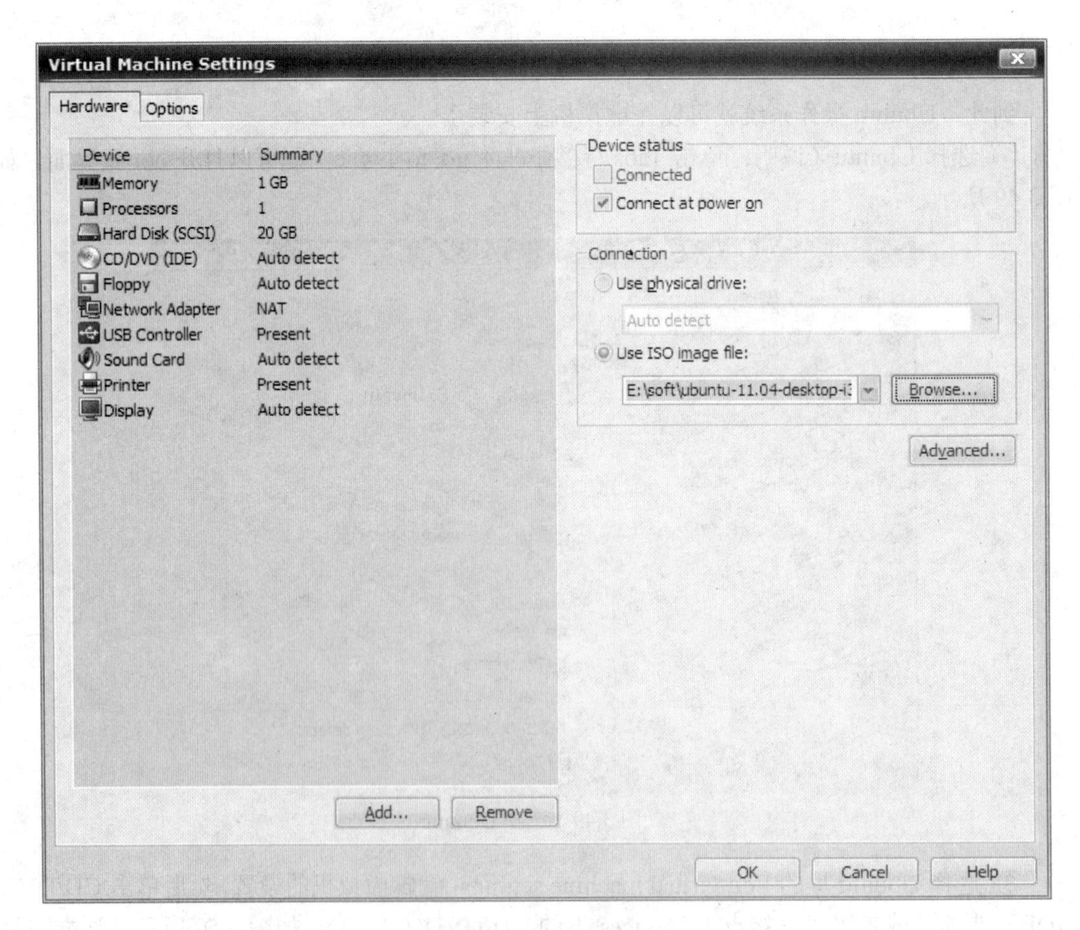

图 3.51　选择路径

⑨ 设置完成后就可以点击 Power on this virtual machine，在这个虚拟机上安装 Ubuntu 操作系统，如图 3.52 所示。

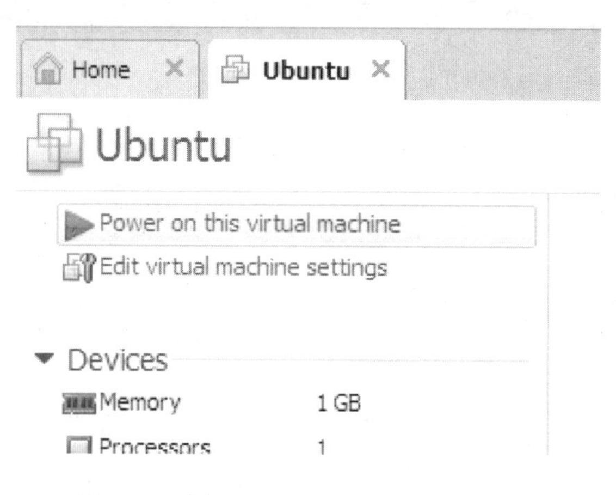

图 3.52 选择 Power on this virtual machine

⑩ 进入界面后，会出现一个 Ubuntu 的安装界面。界面左边是语言选择界面。选择好自己中意的语言后，就可以在右边点击“安装 Ubuntu”了，如图 3.53 所示。

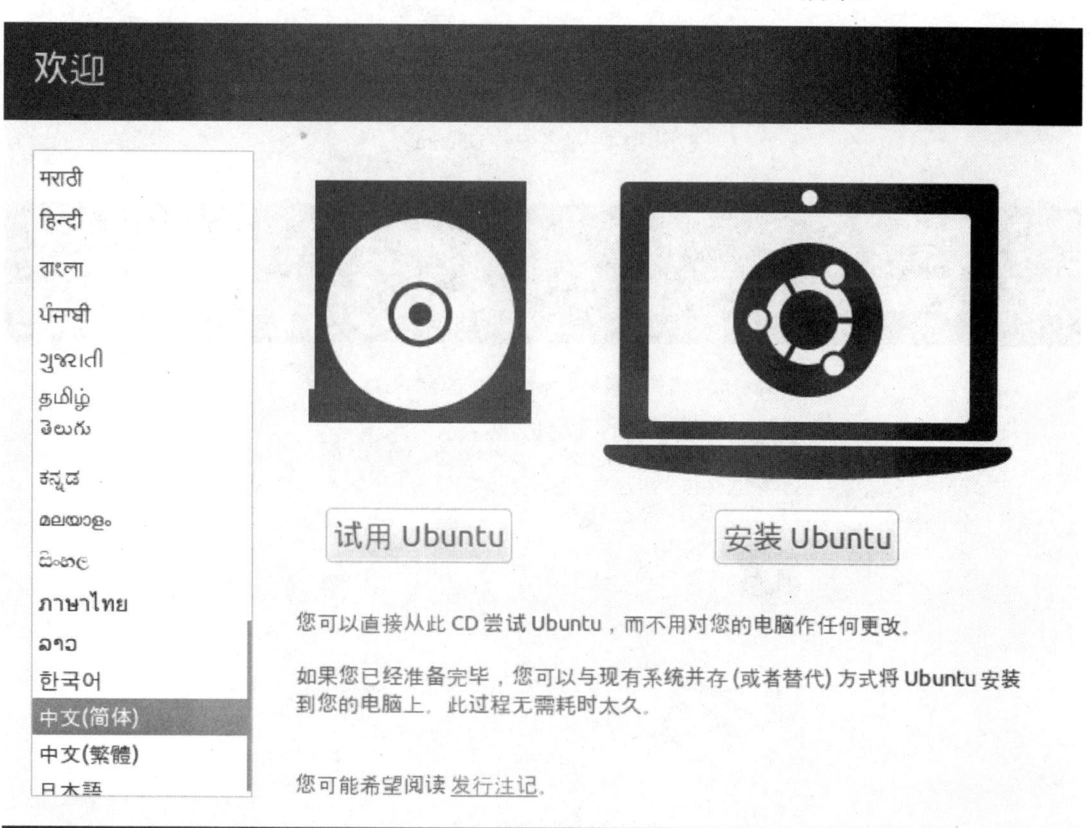

图 3.53 开始安装 Ubuntu

⑪ 之后就一直默认前进，分别如图 3.54～图 3.58 所示。

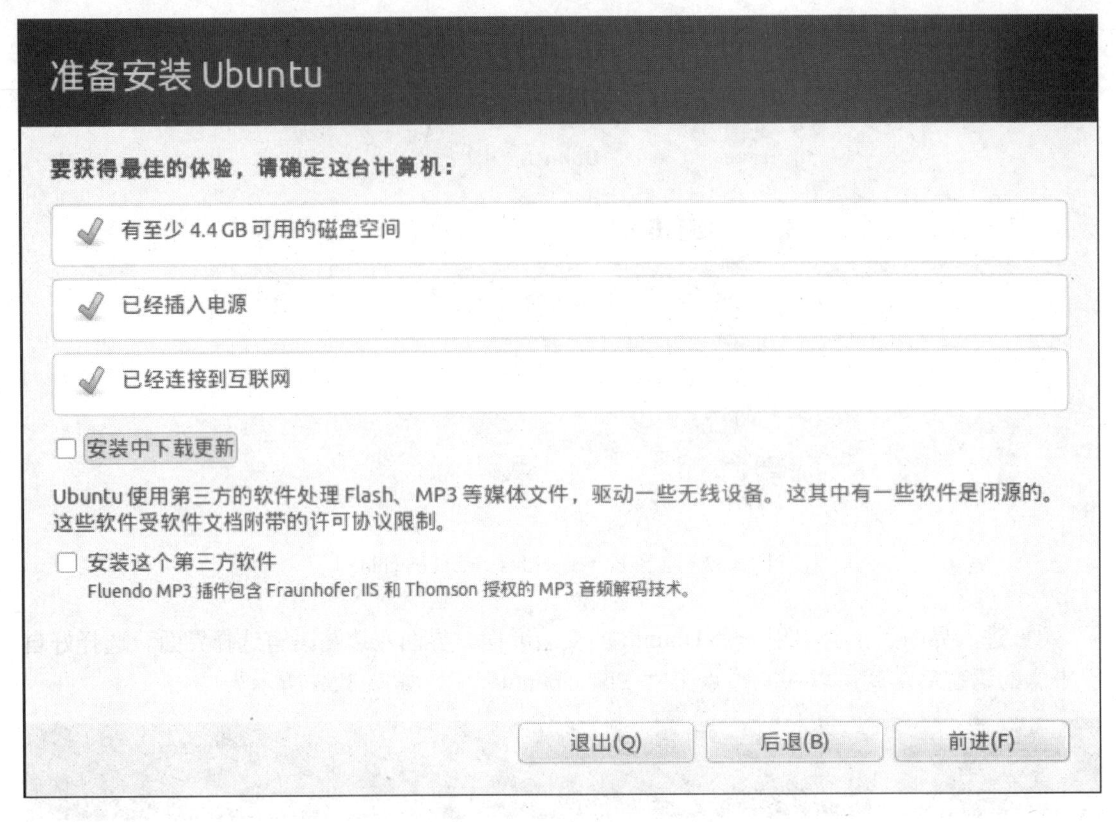

图 3.54 准备安装 Ubuntu

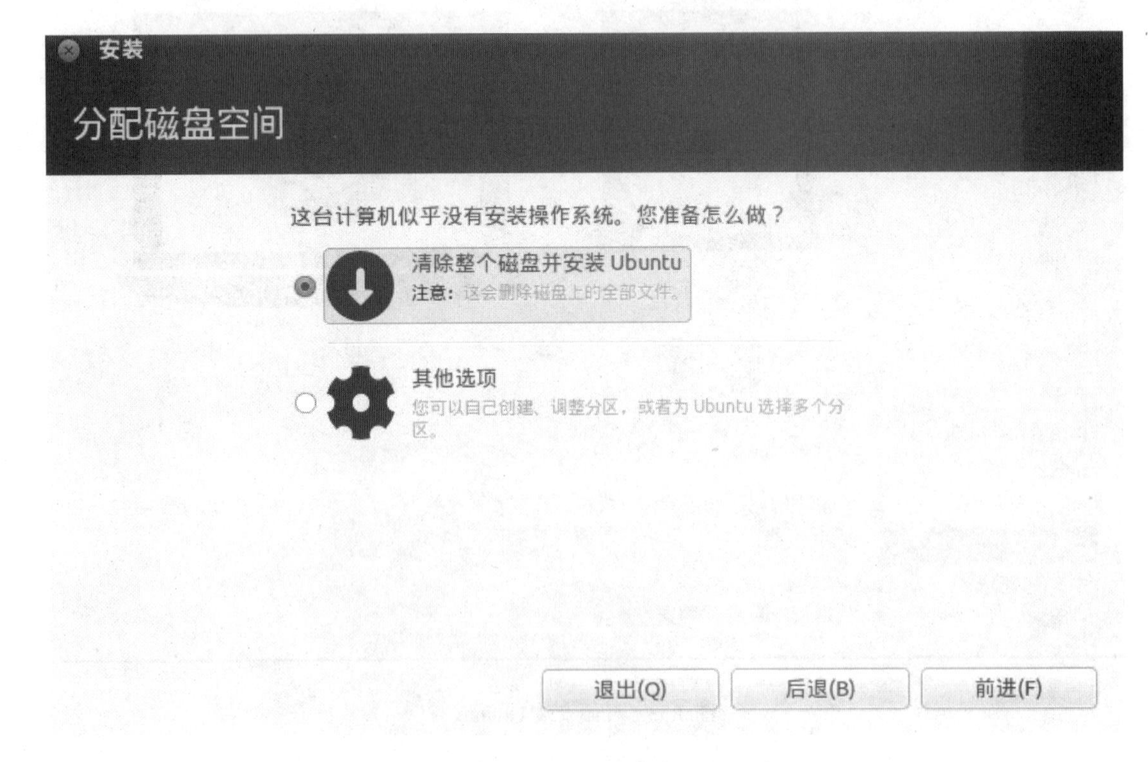

图 3.55 分配磁盘空间

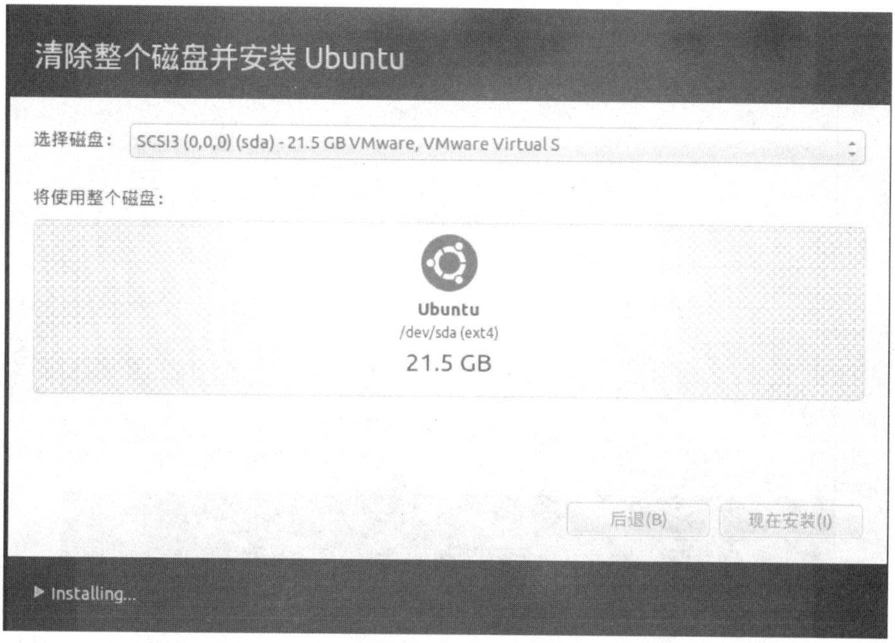

清除整个磁盘并安装 Ubuntu
选择磁盘：
SCSI3 (0,0,0) (sda) - 21.5 GB VMware, VMware Virtual S
将使用整个磁盘：
Ubuntu
/dev/sda (ext4)
21.5 GB
后退(B)
现在安装(I)
Installing...

图 3.56　选择磁盘

接下来选择所在地（会影响虚拟机上的时间，可默认）。

您在什么地方？
20:20
Geonames.org
Shanghai [在此输入以更改]
后退(B)
前进(F)
正在复制文件...

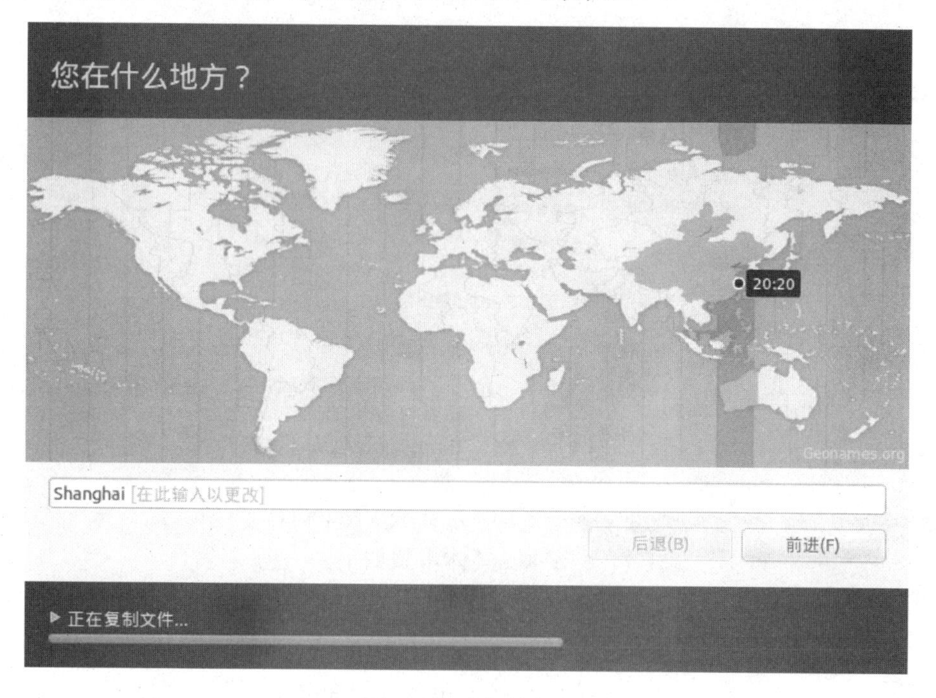

图 3.57　选择所在地

接下来选择键盘的布局。选择好后，可以在下面的空中探测键盘布局。

⑫ 接下来输入用户名和密码，图例用户名为 wd206，如图 3.59 所示。在后面出现的界面中选择‘I finish’后，Ubuntu 就安装好了。

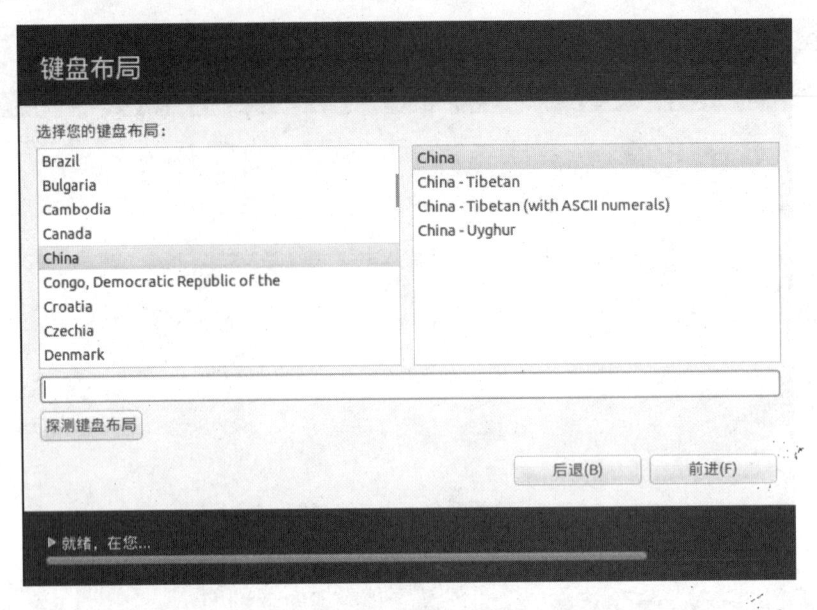

图 3.58　选择键盘布局

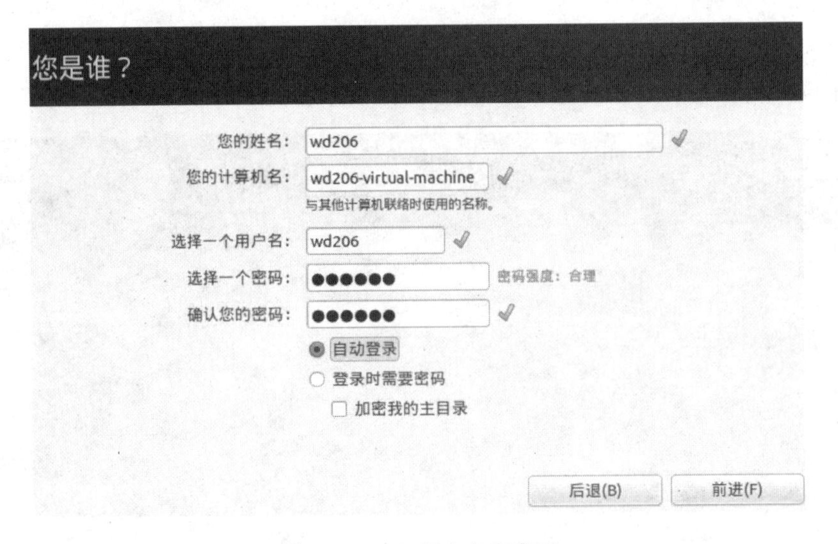

图 3.59　输入用户名和密码

（3）安装 VM tools

具体步骤如下。

① 点击右上角的 VM，选择 Install VMware Tools...，如图 3.60 所示。

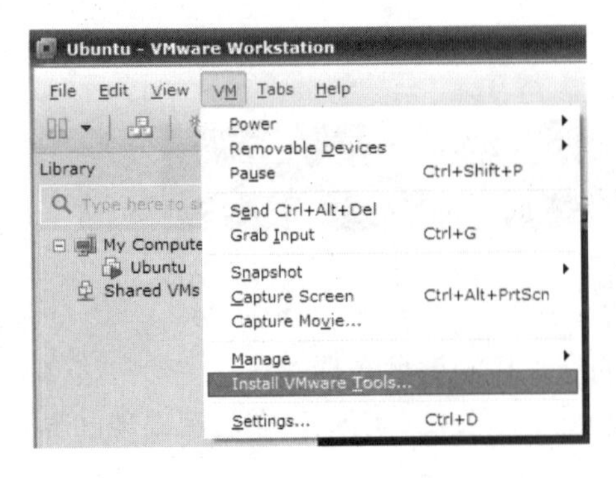

图 3.60　选择 Install VMware Tools

② 出现如图 3.61（a）所示的界面。如没有出现，点击左上角的：位置—主文件夹—VMware Tools，将图中右边的文件 拷贝到：文件系统 /home/wd206/wdVMtools 中，并右键—解压缩到此处，如图 3.61（b）所示。

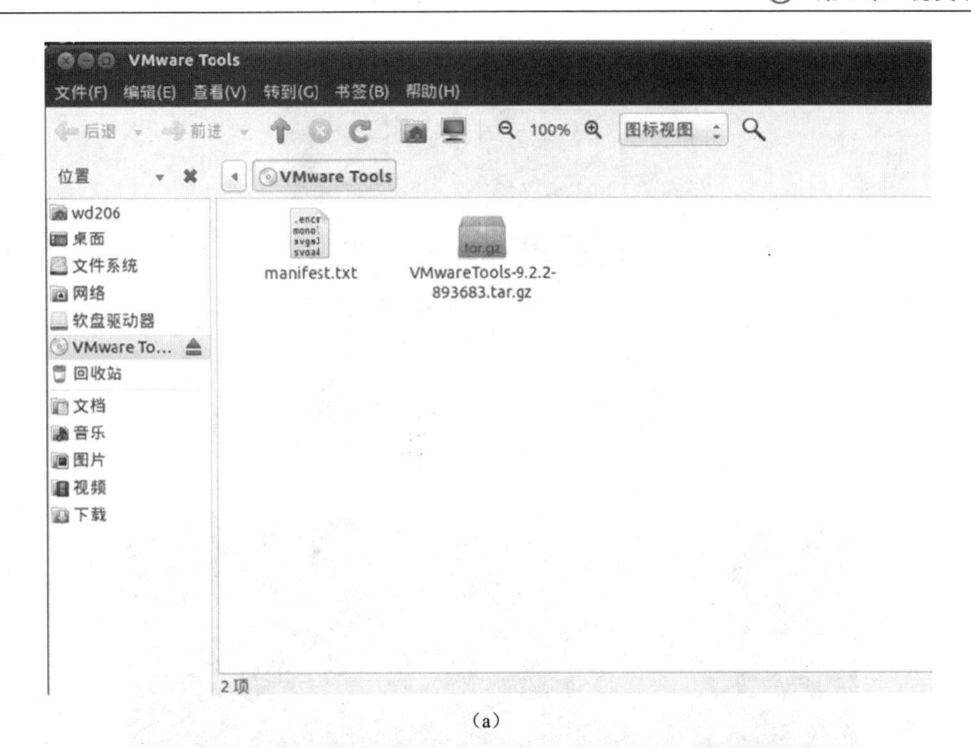

(a)

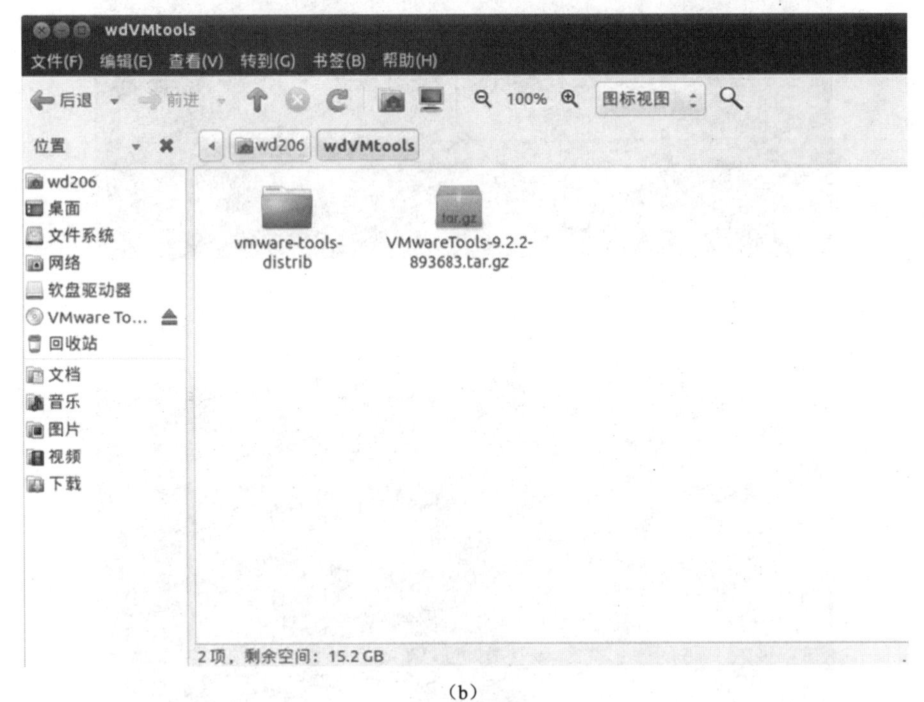

(b)

图 3.61　VMtools 界面

③ 点击左上角应用系统→附件→终端，打开终端，如图 3.62（a）和图 3.62（b）所示。

④ 在终端中输入 ls，回车，查看目录下的文件，如图 3.63 所示。

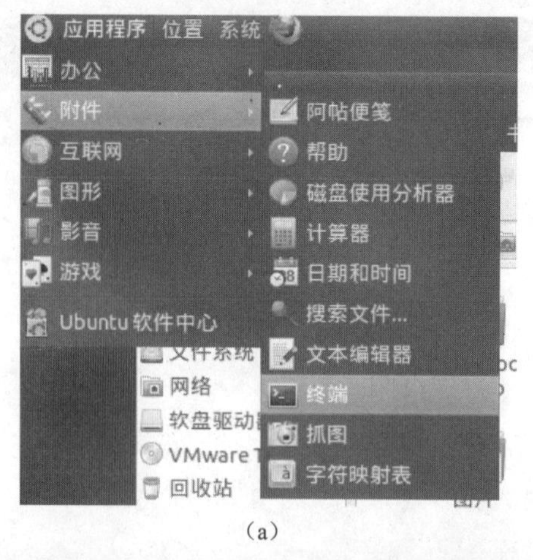

（a）

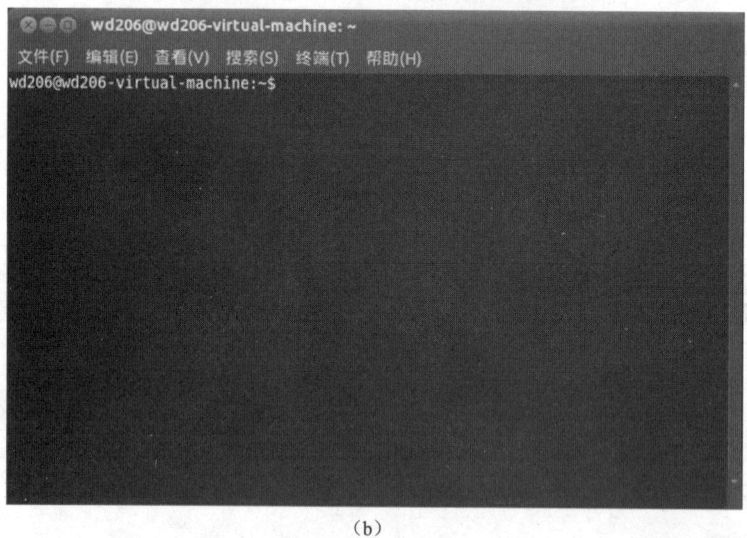

（b）

图 3.62 打开终端

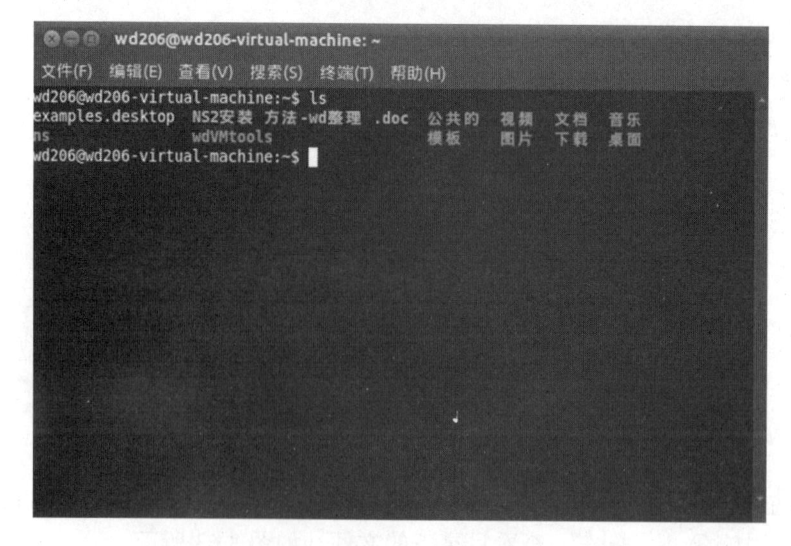

图 3.63 终端中输入 ls

输入 cd wdVMtools 命令进入 wdVMtools 目录，如图 3.64 所示。

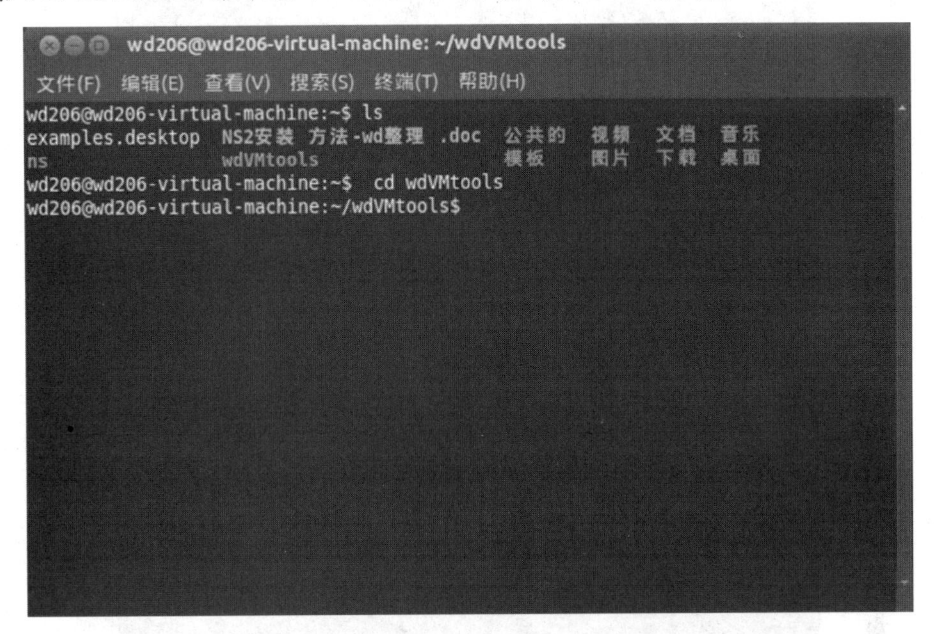

图 3.64 输入 cd wdVMtools 命令

同理，可以通过命令进入 vmware-tools-distribs 文件，如图 3.65 所示。

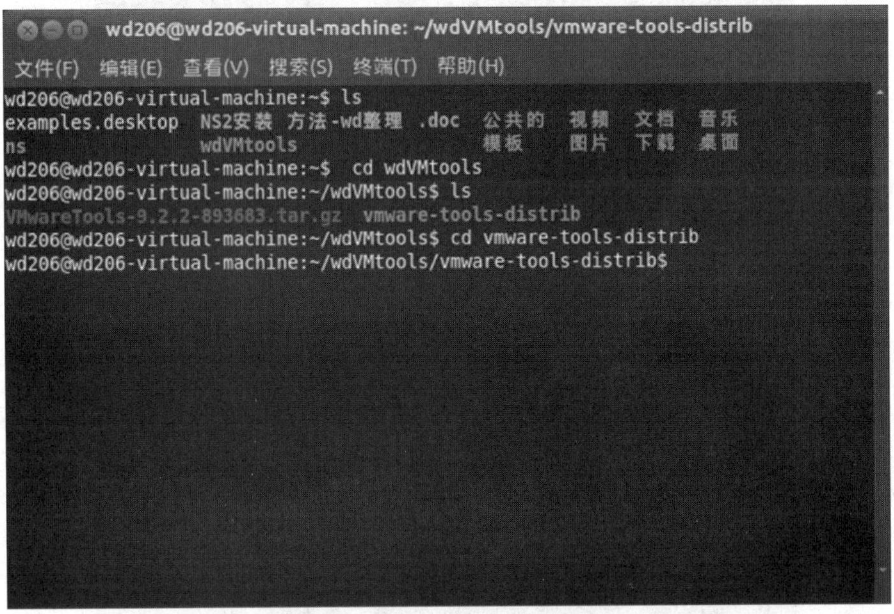

```
wd206@wd206-virtual-machine: ~/wdVMtools/vmware-tools-distrib
文件(F) 编辑(E) 查看(V) 搜索(S) 终端(T) 帮助(H)
wd206@wd206-virtual-machine:~$ ls
examples.desktop  NS2安装 方法-wd整理 .doc  公共的  视频  文档  音乐
ns                wdVMtools                模板    图片  下载  桌面
wd206@wd206-virtual-machine:~$ cd wdVMtools
wd206@wd206-virtual-machine:~/wdVMtools$ ls
VMwareTools-9.2.2-893683.tar.gz  vmware-tools-distrib
wd206@wd206-virtual-machine:~/wdVMtools$ cd vmware-tools-distrib
wd206@wd206-virtual-machine:~/wdVMtools/vmware-tools-distrib$
```

图 3.65 输入 cd vmware-tools-distrib 命令

接下来输入 sudo./vmware-install.pl 命令，如图 3.66 所示。其中，vmware-install.pl 来源于 wd206—wdVMtools。

然后根据提示，输入之前设置的密码（输入密码时，密码是不显示的），再一路回车，如图 3.67 所示。直到出现 enjoy，表示安装完毕，如图 3.68 所示。

```
wd206@wd206-virtual-machine: ~/wdVMtools/vmware-tools-distrib
文件(F) 编辑(E) 查看(V) 搜索(S) 终端(T) 帮助(H)
wd206@wd206-virtual-machine:~$ ls
examples.desktop  NS2安装 方法-wd整理 .doc  公共的  视频  文档  音乐
ns                wdVMtools                模板    图片  下载  桌面
wd206@wd206-virtual-machine:~$  cd wdVMtools
wd206@wd206-virtual-machine:~/wdVMtools$ ls
VMwareTools-9.2.2-893683.tar.gz  vmware-tools-distrib
wd206@wd206-virtual-machine:~/wdVMtools$ cd vmware-tools-distrib
wd206@wd206-virtual-machine:~/wdVMtools/vmware-tools-distrib$ sudo ./vmware-inst
all.pl
[sudo] password for wd206:
```

图 3.66　输入 sudo ./vmware-install.pl 命令

```
wd206@wd206-virtual-machine: ~/wdVMtools/vmware-tools-distrib
文件(F) 编辑(E) 查看(V) 搜索(S) 终端(T) 帮助(H)
wd206@wd206-virtual-machine:~$ ls
examples.desktop  NS2安装 方法-wd整理 .doc  公共的  视频  文档  音乐
ns                wdVMtools                模板    图片  下载  桌面
wd206@wd206-virtual-machine:~$ cd
wd206@wd206-virtual-machine:~$ clear

wd206@wd206-virtual-machine:~$ ls
examples.desktop  NS2安装 方法-wd整理 .doc  公共的  视频  文档  音乐
ns                wdVMtools                模板    图片  下载  桌面
wd206@wd206-virtual-machine:~$  cd wdVMtools
wd206@wd206-virtual-machine:~/wdVMtools$ ls
VMwareTools-9.2.2-893683.tar.gz  vmware-tools-distrib
wd206@wd206-virtual-machine:~/wdVMtools$ cd vmware-tools-distrib
wd206@wd206-virtual-machine:~/wdVMtools/vmware-tools-distrib$ sudo ./vmware-inst
all.pl
[sudo] password for wd206:
A previous installation of VMware Tools has been detected.

The previous installation was made by the tar installer (version 4).

Keeping the tar4 installer database format.
```

图 3.67　输入密码并回车

```
wd206@wd206-virtual-machine: ~/wdVMtools/vmware-tools-distrib
文件(F) 编辑(E) 查看(V) 搜索(S) 终端(T) 帮助(H)
command line.

To enable advanced X features (e.g., guest resolution fit, drag and drop, and
file and text copy/paste), you will need to do one (or more) of the following:
1. Manually start /usr/bin/vmware-user
2. Log out and log back into your desktop session; and,
3. Restart your X session.

To use the vmxnet driver, restart networking using the following commands:
/etc/init.d/networking stop
rmmod pcnet32
rmmod vmxnet
modprobe vmxnet
/etc/init.d/networking start

Enjoy,

--the VMware team

Found VMware Tools CDROM mounted at /media/VMware Tools. Ejecting device
/dev/sr0 ...
wd206@wd206-virtual-machine:~/wdVMtools/vmware-tools-distrib$
```

图 3.68　安装完毕

⑤ 重启 linux 操作系统（系统—关机—重启），就可以从宿主机复制 ns-allinone-2.35.tar.gz 到 linux 操作系统下面了（直接拖过来）。复制到：/home/wd206/ns/，如图 3.69 所示。

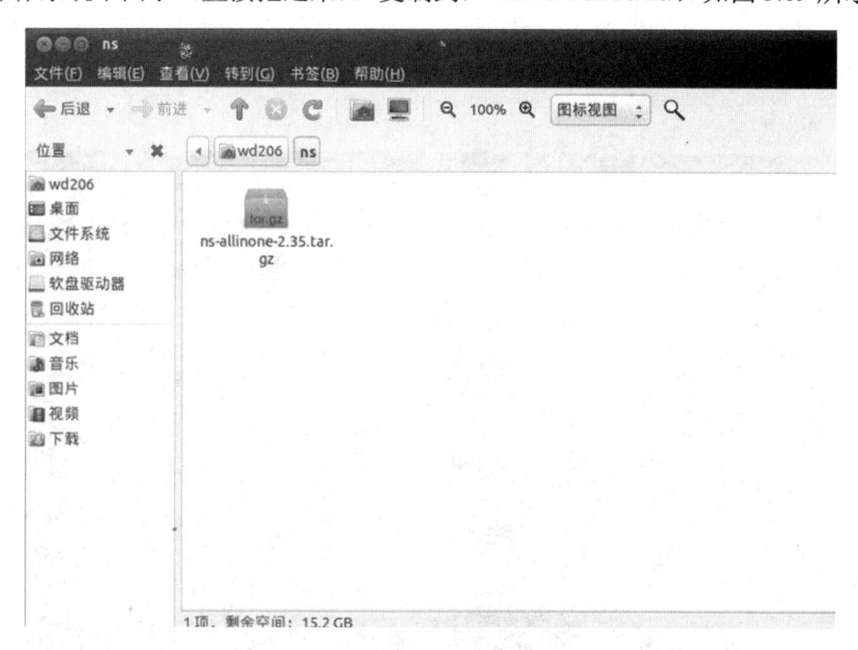

图 3.69 重启 linux 操作系统

（4）安装 ns2

具体步骤如下。

① 将下载下来的压缩包解压到要安装的文件夹里（/home/wd206/ ns/），如图 3.70 所示。可以单击右键解压，也可以使用命令进行解压，解压命令：tar-zxvf ns-allinone-2.35.tar.gz。

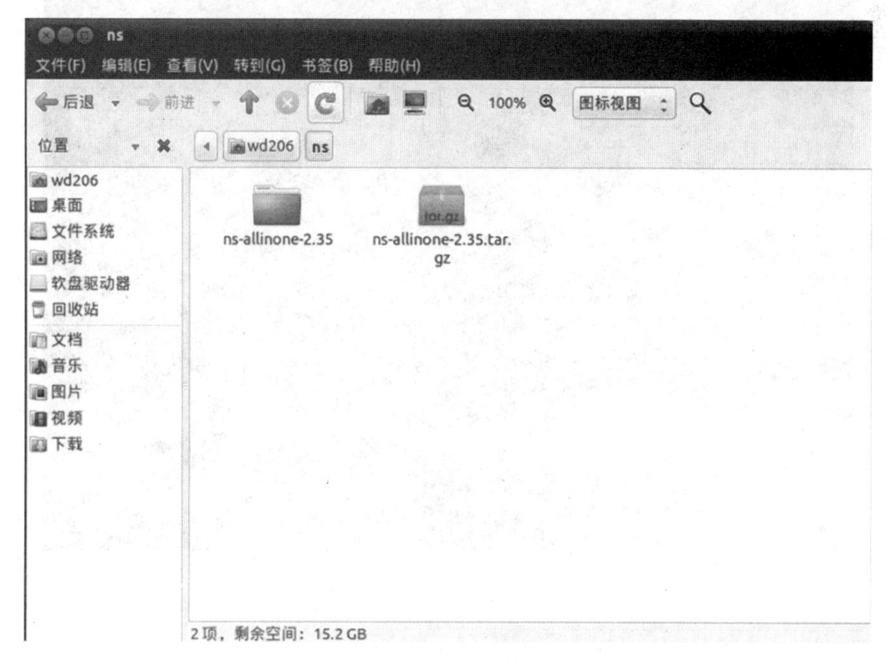

图 3.70 压缩包解压

② 安装前还需要安装一些需要的软件包。“终端”（应用程序→附件→终端）中输入如下命令：1）sudo apt-get install build-essential #FOR GCC；2）sudo apt-get install tcl8.5 tcl 8.5-dev tk8.5 tk8.5-dev #FOR TCL AND TK，出现如图 3.71 所示的界面。然后再输入 sudo apt-get install libxmu-dev libxmu-headers #FOR NAM 命令，出现如图 3.72 所示的界面。此时，安装完毕。

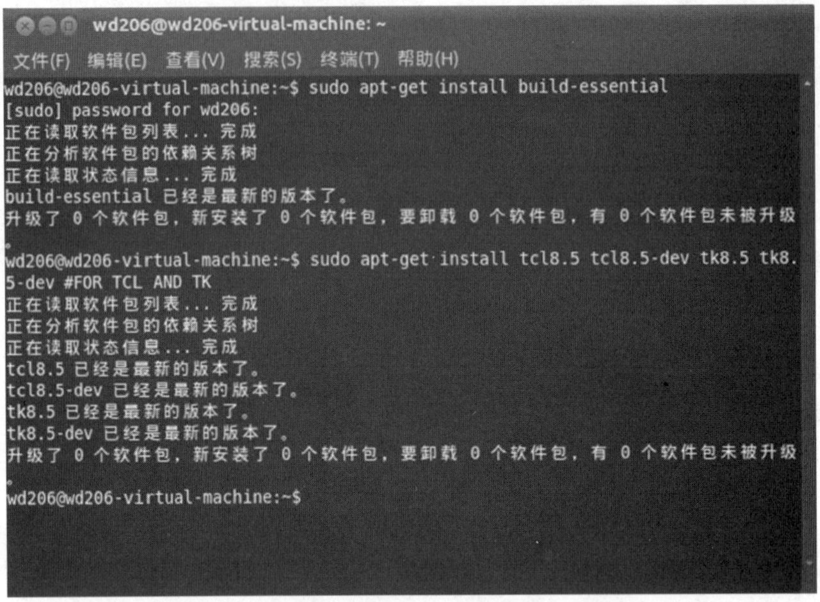

```
wd206@wd206-virtual-machine: ~
文件(F) 编辑(E) 查看(V) 搜索(S) 终端(T) 帮助(H)
wd206@wd206-virtual-machine:~$ sudo apt-get install build-essential
[sudo] password for wd206:
正在读取软件包列表... 完成
正在分析软件包的依赖关系树
正在读取状态信息... 完成
build-essential 已经是最新的版本了。
升级了 0 个软件包，新安装了 0 个软件包，要卸载 0 个软件包，有 0 个软件包未被升级
。
wd206@wd206-virtual-machine:~$ sudo apt-get install tcl8.5 tcl8.5-dev tk8.5 tk8.
5-dev #FOR TCL AND TK
正在读取软件包列表... 完成
正在分析软件包的依赖关系树
正在读取状态信息... 完成
tcl8.5 已经是最新的版本了。
tcl8.5-dev 已经是最新的版本了。
tk8.5 已经是最新的版本了。
tk8.5-dev 已经是最新的版本了。
升级了 0 个软件包，新安装了 0 个软件包，要卸载 0 个软件包，有 0 个软件包未被升级
。
wd206@wd206-virtual-machine:~$
```

图 3.71 命令 1

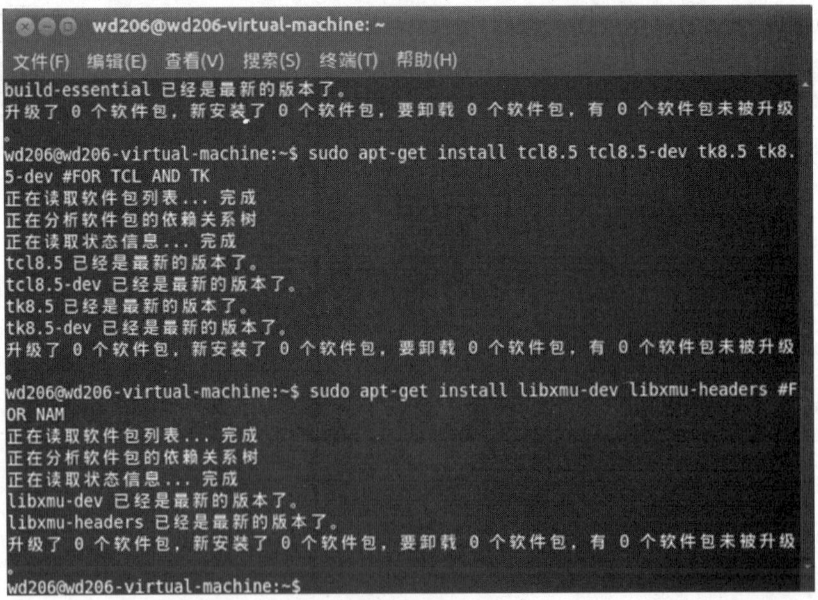

```
wd206@wd206-virtual-machine: ~
文件(F) 编辑(E) 查看(V) 搜索(S) 终端(T) 帮助(H)
build-essential 已经是最新的版本了。
升级了 0 个软件包，新安装了 0 个软件包，要卸载 0 个软件包，有 0 个软件包未被升级
。
wd206@wd206-virtual-machine:~$ sudo apt-get install tcl8.5 tcl8.5-dev tk8.5 tk8.
5-dev #FOR TCL AND TK
正在读取软件包列表... 完成
正在分析软件包的依赖关系树
正在读取状态信息... 完成
tcl8.5 已经是最新的版本了。
tcl8.5-dev 已经是最新的版本了。
tk8.5 已经是最新的版本了。
tk8.5-dev 已经是最新的版本了。
升级了 0 个软件包，新安装了 0 个软件包，要卸载 0 个软件包，有 0 个软件包未被升级
。
wd206@wd206-virtual-machine:~$ sudo apt-get install libxmu-dev libxmu-headers #F
OR NAM
正在读取软件包列表... 完成
正在分析软件包的依赖关系树
正在读取状态信息... 完成
libxmu-dev 已经是最新的版本了。
libxmu-headers 已经是最新的版本了。
升级了 0 个软件包，新安装了 0 个软件包，要卸载 0 个软件包，有 0 个软件包未被升级
。
wd206@wd206-virtual-machine:~$
```

图 3.72 命令 2

③ 上述安装完成后，可以开始安装 NS2 了。

在“终端”中操作如下：首先进入 NS2 所在的目录，终端输入命令 cd/home/wd206/

ns-allinone-2.35（wd206 为自己的用户名）；然后，输入安装命令./install（中间无空格，前面有“.”），得到如图 3.73 所示界面。

```
wd206@wd206-virtual-machine: ~/ns/ns-allinone-2.35
文件(F) 编辑(E) 查看(V) 搜索(S) 终端(T) 帮助(H)
wd206@wd206-virtual-machine:~$ ls
examples.desktop  NS2安装 方法-wd整理 .doc  公共的  视频  文档  音乐
ns                wdVMtools                 模板    图片  下载  桌面
wd206@wd206-virtual-machine:~$ cd ns
wd206@wd206-virtual-machine:~/ns$ ls
ns-allinone-2.35  ns-allinone-2.35.tar.gz
wd206@wd206-virtual-machine:~/ns$ cd ns-allinone-2.35
wd206@wd206-virtual-machine:~/ns/ns-allinone-2.35$ ls
cweb              install        ns-2.35     sgb         tk8.5.10
dei80211mr-1.1.4  INSTALL.WIN32  otcl-1.14   tcl8.5.10   xgraph-12.2
gt-itm            nam-1.15       README      tclcl-1.20  zlib-1.2.3
wd206@wd206-virtual-machine:~/ns/ns-allinone-2.35$ ./install
```

图 3.73　开始安装 NS2

④ 可以看见终端显示安装进度。安装的过程中有可能会出现一些问题，可能是 GCC 的问题，具体解决方案可以参见官方手册。直到出现如图 3.74 所示界面，此时安装成功。

```
wd206@wd206-virtual-machine: ~/ns/ns-allinone-2.35
文件(F) 编辑(E) 查看(V) 搜索(S) 终端(T) 帮助(H)
(1) You MUST put /home/wd206/ns/ns-allinone-2.35/otcl-1.14, /home/wd206/ns/ns-al
linone-2.35/lib,
    into your LD_LIBRARY_PATH environment variable.
    If it complains about X libraries, add path to your X libraries
    into LD_LIBRARY_PATH.
    If you are using csh, you can set it like:
                setenv LD_LIBRARY_PATH <paths>
    If you are using sh, you can set it like:
                export LD_LIBRARY_PATH=<paths>

(2) You MUST put /home/wd206/ns/ns-allinone-2.35/tcl8.5.10/library into your TCL
_LIBRARY environmental
    variable. Otherwise ns/nam will complain during startup.


After these steps, you can now run the ns validation suite with
cd ns-2.35; ./validate

For trouble shooting, please first read ns problems page
http://www.isi.edu/nsnam/ns/ns-problems.html. Also search the ns mailing list ar
chive
for related posts.

wd206@wd206-virtual-machine:~/ns/ns-allinone-2.35$
```

图 3.74　安装成功

⑤ 安装完成后最后一步是配置环境变量（终端里已经有提示）。

在/home/wd206/目录下，选择“查看”，再选择“显示隐藏文件”，如图 3.75 所示。然后，双击“.bashrc”文件（注意有个"."），打开并进行编辑，如图 3.76 所示。在文件的末尾加上：

```
export NS_HOME=/home/wd206/ns/ns-allinone-2.35
export PATH="$PATH:/home/wd206/ns/ns-allinone-2.35/bin:/home/wd206/ns/ns-allinone-2.35/tcl8.5.10/unix:/home/wd206/ns/ns-allinone-2.35/tk8.5.10/unix:/home/wd206/ns/ns-allinone-2.35/ns-2.35:/home/wd206/ns"
export LD_LIBRARY_PATH="/home/wd206/ns/ns-allinone-2.35/otcl-1.13:/home/wd206/ns/ns-allinone-2.35/lib"
export TCL_LIBRARY="$TCL_LIBRARY:/home/wd206/ns/ns-allinone-2.35/tcl8.5.10/library"
```

保存文件，然后关闭。

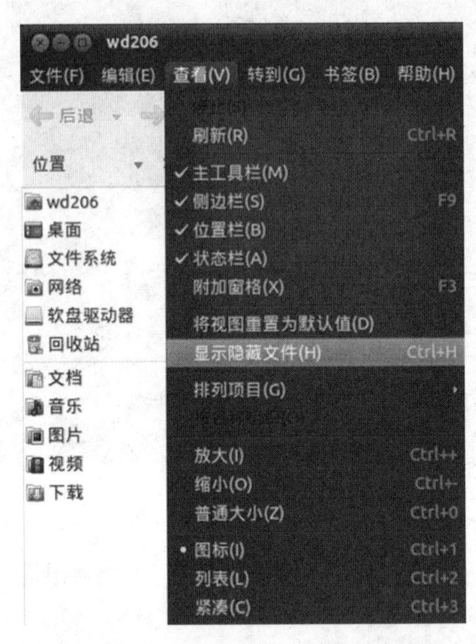

图 3.75 选择“显示隐藏文件”

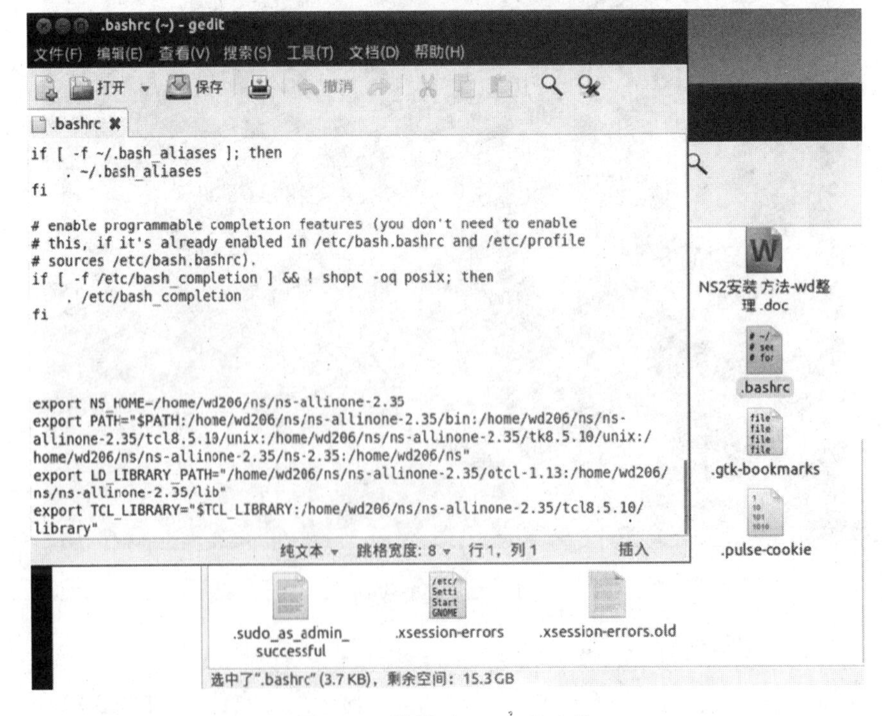

图 3.76 编辑“.bashrc”文件

“终端”中运行“source .bashrc”，如图3.77所示。

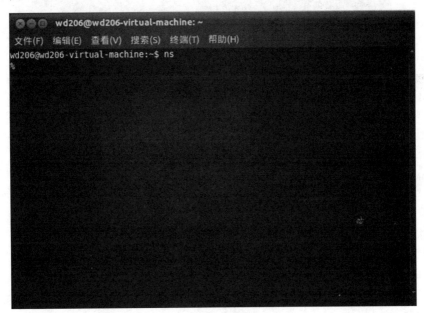

图3.77 运行“source .bashrc”

下面初步验证是否安装正确。打开终端，输入 ns，如果出现%，则表明安装好了，可以使用了，如图3.78所示。

图3.78 初步验证

（5）运行基于NS2的仿真例程

具体步骤如下。

① 首先打开VMWare Workstation，选择Ubuntu并点击Power on this virtual machine启动虚拟机，如图3.79所示。

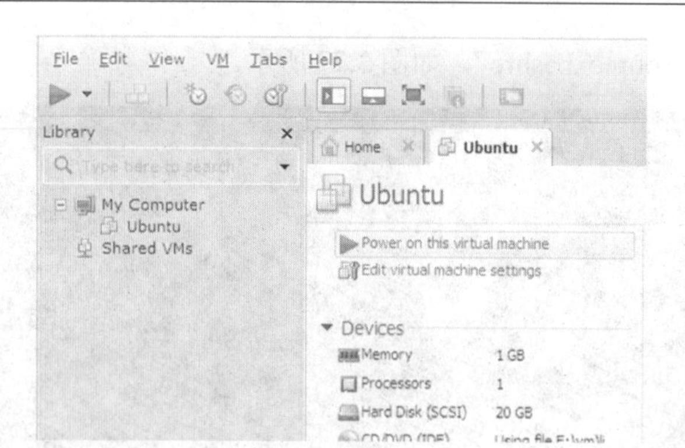

图 3.79 程序启动界面

② 如果是首次启动虚拟机，那么可能需要较长时间，因此要耐心等待。待程序启动好以后，界面如图 3.80 所示。

图 3.80 Ubuntu 工作界面

③ 针对实际的网络特性，对仿真进行如下假设。假设网络模型为树形拓扑结构，共有 9 个节点，节点 0 为中央节点。假设双向链路（如 n0 和 n1，n0 和 n2 等）有 2Mb 带宽和 10 ms 的延迟，并且设置 FTP 和 CBR 代理，将其链接到节点上。接着设置信息的源和宿（发送器和接收器），进行数据传输。操作步骤如下。

a. 双击打开 wd206（文件名会因安装时命名不同而有所异），点击鼠标右键，创建一个文档，并将文档命名为 test.tcl（注意：后缀名一定为.tcl），如图 3.81 所示。然后输入以下代码（代码的含义这里只做一些简单的解释）：

```
set ns [new Simulator]        #产生一个仿真的对象
$ns color 0 blue
$ns color 1 red
$ns color 2 white             #定义不同的数据流各自的颜色
set n0 [$ns node]
```

```
set n1 [$ns node]
set n2 [$ns node]
set n3 [$ns node]
set n4 [$ns node]
set n5 [$ns node]
set n6 [$ns node]
set n7 [$ns node]
set n8 [$ns node]                                    #创建 9 个网络节点
set f [open out.tr w]
$ns trace-all $f                                     #打开一个 Trace 文件
set nf [open out.nam w]
$ns nametrace-all $f                                 #打开一个 Nam Trace 文件
$ns duplex-link $n0 $n1 5Mb 10ms DropTail
$ns duplex-link $n0 $n2 5Mb 10ms DropTail
$ns duplex-link $n1 $n3 5Mb 20ms DropTail
$ns duplex-link $n1 $n4 5Mb 10ms DropTail
$ns duplex-link $n4 $n5 5Mb 10ms DropTail
$ns duplex-link $n4 $n6 5Mb 10ms DropTail
$ns duplex-link $n5 $n7 5Mb 10ms DropTail
$ns duplex-link $n6 $n8 5Mb 10ms DropTail            #创建双向链路（如 n0 和 n1,n0 和 n2 等），设置 2Mb
                                                      带宽和#10ms 延迟

$ns duplex-link-op $n0 $n1 orient right-up
$ns duplex-link-op $n1 $n2 orient right-down
$ns duplex-link-op $n1 $n3 orient right -up
$ns duplex-link-op $n1 $n4 orient right-down
$ns duplex-link-op $n4 $n5 orient right-up
$ns duplex-link-op $n4 $n6 orient right-down
$ns duplex-link-op $n5 $n7 orient right-up
$ns duplex-link-op $n6 $n8 orient right-down         #设定节点的位置
$ns duplex-link-op $n0 $n1 queuePos 0.5              #观测 n0 到 n1 之间队列的变化
set udp0 [new Agent/UDP]
$ns attach-agent $n0 $udp0
set cbr0 [new Application/Traffic/CBR]
$cbr0 attach-agent $udp0
set udp1 [new Agent/UDP]
$ns attach-agent $n3 $udp1
$udp1 set class_1
set cbr1 [new Application/Traffic/CBR]
$cbr1 attach-agent $udp1
Set null0 [new Agent/Null]
$ns attench-agent $n1 $null1
$ns connect $udp0 $null0
$ns connect $udp1 $null1
$ns at 0.1 "$cbr0 start"
$ns at 1.1 "$cbr1 start"                             #设定 CBR0 和 CBR1 数据传送开始和结束时间
set tcp [new Agent/TCP]
```

```
$tcp set class_ 2
set sink [new Agent/TCPSink]
$ns attach-agent $n0 $tcp
$ns attach-agent $n3 $sink
$ns connect $tcp $sink                  #建立一条 TCP 的连接
set ftp [new Application/FTP]
$ftp attach-agent $tcp
$ns at 1.2 "$cbr1 start"
$ns at 1.35 "$ns detach-agent $n0 $tcp ;$ns detach-agent $ns3 $sink"
puts [$cbr0 set packetSize_]
puts [$cbr0 set interval]
$ns at 3.0 "finish"                     #在模拟环境中，3s 后调用 finish 函数来结束模拟

proc finish {} {
    global ns f nf
    $ns flush-trace
    close $f
    close $nf
    Puts"running nam..."
    exec nam out.nam &
    exit 0

}                                       #定义一个结束的程序
$ns run                                 #执行模拟
```

输入完成后，点击保存，关闭文档。这样，就完成了代码的输入。

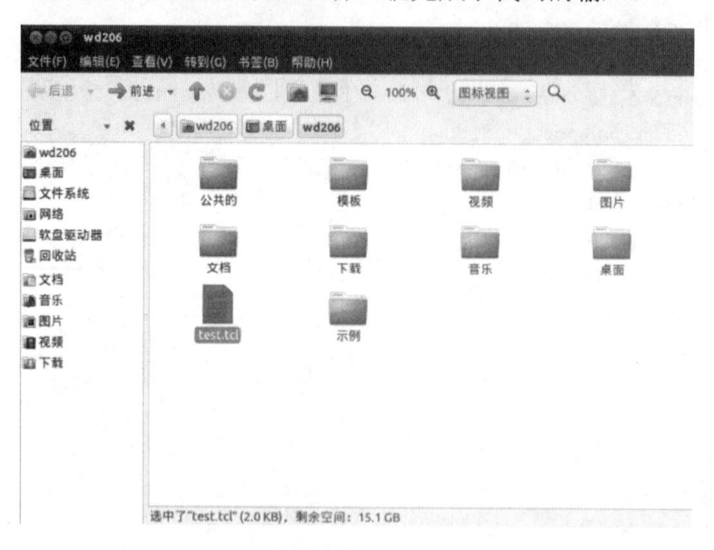

图 3.81　创建一个 test.tcl 文档

b. 接下来需要打开一个终端：应用程序→附件→终端。在此，为了方便以后使用，可以选中终端时单击鼠标右键，选择“将此启动器添加到桌面”。打开终端以后，可以看到如图 3.82 所示的界面。

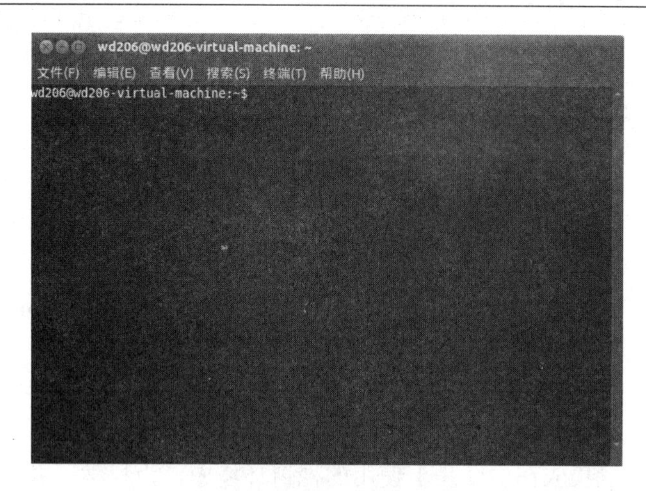

图 3.82 终端工作界面

c. 可以输入 ls 命令并回车来查看当前文件夹下的所有文件，如图 3.83 所示。

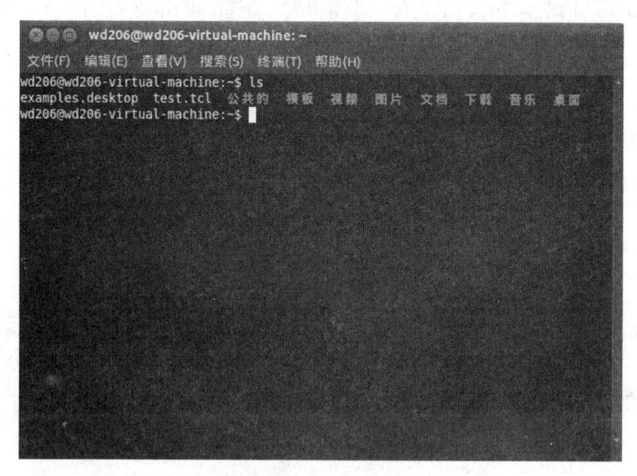

图 3.83 文件查看

d. 在找到刚才创建的文件后，可以输入 ns test.tcl 来执行它，执行结果如图 3.84 所示。至此，就完成了一个共有 9 个节点（编号 0～8）的网络仿真。

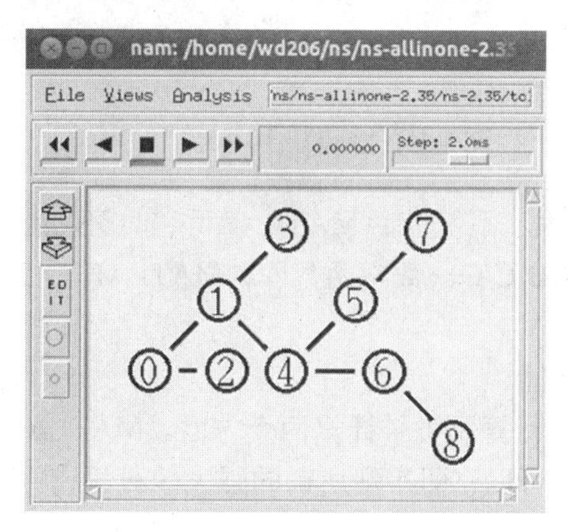

图 3.84 仿真运行结果

3.3 MATLAB

3.3.1 概述

MATLAB 是由美国 MathWorks 公司发布的一种商业数学软件，是 MAtrix LABoratory（矩阵实验室）的简称，与 Mathematica、Maple 并称为当今三大数学软件。

MATLAB 采用交互式计算机环境，摆脱了传统非交互式程序设计语言的编辑模式，有机地将数值分析、矩阵计算、信号处理、图形图像处理、编程技术、非线性动态系统的建模和仿真等诸多强大功能集成在一个易于使用的视窗环境中，为科学研究、工程应用以及必须进行高效数值计算的众多科学领域提供了一种高效的编程工具和较全面的解决方案。因此，MATLAB 被广泛应用于自动控制、工程计算、信号处理与通信、数字图像处理、信号检测、经济建模设计与分析等领域。MATLAB 集编程、计算和可视化于一身，其开发工作界面如图 3.85 所示。

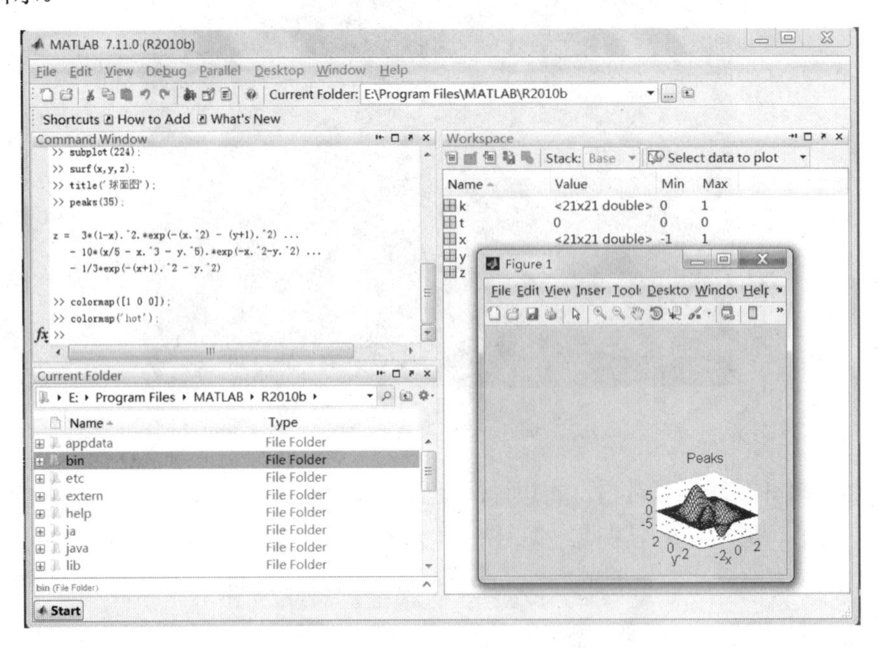

图 3.85　MATLAB 开发工作界面

MATLAB 产品家族庞大，不仅包括 MATLAB 系统，还包括 Simulink 及 Simulink 扩展、MATLAB 编译器、MATLAB C/C++数学函数库、MATLAB 工具箱等。MATLAB 的主要功能特点如下。

（1）强大的科学计算功能

科学计算主要包括数值计算及符号计算两个方面。MATLAB 具有种类丰富、数量众多的数学、统计及工程函数，可以立即实现所需的强大的科学计算功能。

（2）强大的绘图功能

MATLAB 具有强大的、交互式的、方便灵活的图形处理能力，通过调用不同的函数，可方便绘制不同的二维、三维图形，可以创建彩色图形，可以进行图形的光照度、色度的处理，还可以表现四维数据。

（3）直观易用的语言

MATLAB 语言比较直观、简洁紧凑、运算符丰富，具有结构化的控制语言，也能够面向对象编程。同时，MATLAB 程序设计语法限制不是很严格，可移植性较好。此外，MATLAB 不仅具有丰富的库函数，还具有涉及工程、科学大多数领域的 MATLAB 工具箱。许多特定领域的专家针对自己特定的领域，将一些重要问题通过该语言制作成工具箱，方便使用。

（4）程序扩充能力强

用户可以自己建立、扩充新的 MATLAB 库函数，以便自己以后调用。MATLAB 能够对 C、FORTRAN、C++、JAVA等语言提供接口，可以方便地实现连接，充分利用各种语言的优势。比如，用户可以通过接口调用一个 C 语言子程序，也可以在 C 语言中使用 MATLAB 的数值计算功能。

3.3.2 MATLAB 实验

自组织特征映射网络（Self-Organizing Feature，SOFM）是芬兰神经网络专家 Kohonen 教授提出来的。SOFM 模型能够模拟人脑神经系统自组织特征映射的功能，属于竞争型学习网络，而且学习过程中能够实现无导师自组织学习。

SOFM 网络包含输入层和自组织特征映射层，是一种单层神经网络。下面利用 MATLAB 进行 SOFM 网络的仿真实验，具体步骤如下。

① 打开 MATLAB 界面，如图 3.86 所示。在 Command Window 窗口输入如下命令：

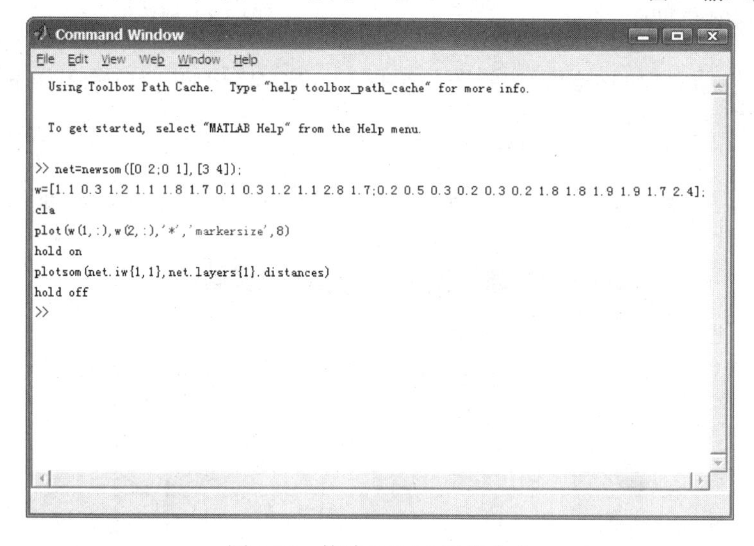

图 3.86 构建 SOFM 网络命令

```
net=newsom([0 2;0 1],[3 4]);
w=[1.1 0.3 1.2 1.1 1.8 1.7 0.1 0.3 1.2 1.1 2.8 1.7;0.2 0.5 0.3 0.2 0.3 0.2 1.8 1.8 1.9 1.9 1.7 2.4];
cla
plot(w(1,:),w(2,:),'*','markersize',8)
hold on
plotsom(net.iw{1,1},net.layers{1}.distances)
hold off
```

其中，newsom()为应用函数，用于构建一个 3×4 拓扑结构的 SOFM 网络；w 代表输入向量。

② 弹出初始网络和输入向量的图形，如图 3.87 所示。其中，'*'代表向量 w 中各点，中间是初始网络，12 个神经元都集中在一点。

③ 对所建立的网络模型和输入向量进行训练，在 Command Window 窗口输入如下命令：

```
net.trainParam.epochs=5000;
net=train(net,w);
```

则开始进行训练，直到出现“TRAINR, Maximum epoch reached.”，表示训练结束，如图 3.88 所示。

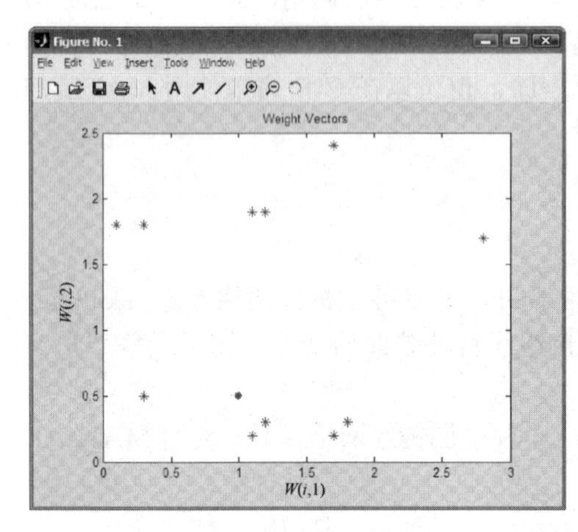

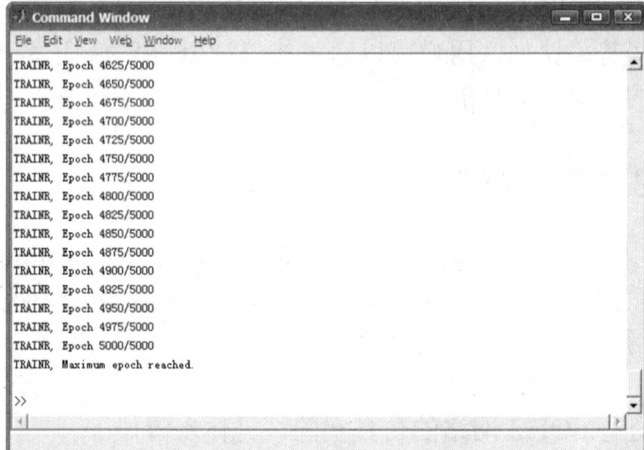

图 3.87 初始网络和输入向量

图 3.88 训练结束

④ 绘制训练结束后的神经元拓扑图，在 Command Window 窗口输入如下命令：

```
plotsom(net.iw{1,1},net.layers{1}.distances)
```

⑤ 弹出经过训练的网络拓扑结构图，如图 3.89 所示。因此，经过训练，此时的 12 个神经元与图 3.87 相比已经移动位置。

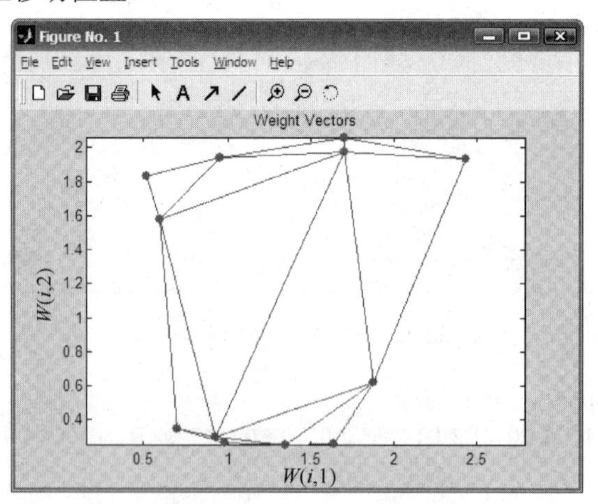

图 3.89 经过训练的网络拓扑图

实验完成。如果对上述训练结果不满意，还可以继续训练网络，修正获胜神经元的同时，使邻域内神经元逐渐趋于输入向量。

3.4 JavaSim

3.4.1 JavaSim概述

JavaSim现在通常叫做J-SIM，是一个基于组件的仿真环境。J-SIM是全球最大开源软件开发平台SourceForge旗下的一个开源项目，由The Ohio State University（俄亥俄州大学）开发。

J-SIM是使用Java基于组件技术开发而成的一个模拟平台，其基本实体是组件。但是J-SIM组件的特点在于可以自组织达到即插即用的效果。而且为了实现网络模拟，J-SIM已经实现了大部分常用组件，如计算机网络中的路由器、节点、服务器等大部分组件以及各种协议。

J-SIM虽然完全使用Java进行开发，同时它也支持多种脚本语言，如Perl、Tcl和Python，从而实现真正与平台无关并具有优异的扩展性。同时，为了对某些特殊网络环境进行模拟，用户还可以根据自己的实际需要对J-SIM进行扩展。

J-SIM自底向上主要由以下5层组成：①第1层为ACA（autonomous component architecture）层，本层包含了组件和端口的基类；②第2层为网络层，本层包含了实现模拟网络所需要的各种组件，比如模块、数据包、地址和一些记录与跟踪的工具类；③第3层为INET（Internet network service）层，本层包含了模拟Internet网络所需要的各种组件，比如网络、节点、链路等构件网络所需要的基类，各种网络协议的基类的接口以及组件之间的各种合同的基类；④第4层为在INET层基础上实现的几个网络框架，包括Internet基础框架、差异网络服务框架以及集成网络服务框架；⑤第5层也是顶端层，是实现的框架上所需要的协议、算法等。J-SIM的仿真主要包括创建网络拓扑结构、配置节点结构（比如配置路由器、源节点、目的节点的参数）和开始模拟（建立模拟运行器）三大步骤。

3.4.2 JavaSim实验

下面介绍JavaSim的安装方法,具体步骤如下。

① 安装jdk并配置环境变量，如图3.90所示。

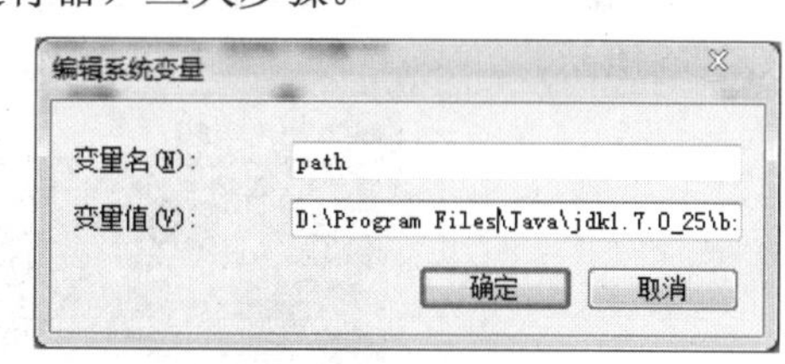

图3.90 编辑系统变量

② 下载J-SIM的软件，解压后如图3.91(a)和3.91(b)所示。

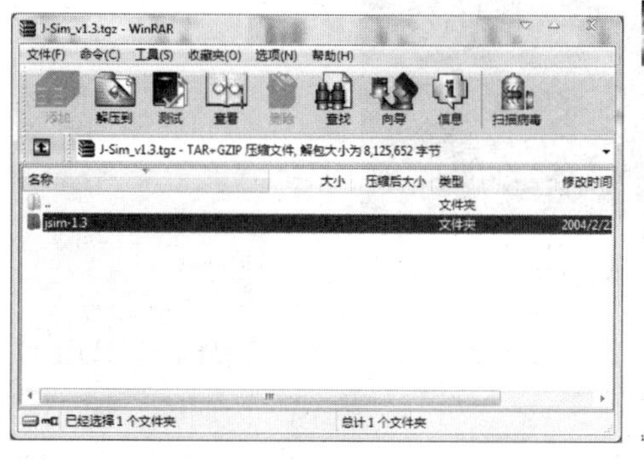

(a)

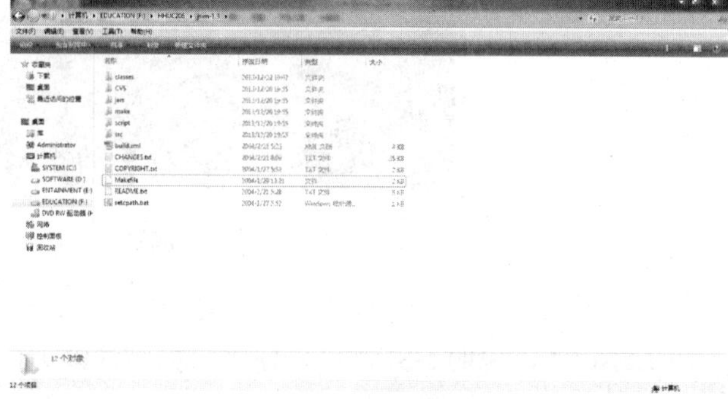

(b)

图3.91 J-SIM软件

③ 下载 ant，如 apache-ant-1.8.2，解压。解压后的文件路径为 F:\HHUC206\apache-ant-1.8.2，如图 3.92(a)和 3.92(b)所示。

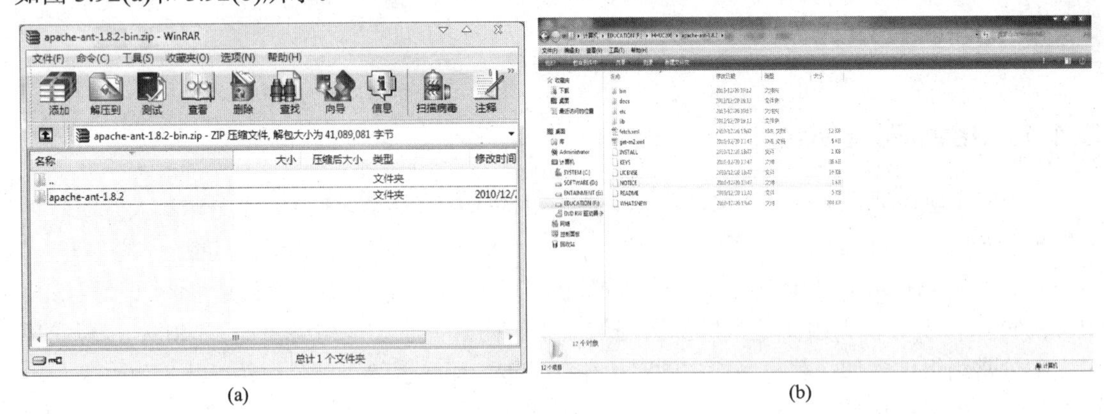

(a) (b)

图 3.92 apache-ant-1.8.2

④ 设置环境变量 ANT_HOME，变量值为 F:\HHUC206\apache-ant-1.8.2（ant 的解压目录），如图 3.93 所示。

⑤ 在环境变量 path 中加入 F:\HHUC206\apache-ant-1.8.2\bin，如图 3.94 所示。

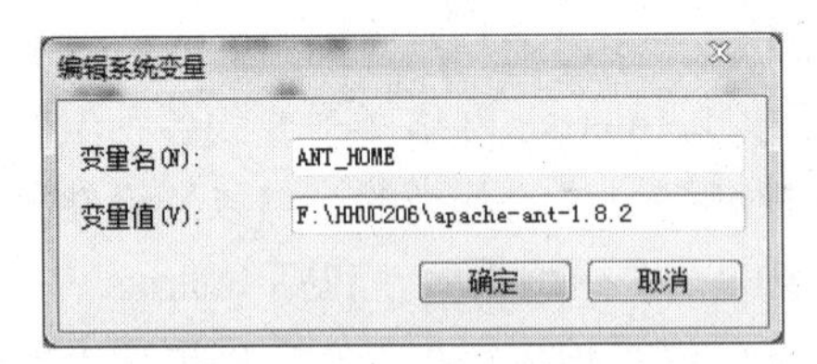

图 3.93 设置环境变量 ANT_HOME

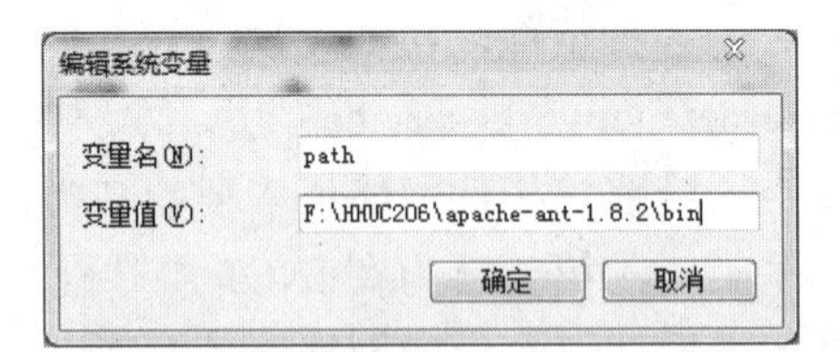

图 3.94 设置环境变量 path

⑥ 测试 ant 是否安装成功。在命令行中输入 ant–version，输出版本信息即安装成功，如图 3.95 所示。

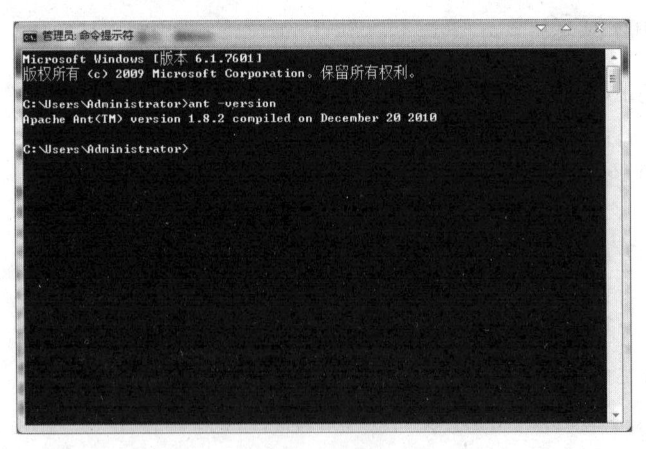

图 3.95 测试 ant 是否安装成功

⑦ 在命令行中将目录切换至 F:\HHUC206\jsim-1.3，输入 ant compile，如果出现 BUILD SUCCESSFUL，说明 J-SIM 可以使用，如图 3.96 所示。

但是如果出现如图 3.97 所示界面，其中的警告不须理会，找到其中的错误，打开每个发生错误的文件。举例如下。

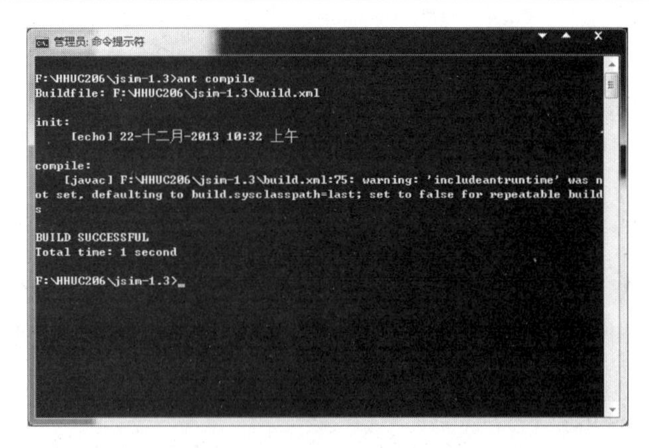

图 3.96　BUILD SUCCESSFUL

图 3.97　错误界面

错误 1　[javac] F:\HHUC206\jsim-1.3\src\drcl\comp\ForkManagerLocal.java:872：错误：对 Queue 的引用不明确，drcl.util.queue 中的接口 drcl.util.queue.Queue 和 java.util 中的接口 java.util.Queue 都匹配。

解决办法是：将发生错误的文件中的 Queue 改为 drcl.util.queue. Queue。

错误 2　[javac]F:\HHUC206\jsim-1.3\src\drcl\comp\WorkerThread.java:170:错误: WorkerThread 中的 getState()无法覆盖 Thread 中的 getState()[javac] public final String getState()。

解决办法是：将 public final String getState() 改为 public final String _getState()。

⑧ 在命令行下切换目录至 F:\HHUC206\jsim-1.3，输入 ant run，若出现如图 3.98(a)和 3.98(b)所示界面，说明 J-SIM 安装成功。

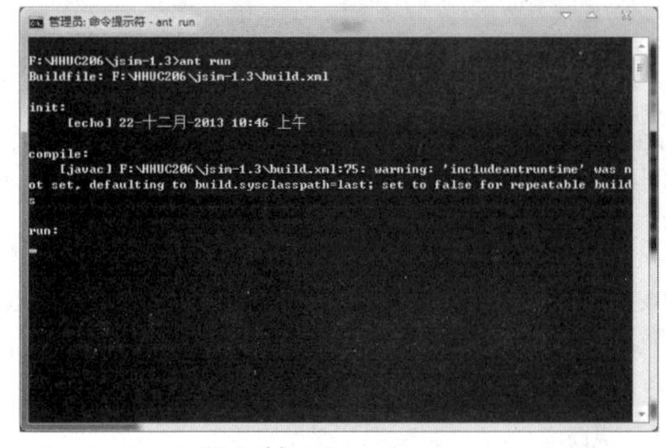

(a)

(b)

图 3.98　J-SIM 安装成功

3.5 TOSSIM

3.5.1 概述

TOSSIM 是 TinyOS Simulator 的简称，是 TinyOS 自带的一种仿真器，用 nesC 语言编写。TOSSIM 是一种离散事件模拟器，能够支持大规模的无线传感器网络仿真。

TOSSIM 提供了新的物理抽象层，能够用仿真组件替换 TinyOS 应用程序的硬件组件，能够直接编译基于 TinyOS 的程序代码。

TOSSIM 对 nesC 编译器进行了修改，当需要仿真 TinyOS 程序时，可以直接把 TinyOS 应用的组件表编译进 TOSSIM 中。同时可以用离散仿真事件代替 TinyOS 的硬件中断，TinyOS 的硬件中断转变成 TOSSIM 内部的模拟事件，无需更改上层的应用组件。仿真编译器可以直接从 PC 机上仿真该 TinyOS 程序。需要说明的是，编译时需要改变 make 目标，用命令“make pc”代替命令“make mica”等。TOSSIM 的关键代码一般位于 tos/lib/tossim，是 TinyOS 系统的一个重要的程序库。

需要说明的是，TOSSIM 仅支持美国 Crossbow Technologies 公司推出的 MicaZ 节点，TOSSIM 所有的仿真节点都运行相同的程序代码，在位粒度（bit granularity）方面进行模拟无线传感器网络，尤其适合于在数据链路层的行为模拟。此外，TOSSIM 支持 C++和 Python 两种编程接口，自身并没有提供调试工具，需要通过第三方的调试工具（比如 GDB/Ddd）进行调试。

3.5.2 TOSSIM 实验

TOSSIM 通常的仿真步骤主要分为 4 步：

① TOSSIM 编译；
② 使用 Python 和 C++配置仿真器；
③ 检查变量；
④ 注入数据包。

其中，TOSSIM 编译主要分成 5 步：

① 编写 XML 架构；
② 编译 TinyOS 程序；
③ 编译程序接口；
④ 构建公用对象；
⑤ 复制 Python 支持。

由于每个 TinyOS 源代码目录都有一个可选的 sim 子目录，其中含有包“Package”的仿真实现，所以，在编译 TOSSIM 时，需要在“make”命令后面加上可选项“sim”，比如“make micaz sim”。需要说明的是，TOSSIM 还能够在网络中动态地注入信息包（packets）。TinyOS2.0 支持构建 Python 包的注入。同时，允许用户修改或访问这类信息包。

TOSSIM 对无线传感器网络进行了简单、高效的抽象。整个无线传感器网络可抽象成一张有向图，图的顶点代表无线传感器网络节点，且具有感知无线信道的内部状态变量，图的边可根据无线传感器网络的理想状态或真实环境状态来设定不同的误比特率。

TOSSIM 能够直接把 TinyOS 组件表编译到自身的离散事件仿真环境中，且仿真环境运行的程序和硬件程序的不同部分仅限于一些底层硬件的相关部分。TOSSIM 把硬件中断转换成仿真环境离散事件，仿真环境事件队列提交仿真中断信号，驱动 TOSSIM 中仿真程序的运行。

此外，TOSSIM 还可以通过可视化工具 TinyViz 直观地显示无线传感器网络节点的情况，如图 3.99 所示。TinyViz 使 TOSSIM 仿真能够可视、可控以及可分析，是基于 Java 的图像用户接口。

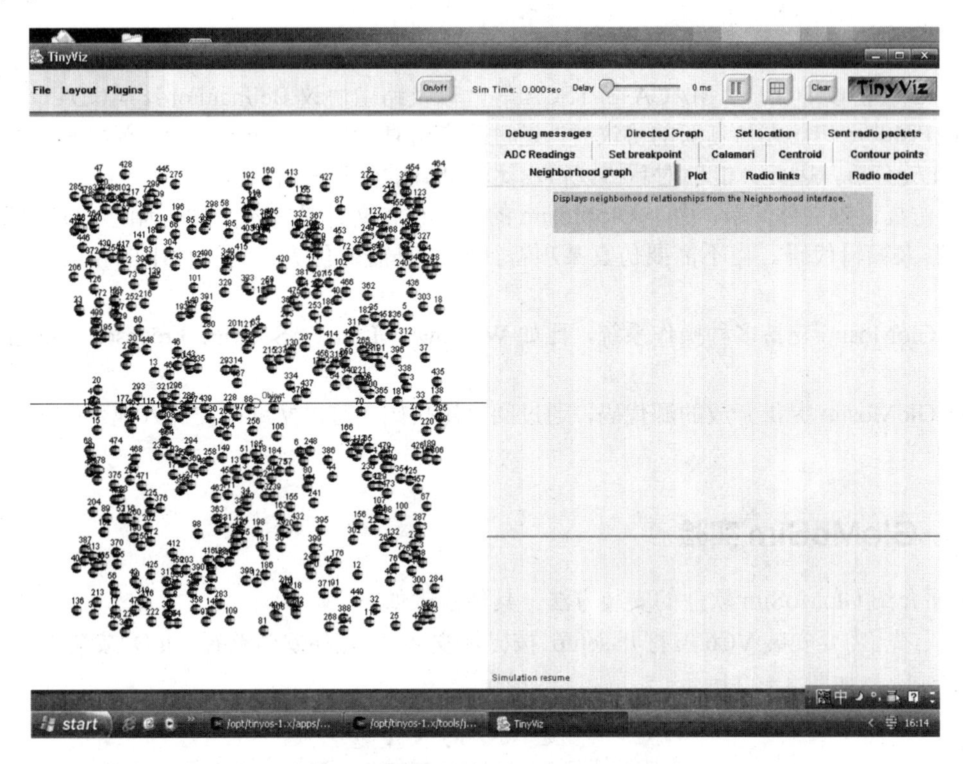

图 3.99 基于 TinyViz 界面的无线传感器网络节点部署图

3.6 GloMoSim

3.6.1 GloMoSim 概述

GloMoSim（Global Mobile Information System Simulator）是由美国 Scalable Networks Technologies 公司研发的一款大规模无线通信网络仿真工具。GloMosim（QualNET 是 GloMosim 的商业版）能够为无线网络提供一种仿真环境，主要适用于 ad-hoc 网络。在 GloMoSim 仿真过程中，需要对网络中每一个节点进行初始化，因此使得它的存储空间大大增加。

GloMoSim 中引入“网格”的概念，在网格中，一个简单的实体可以仿真系统中的若干个节点，而这些节点的状态则可以通过该实体中的一个数据结构来反映。同时，GloMosim

还可以用于优化处理无线移动通信网络，提升仿真速度，保证无线信道和射频技术的建模仿真有较高的精度。

通常，GloMosim 的协议代码为头文件(.h 文件)和对应的实现文件(.cpp 文件)，并且为通用结构，因此能够非常方便地查看其代码。此外，用户可以使用 GloMosim 提供的源代码来实现所开发协议的硬件部分。并且在开发过程中，用户只要在源代码的基础上稍加改动，就可以整段地采用源代码。因此，GloMosim 能够大大缩短原型系统的开发周期。

GloMoSim 具有以下特点。

① 执行速度快，是一款专用于无线网络的仿真软件，其工作界面为字符界面，因此占用资源少，执行速度快，能满足较大的网络的仿真需求。

② 拥有无线自组网的多种协议。GloMosim 包含了仿真无线网络各层所需的多种协议，包括 MAC 层协议 802.11、MACA 和 TSCA 等，以及路由协议 BellnanFord、AODV、DSR、WRP 和 FishEye 等。在仿真新的协议时，通过改变仿真设置文件中的参数，就能够与这些协议进行比较分析，因此，能够对新协议得出比较准确的仿真评价。

③ 仿真设置文件简单。由于 GloMosim 的仿真设置文件是文本文件，因此可以用任意文字编辑器来编辑代码。当不需要仿真某项特征时，只需把仿真设置文件中的相应行注释掉即可。

④ GloMosim 支持多种操作系统，比如 Windows、Linux、Solaris、Freebsd、Aix 等操作系统。

⑤ GloMosim 提供开放的源代码，通过阅读源代码，可以帮助用户深入地了解仿真程序的工作细节。

3.6.2 GloMoSim 实验

下面介绍 GloMoSim 软件的安装方法。具体步骤如下。

① 首先，需要安装 VC6.0。打开 setup，按提示安装，并记住安装路径，如 D:\安装\Microsoft Visual Studio，如图 3.100 所示。

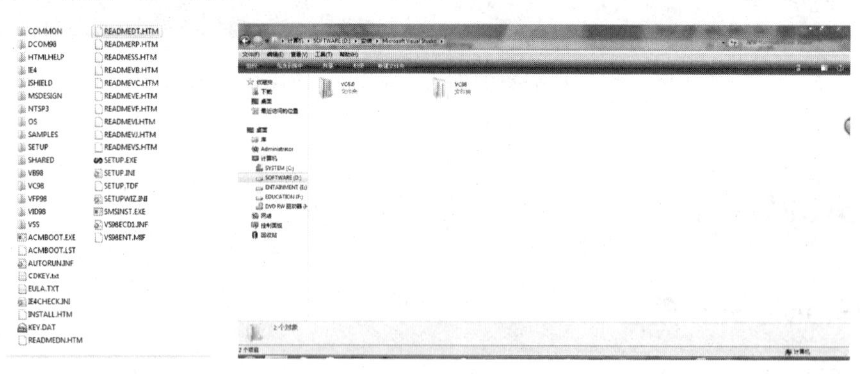

图 3.100 安装 VC6.0

② 需要配置环境变量。

图 3.101(a)

变量名：include

变量值：D:\安装\Microsoft Visual Studio\VC98\ATL\include；D:\安装\Microsoft Visual Studio\VC98\MFC\Include；D:\安装\Microsoft Visual Studio\VC98\Include；

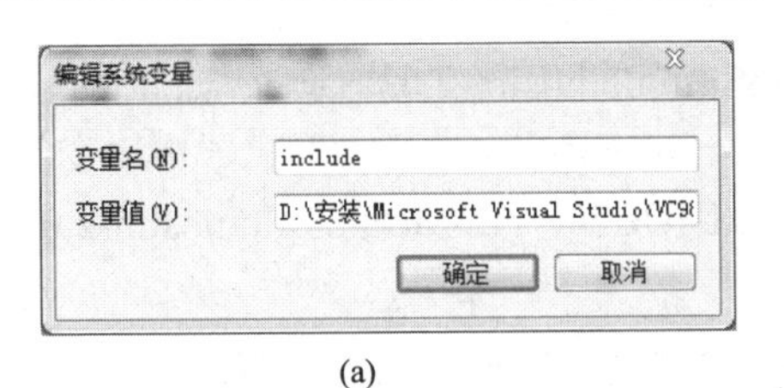

(a)

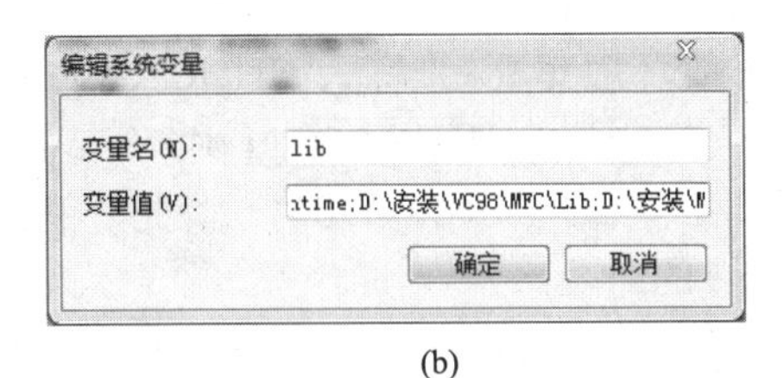

(b)

图 3.101 配置环境变量

图 3.101(b)

变量名：lib

变量值：D:\安装\Microsoft Visual Studio\VC98\MFC\Lib; D:\安装\Microsoft Visual Studio\VC98\Lib;

③ 安装 jdk 并配置环境变量，如图 3.102 所示。

变量名：Path;

变量值：D:\Program Files\Java\jdk1.7.0 _25\bin.。

④ 配置完后在命令行中输入 java，出现下列界面说明配置成功，如图 3.103 所示。

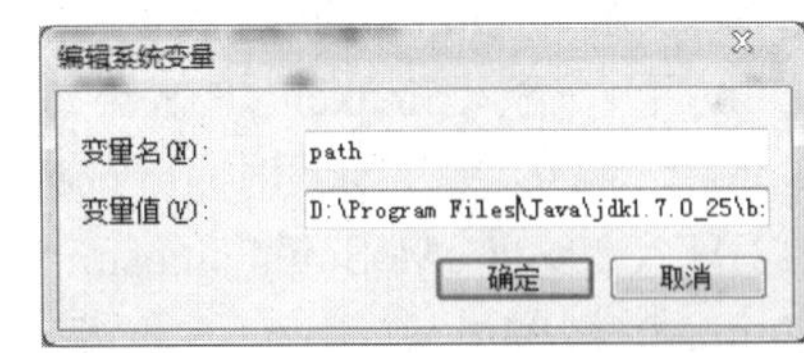

图 3.102 安装 jdk 并配置环境变量

图 3.103 配置成功

⑤ 安装 glomosim 并解压，此处解压路径：F:\HHUC206\gLoMoSim\glomosim-2.03，如图 3.104 所示。

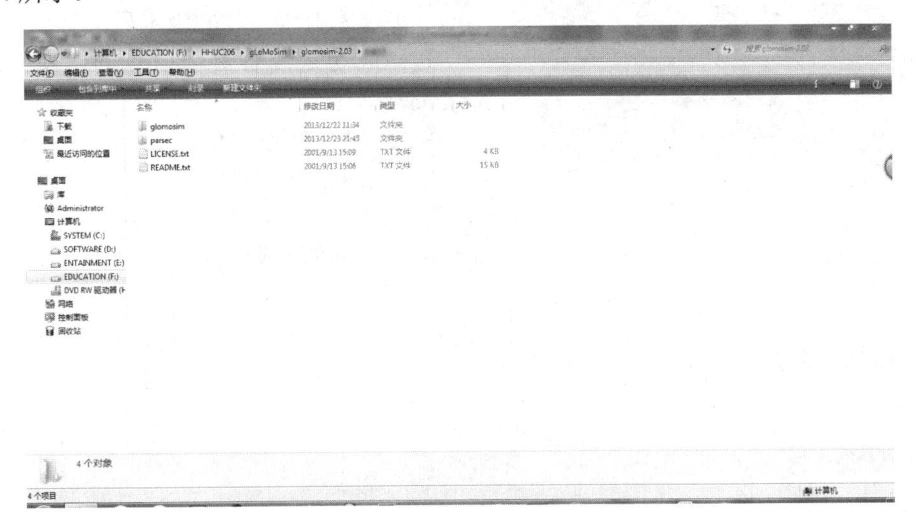

图 3.104 安装 glomosim 并解压

⑥ 配置环境变量。先将 F:\HHUC206\gLoMoSim\glomosim-2.03\parsec\windowsnt-4.0-vc6 中的文件夹复制到 F:\HHUC206\gLoMoSim\glomosim-2.03\parsec 下，再配置环境变量。

变量名：PCC_DIRECTORY　　变量值：F:\HHUC206\gLoMoSim\glomosim-2.03\parsec\bin (pcc.exe 的路径)

变量名：path 变量值　　F:\HHUC206\gLoMoSim\glomosim-2.03\parsec\bin

变量名：lib 变量值　　F:\HHUC206\gLoMoSim\glomosim-2.03\parsec\runtime

变量名：include 变量值　　D:\glomosim-2.03\parsec\include

⑦ 还需要设置 VC++环境。命令行进行到 D:\安装\Microsoft Visual Studio\VC98\Bin，执行命令 VCVARS32，若出现如图 3.105 所示界面，则可进行下一步。

⑧ 编译 glomosim，命令行下切换到 F:\HHUC206\gLoMoSim\glomosim-2.03\glomosim\main 下，输入 makent，如果编译成功，则可以在 D:\glomosim-2.03\glomosim\bin 看到 glomosim.exe 文件。此时 glomosim 安装成功！如果出现如图 3.106 所示界面的错误，则将 F:\HHUC206\gLoMoSim\glomosim-2.03\parsec 下的 runtim 文件夹复制到 F:\HHUC206\gLoMoSim\glomosim-2.03\parsec\bin 下，然后再重复 makent 的过程。

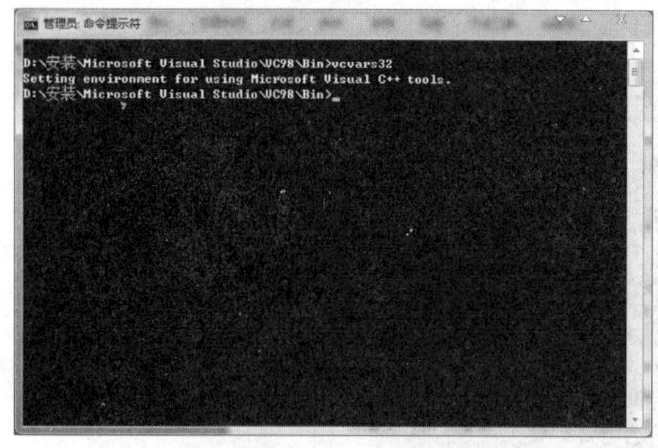

图 3.105　设置 VC++环境

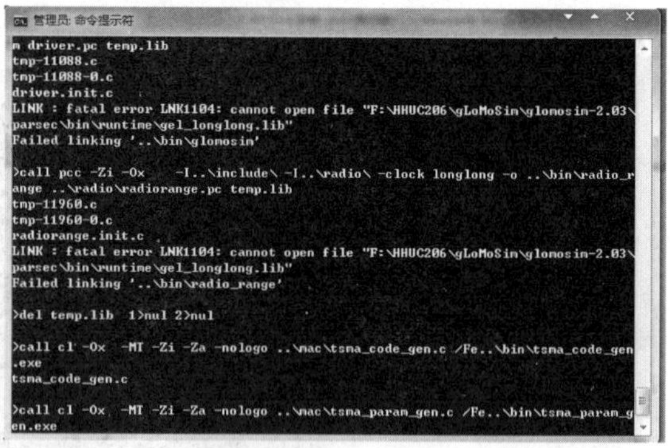

图 3.106　错误界面

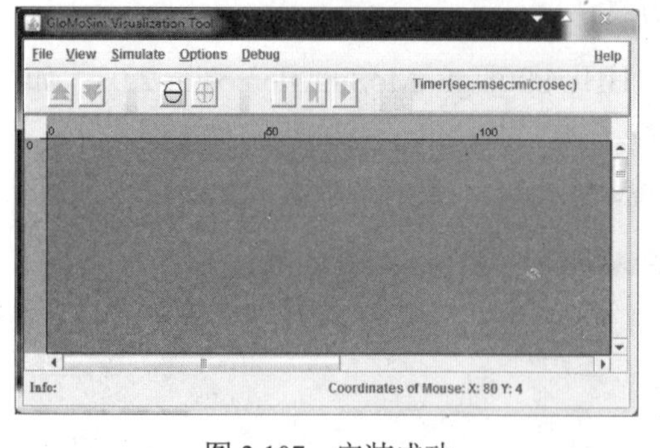

图 3.107　安装成功

⑨ 安装可视化的 Glomosim。命令行下切换到 F:\HHUC206\gLoMoSim\glomosim-2.03\glomosim\java_gui 下，然后输入 javac -source 1.7 *.java（source 后的数字是 jdk 的版本号）。

编译成功是没有提示信息的，No news is good news.

⑩ 运行可视化的 Glomosim。命令行下，在 F:\HHUC206\gLoMoSim\glomosim-2.03\glomosim\java_gui 中输入 java GlomoMain，出现如图 3.107 所示界面，则安装成功。

3.7 OMNeT++

3.7.1 概述

OMNeT++软件的英文全称是 Objective Modular Network Testbed in C++，是由布达佩斯

大学通信工程系开发的一款面向对象的、离散事件仿真工具。一般情况下，学术活动或者非盈利性活动可以免费使用OMNeT++。OMNEST是OMNeT++的一个商业版本，商业活动中使用OMNeT++需要付费以获得OMNEST许可证。OMNeT++软件采用基于组件的体系结构，具有模拟化的、开源的、多协议网络仿真环境，采用混合式的建模方式。OMNeT++已经在Windows、Linux、Mac以及OS/X等操作系统中通过测试，而且经过微小改动后还可以应用于其他类似于 UNIX 的操作系统。所以，OMNeT++网络仿真平台越来越受到科学和工业领域研究者们的认可，在网络仿真领域中占据重要地位。

OMNeT++平台应用广泛，可以解决很多领域的问题，甚至可以用于任何适用于离散事件方法的系统仿真和建模，能够方便地映射为依靠交换消息进行通信的实体。总的来说，OMNeT++主要应用于以下几个方面：① 有线通信网络的建模；② 无线通信网络的建模；③ 协议建模；④ 队列网络建模；⑤ 多处理器和其他分布式硬件系统的建模；⑥ 对硬件体系结构进行验证；⑦ 对复杂软件系统多方面的性能进行评估；⑧ 其他适用离散事件方法的系统的仿真建模。

OMNeT++的特点主要包括：

① 支持多种操作系统，比如Windows、Linux、Mac以及OS/X等操作系统；

② 拥有高度便捷的模拟器和工具，程序在最通用的操作系统上经过测试后，经过少许修改后，就可以在其他类似UNIX的操作系统上进行编译；

③ OMNeT++可在多种用户接口下运行，既包括命令行用户接口，也包括图形化的用户接口，前者比较适用于批处理操作，后者比较适用于演示和调试；

④ 支持分布式并行仿真，利用多种机制在分布式并行模拟器的各部分间进行通信仿真，比如MPI或者指定的信道，因此，OMNeT++仿真算法比较容易进行扩展，也比较容易嵌入新的模块；

⑤ OMNeT++采用组件架构，仿真模型由一系列被称作模块的组件组成，已经定义好的模块可以多次使用，并且能够像LEGO块一样以多种方式进行组合；

⑥ 模块之间通过“门”（即“端口”）进行互连，就可以组成复合模块，且模块的嵌套深度是不受限制的，其中，最底层的模块被称为简单模块；

⑦ 模块之间通过传递消息进行通信，且每个模块都有自己的参数；

⑧ OMNeT++的网络模型主要用NED语言来加以描述。

OMNeT++平台主要由以下6个部分组成：

① 仿真内核库（Simulation kernel library, Sim）；

② 图形化的网络编辑器(GNED)；

③ 网络描述语言编译器(NEDC)；

④ 仿真程序的图形化的用户接口(Tkenv)；

⑤ 仿真程序的命令行用户接口(Cmdenv)；

⑥ 图形化的向量输出工具(Plove/Scalar)。

一个OMNeT++模型则主要包括以下5个部分。

① NED语言拓扑描述文件（.ned文件）。NED是模块化的网络描述语言，使用门、参数等描述模块结构，主要分为输入申明、信道定义、系统模块定义、简单模块和复合模块定义等。

② 消息定义文件（.msg文件）。定义消息变量类型，添加数据文件。

③ 简单模块源。采用C＋＋语言编写 .h 文件或 .cc 文件。

④ 仿真内核。

⑤ 用户接口。

3.7.2 OMNeT++实验

在进行实验之前，首先介绍 OMNeT++软件的安装方法。在安装 OMNeT++的过程中，还需要安装 Java、 INET 和 OverSim ，具体安装步骤如下。

（1）安装 JAVA JDK

由于 Omnet++ 4.0 集成了以 Eclipse 为基础的 IDE，所以安装 JAVA JDK （java development kit）是必需的，JDK 的版本推荐在 1.5 以上，并且配置好系统变量。安装步骤如下。

① 点击 java_ee_sdk-6u4-jdk7-windows-x64.exe，启动安装，如图 3.108 所示。

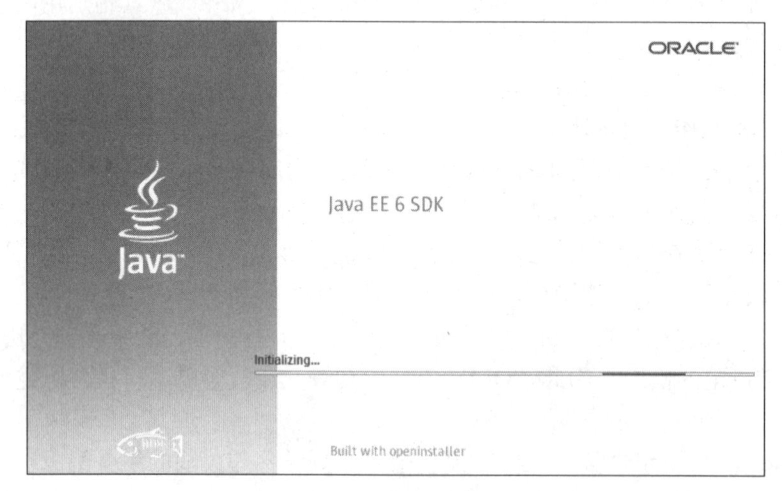

图 3.108　启动安装

② 点击“下一步”，如图 3.109 所示。

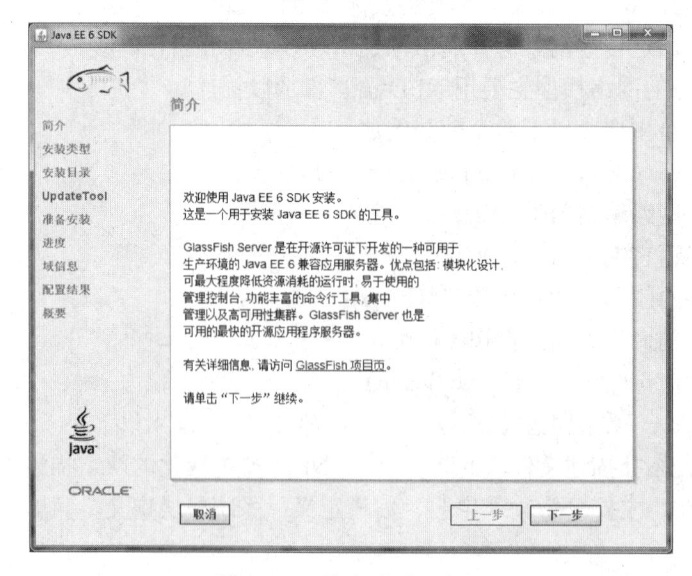

图 3.109　单击“下一步”

③ 选择典型安装，点击“下一步”，如图 3.110 所示。

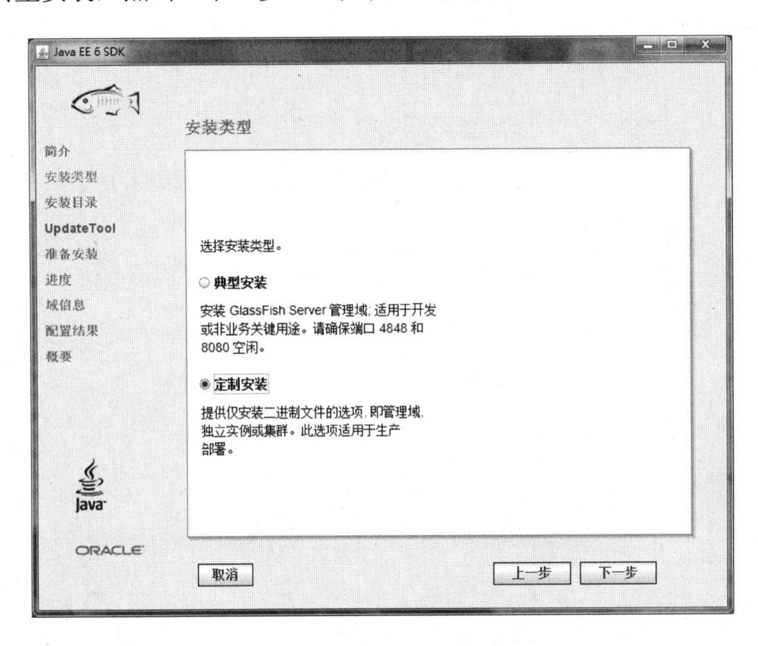

图 3.110　选择典型安装

④ 选择安装途径，一般默认即可，如图 3.111 所示。

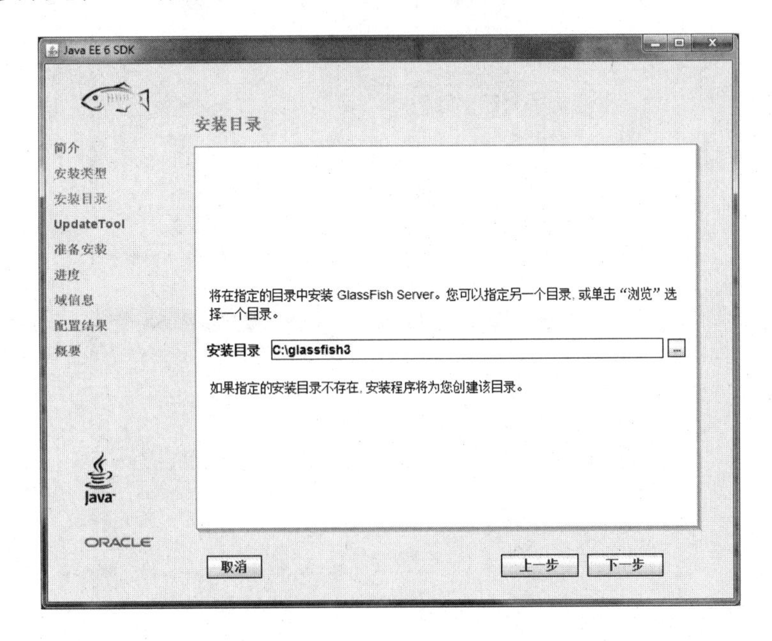

图 3.111　选择安装途径

⑤ 点击“下一步”，如图 3.112 所示。

⑥ 点击安装进入安装准备，如图 3.113 所示。

⑦ 完成后点击“下一步”进行安装。该过程比较长，需要耐心一点，如图 3.114 所示。

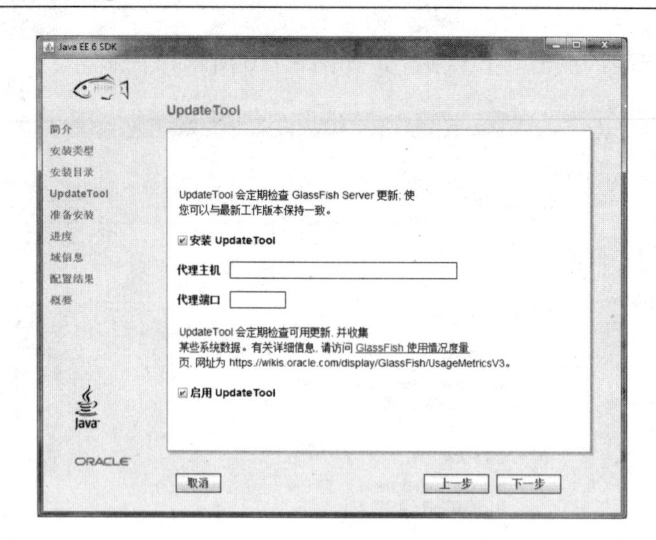

图 3.112 点击“下一步”

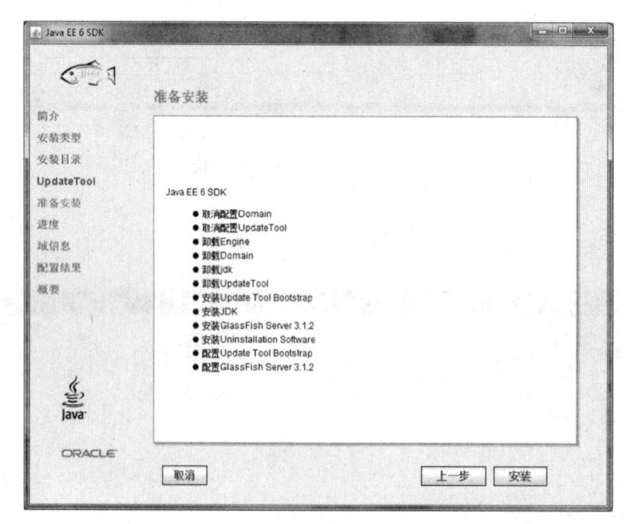

(a)

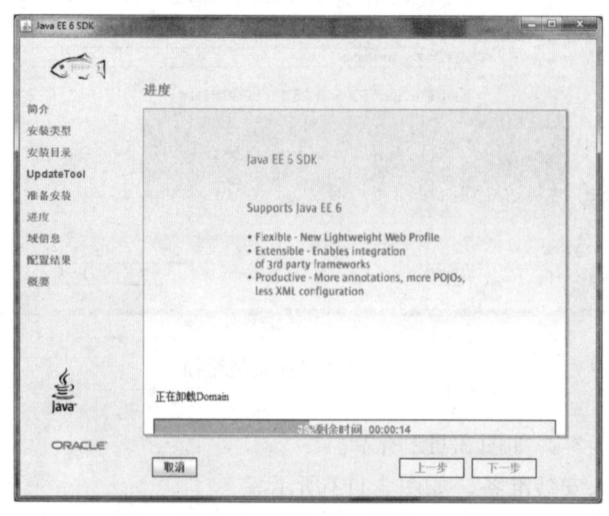

(b)

图 3.113 进入安装准备

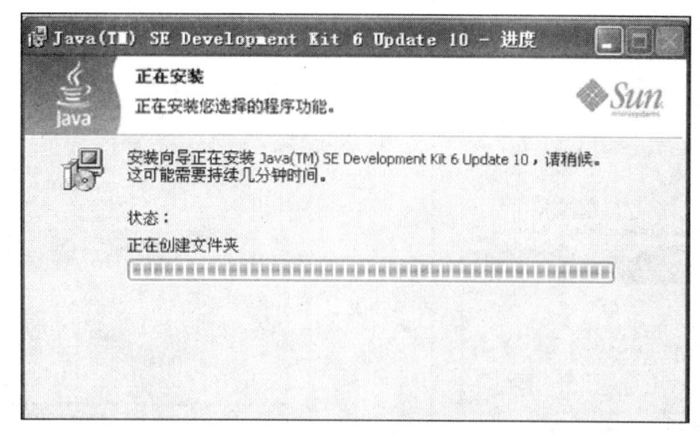

(a)

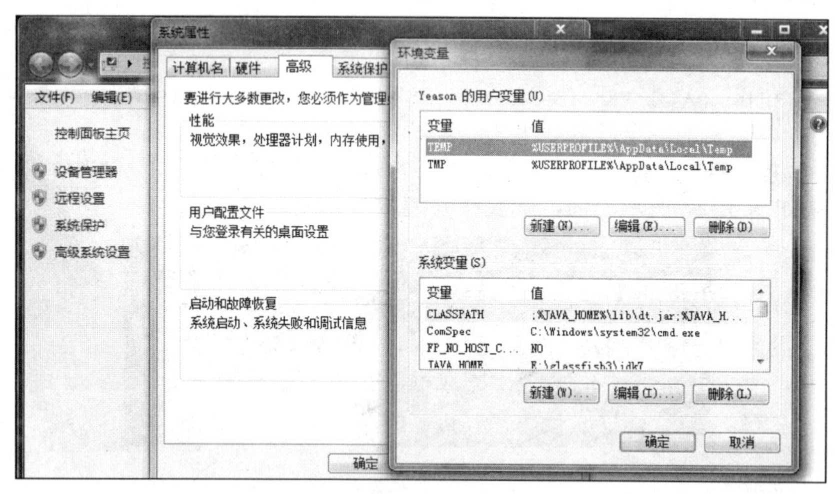

(b)

图 3.114 安装过程

⑧ 开始配置环境变量，右击【我的电脑】—【属性】—【高级】—【环境变量】。

⑨ 选择【新建系统变量】，弹出“新建系统变量”对话框，在“变量名”文本框输入“JAVA_HOME”，在“变量值”文本框输入JDK的安装路径，如图3.115所示。

图 3.115 新建系统变量

⑩ 在“系统变量”选项区域中查看PATH变量，如果不存在，则新建变量PATH，否则选中该变量，单击“编辑”按钮，在“变量值”文本框的起始位置添加“%JAVA_HOME%\bin; %JAVA_ HOME%\jre\bin ; ”或者是直接“%JAVA_HOME%\ bin; ”，单击“确定”按钮，如图3.116所示。

⑪ 在“系统变量”选项区域中查看CLASSPATH变量，如果不存在，则新建变量CLASSPATH，否则选中该变量，单击“编辑”按钮，在“变量值”文本框的起始位置添加“; %JAVA_ HOME%\lib\dt.jar;%JAVA_HOME%\lib\tools.jar; ”，

如图 3.117 所示。

图 3.116 PATH 变量

图 3.117 CLASSPATH 变量

⑫ 设置完成后点击运行，输入 CMD 命令，在命令提示符中输入“java –version”并按回车，若出现如图 3.118 所示界面，则表明安装成功。

```
C:\Windows\system32\cmd.exe
Microsoft Windows [版本 6.1.7601]
版权所有 (c) 2009 Microsoft Corporation。保留所有权利。

C:\Users\Yeason>java -version
java version "1.7.0_03"
Java(TM) SE Runtime Environment (build 1.7.0_03-b05)
Java HotSpot(TM) 64-Bit Server VM (build 22.1-b02, mixed mode)

C:\Users\Yeason>_
```

图 3.118 安装成功

现在测试环境变量的配置成功与否。在 DOS 命令行窗口输入“JAVAC”，输出帮助信息即为配置正确，如图 3.119 所示。至此，Java 安装完毕。

```
Microsoft Windows [版本 6.1.7601]
版权所有 (c) 2009 Microsoft Corporation。保留所有权利。

C:\Users\Yeason>javac
用法: javac <options> <source files>
其中, 可能的选项包括:
  -g                         生成所有调试信息
  -g:none                    不生成任何调试信息
  -g:{lines,vars,source}     只生成某些调试信息
  -nowarn                    不生成任何警告
  -verbose                   输出有关编译器正在执行的操作的消息
  -deprecation               输出使用已过时的 API 的源位置
  -classpath <路径>            指定查找用户类文件和注释处理程序的位置
  -cp <路径>                   指定查找用户类文件和注释处理程序的位置
  -sourcepath <路径>           指定查找输入源文件的位置
  -bootclasspath <路径>        覆盖引导类文件的位置
  -extdirs <目录>              覆盖所安装扩展的位置
  -endorseddirs <目录>         覆盖签名的标准路径的位置
  -proc:{none,only}          控制是否执行注释处理和/或编译。
  -processor <class1>[,<class2>,<class3>...] 要运行的注释处理程序的名称; 绕过默
认的搜索进程
  -processorpath <路径>        指定查找注释处理程序的位置
  -d <目录>                    指定放置生成的类文件的位置
  -s <目录>                    指定放置生成的源文件的位置
  -implicit:{none,class}     指定是否为隐式引用文件生成类文件
  -encoding <编码>             指定源文件使用的字符编码
  -source <发行版>              提供与指定发行版的源兼容性
  -target <发行版>              生成特定 VM 版本的类文件
  -version                   版本信息
  -help                      输出标准选项的提要
  -A关键字[=值]                  传递给注释处理程序的选项
  -X                         输出非标准选项的提要
  -J<标记>                     直接将 <标记> 传递给运行时系统
  -Werror                    出现警告时终止编译
  @<文件名>                     从文件读取选项和文件名
```

图 3.119 Java 安装完毕

（2）安装 VC++6.0

① 点击 steup，开始安装，如图 3.120 所示。

图 3.120　开始安装 VC++6.0

② 接受协议，点击“下一步”，如图 3.121 所示。

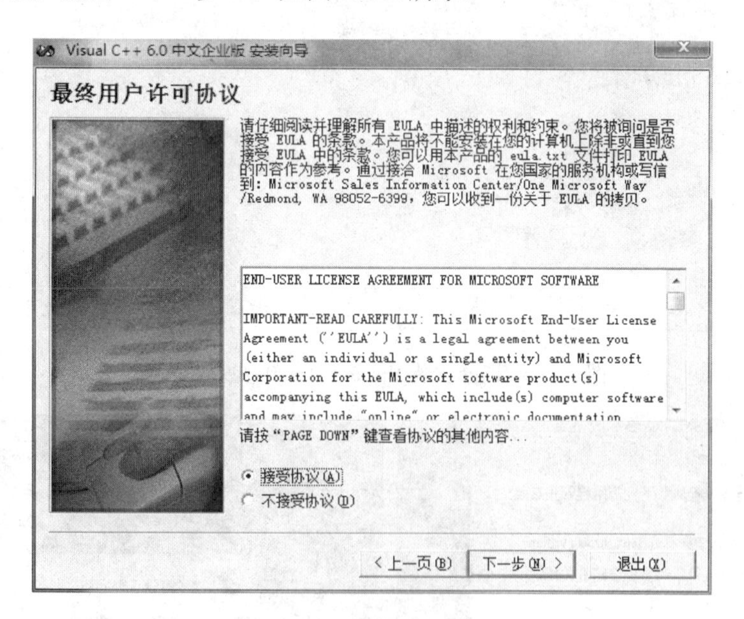

图 3.121　选择接受协议

③ 点击“下一步”，如图 3.122 所示。

④ 选择安装 Visual C++6.0 中文企业版，点击“下一步”，如图 3.123 所示。

⑤ 单击“确定”按钮，进入下一步，如图 3.124 所示。

图 3.122　输入姓名

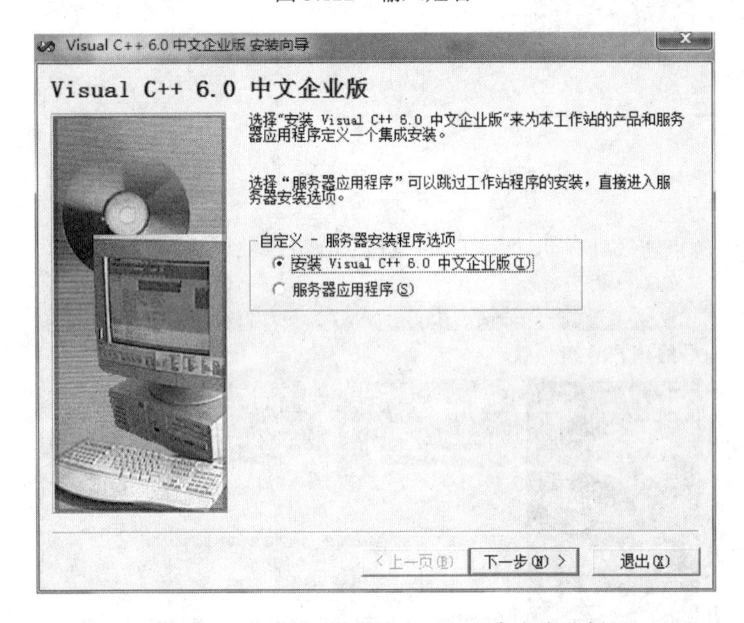

图 3.123　选择安装 Visual C++6.0 中文企业版

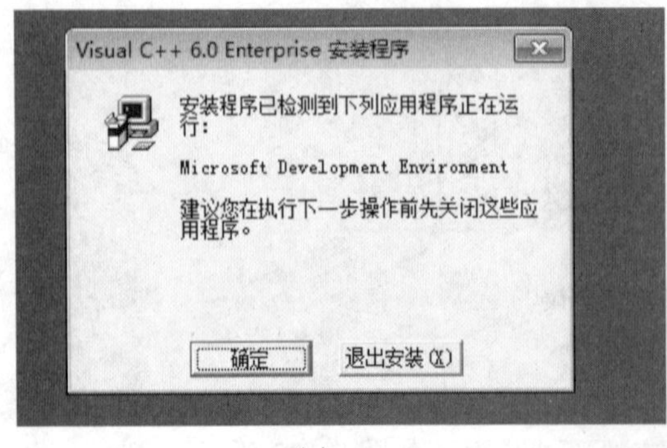

（a）

（b）

图 3.124　安装过程

⑥ 选择 Typical 进行安装，分别如图 3.125 所示。

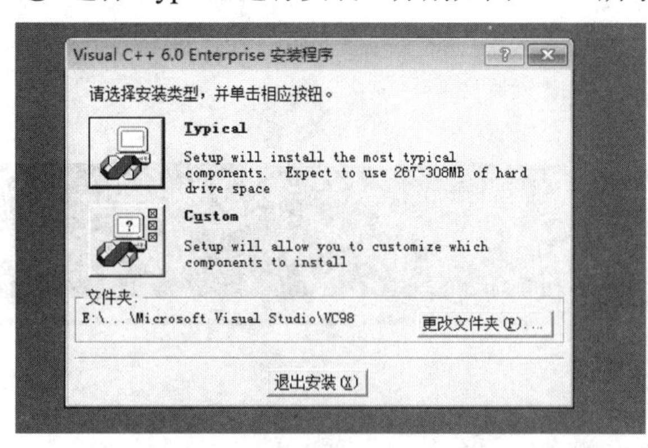

（a）

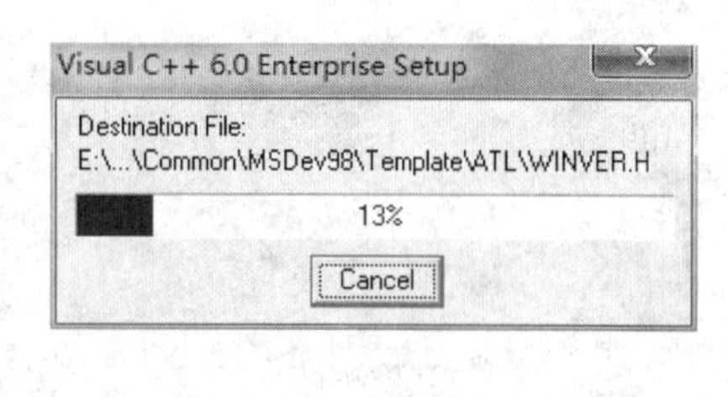

（b）

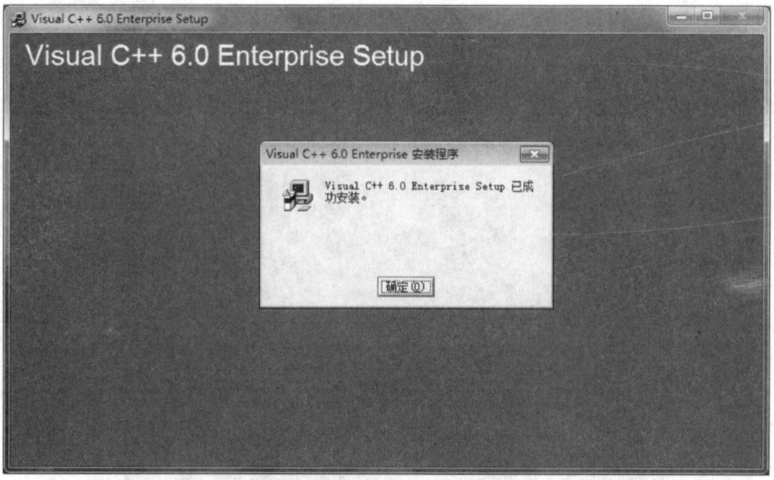

（c）

图 3.125 选择 Typical 安装过程

至此，Visual C++6.0 安装完成。

（3）安装 omnetpp

① 解压文件，在 omnet-4.0 目录下运行 mingwenv.cmd，打开终端，如图 3.126 所示。

图 3.126 打开终端

② 提示键入命令：./configure ，确保整个过程输出中没有 error 出现，如图 3.127 所示。

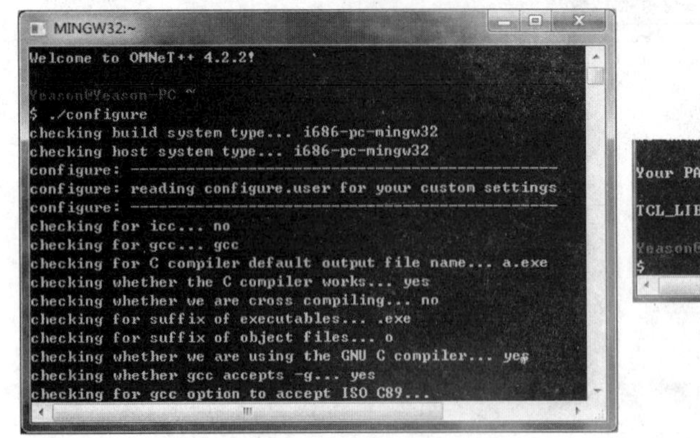

（a）键入命令:./ configure

（b）检测完成

图 3.127　输入命令:configure

③ configure 完成以后，键入命令：make。这个过程非常漫长，大概要持续十几分钟，只要中间不弹出 error 的报告就没有问题。如图 3.128 所示。

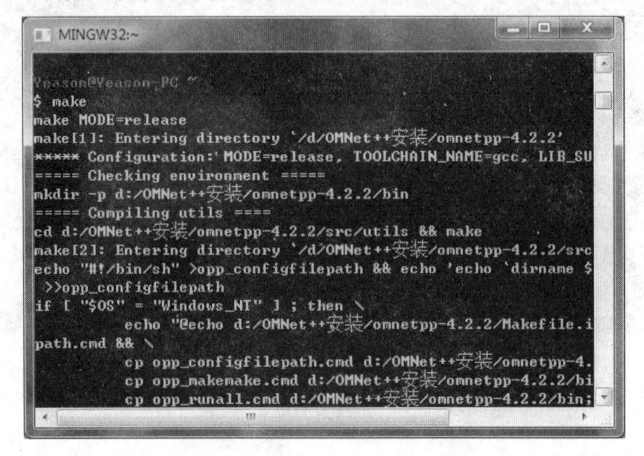

图 3.128　键入命令：make

④ 输入 omnetpp，可以启动运行 IDE，出现非常漂亮的 OMNeT++界面，如图 3.129 所示。

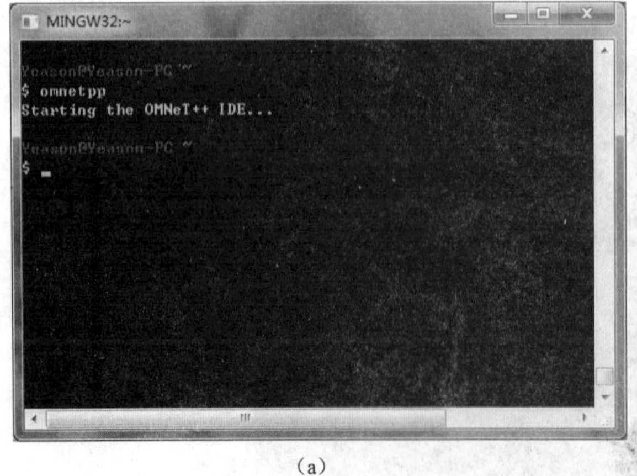

（a）

（b）

图 3.129　出现 OMNeT++界面

（4）安装 INET

① 下载：INET-OverSim-20090317.tgz，解压到 omnet-4.0 目录。

② 确保 Omnetpp 已正确安装，运行 mingwenv.cmd，打开终端并输入 nedtool，应当能看到输出，如图 3.130 所示。

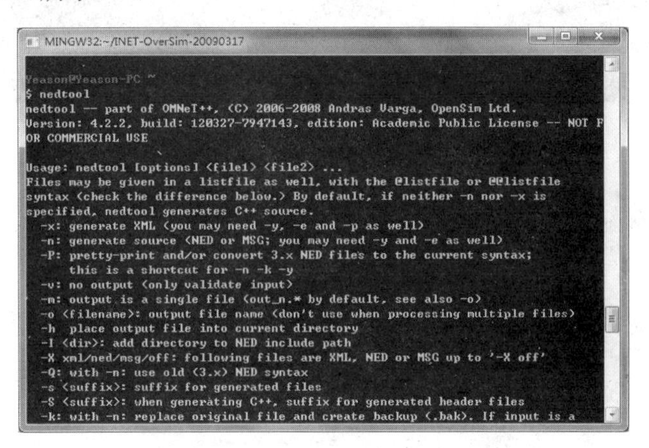

图 3.130 打开终端并输入 nedtool

③ cd 到 INET-OverSim-20090317 目录下，运行 make makefiles，然后键入命令 make。make 的过程总是非常漫长，要耐心等待，分别如图 3.131 和图 3.132 所示。

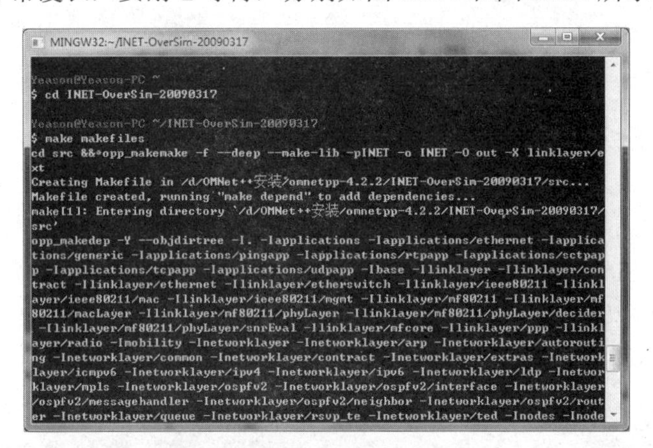

图 3.131 运行 make makefiles

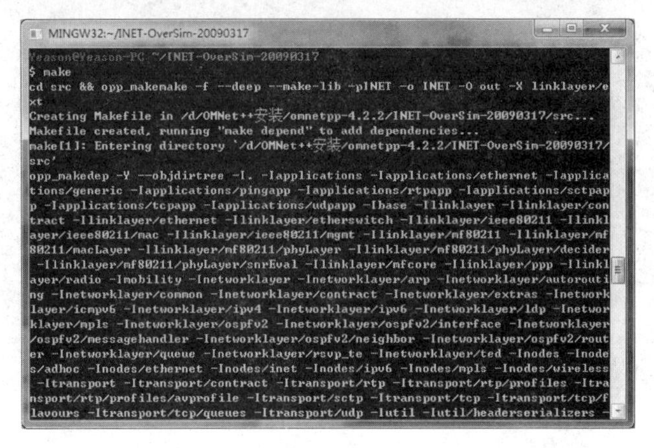

图 3.132 make 命令

④ 测试：到 examples 文件夹下，运行./rundemo 可以看到图形化界面，如图 3.133 所示。

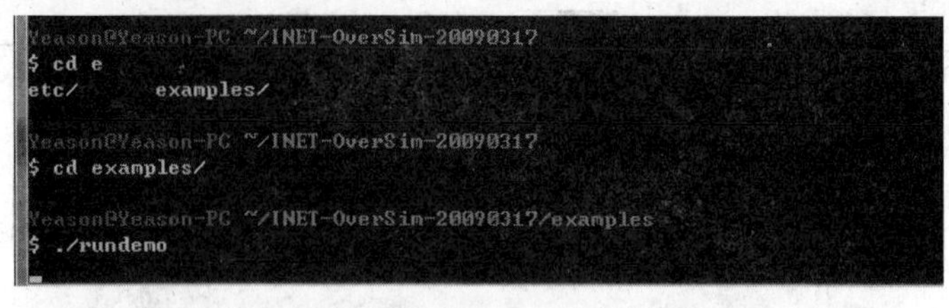

（a）

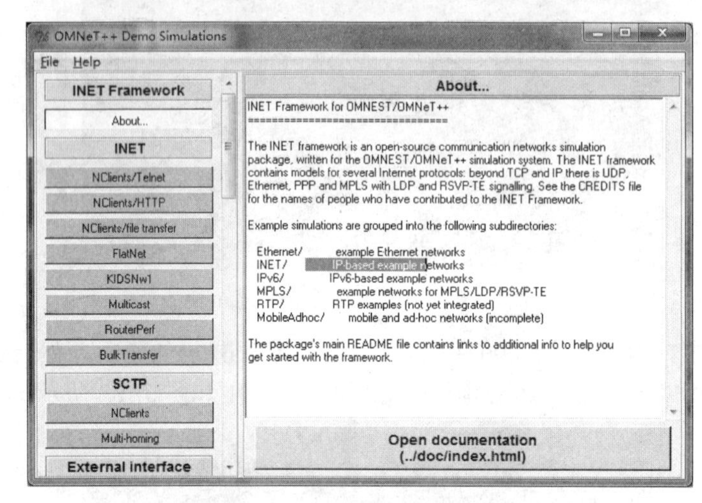

（b）

图 3.133 运行./rundemo

（5）安装 Oversim

① 下载：OverSim-20090908.tgz，解压到 omnet-4.0 目录。

② 在 OverSim-20090908 目录下运行 make（这里的 make 过程也非常漫长），如图 3.134 所示。

（a）

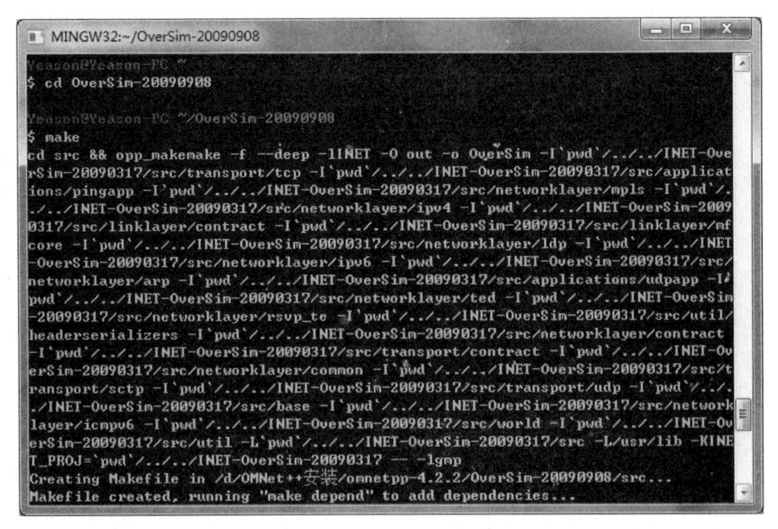

（b）

图 3.134　运行 make

至此，已经搭建好了 OMNeT++网络仿真的实验平台。下面要在刚刚搭建好的 OMNeT++网络仿真平台上进行一个仿真实验。在此，以模拟一个闭合排队网络为例介绍 MONet++的仿真方法。该网络总共包含 4 个节点，其中 1 个为源节点，另外 3 个为连成环的排队节点。具体步骤如下。

① 打开 OMNeT++开发环境，工作界面如图 3.135 所示。

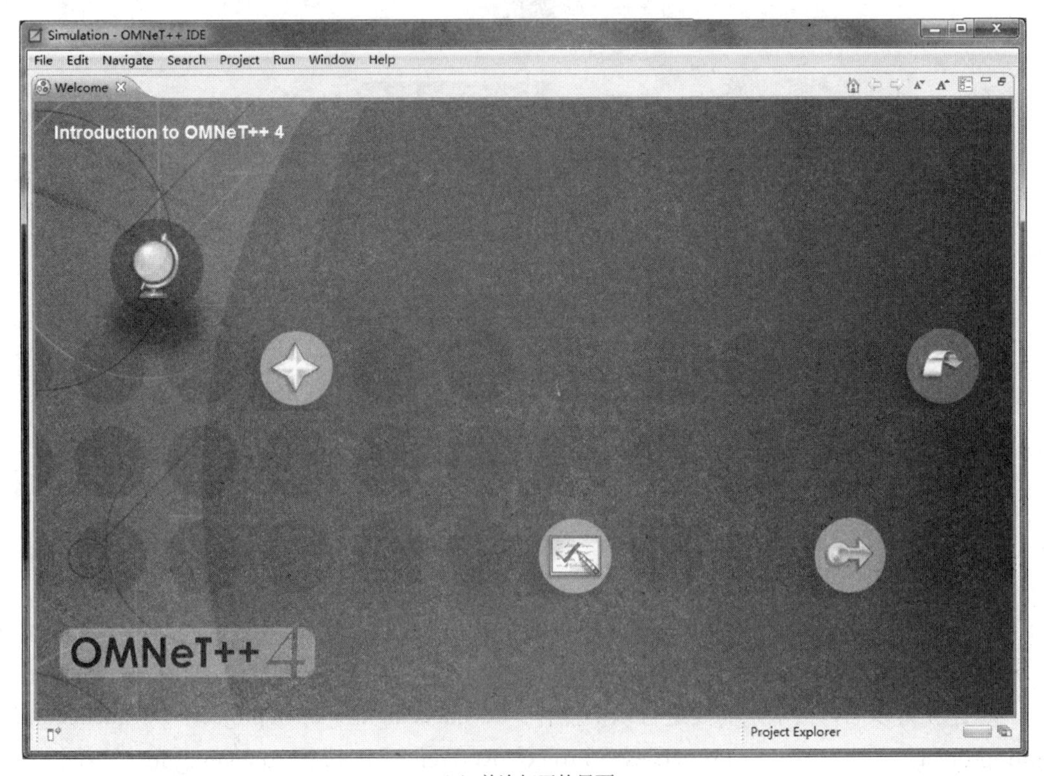

（a）首次打开的界面

图 3.135

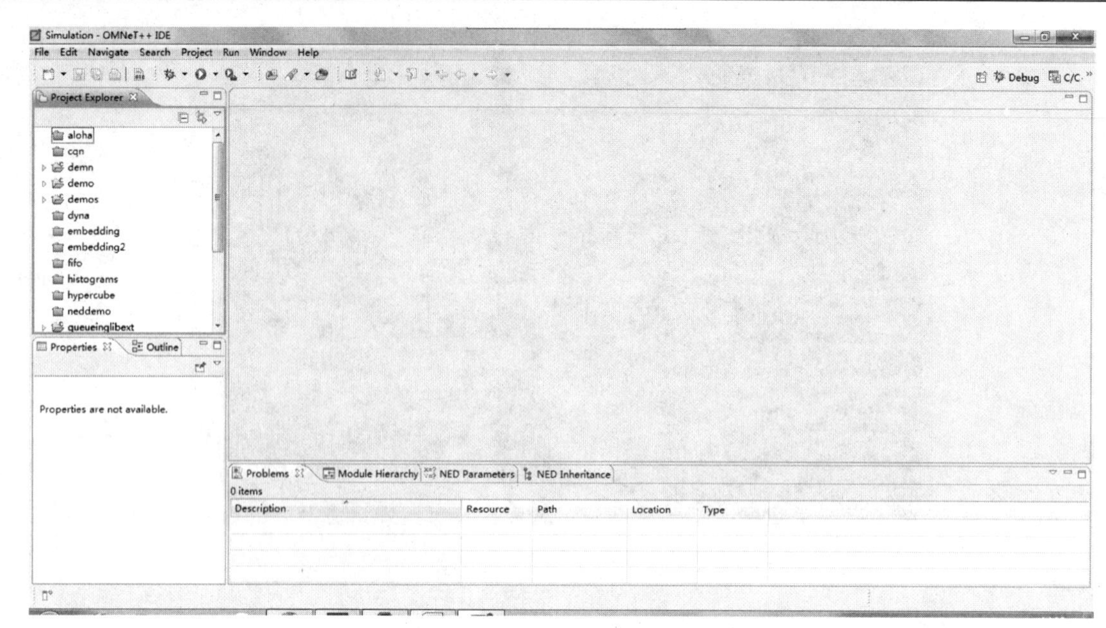

（b）OMNeT++工作界面

图 3.135　工作界面

② 选择 Simulation 的视图：Windows->Open Perspective->Simulation，如图 3.136 所示。

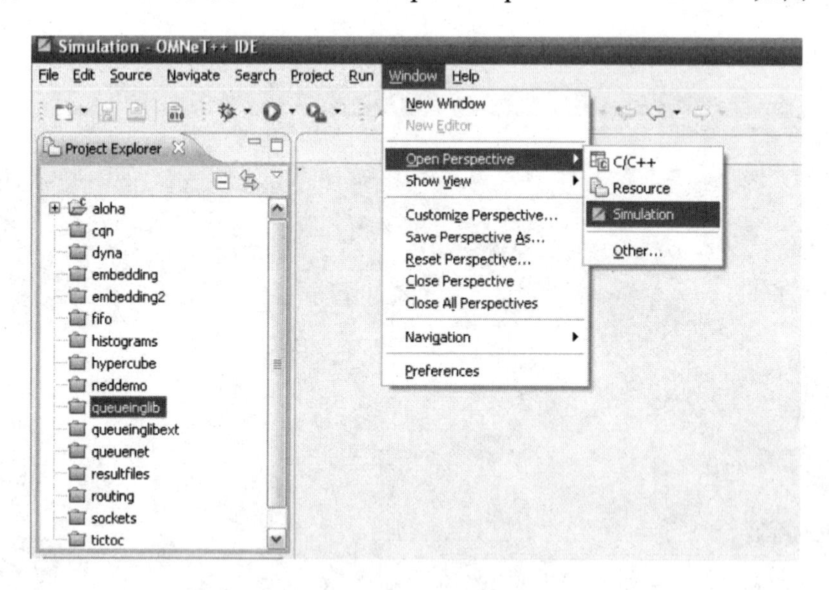

图 3.136　Simulation 视图选择

③ 需要建立一个名为 Yeason 的 OMNet 的工程，方式如下：File→New→Omnet++ Project，如图 3.137 所示。

④ 建立好以后，接下来需要进行以下操作：a. queueinglib→open project；b. queueinglib→build project；c. Yeason→Properties→Project References，选择 queueinglib。如图 3.138 所示。

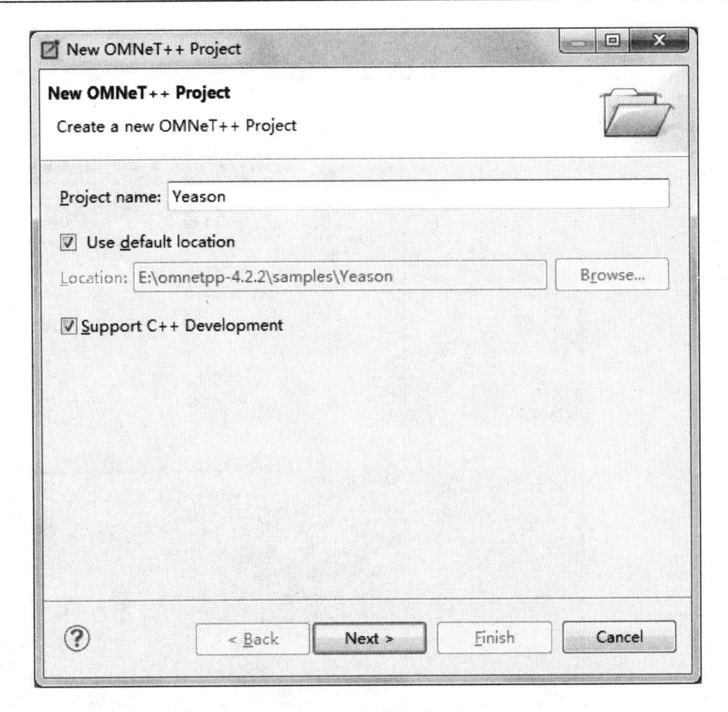

图 3.137 Omnet 工程建立

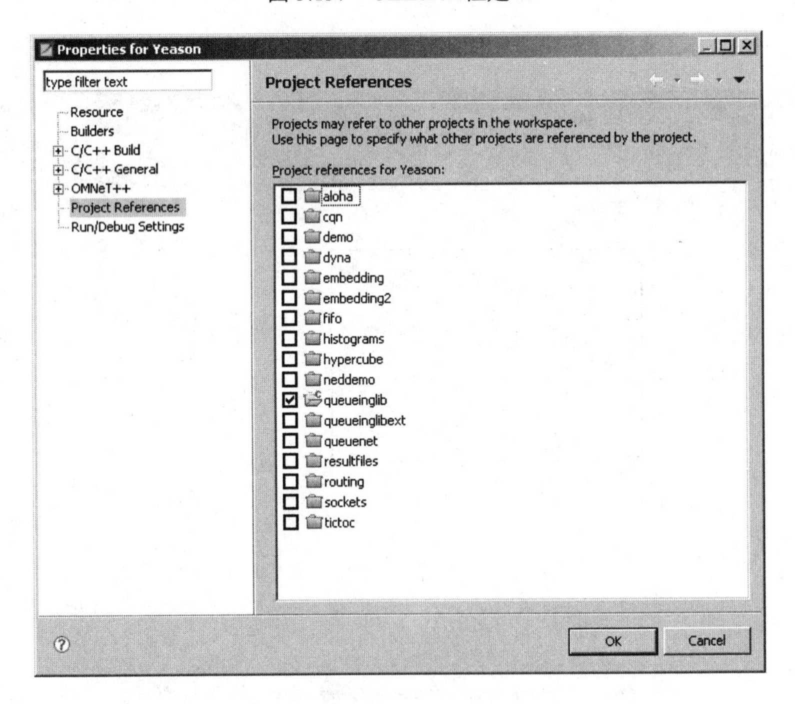

图 3.138 Project References

⑤ 用 NED 语言编写一个 NED 文件，目的是为了描述仿真网络的模型结构。操作如下：Yeason→New→Network Description File（NED），新建一个 NED 文件，命名为 Yeason.ned，并选择 A New Network。如图 3.139 所示。

⑥ 点击“Finish”，即可得到可视化编辑界面，如图 3.140 所示。

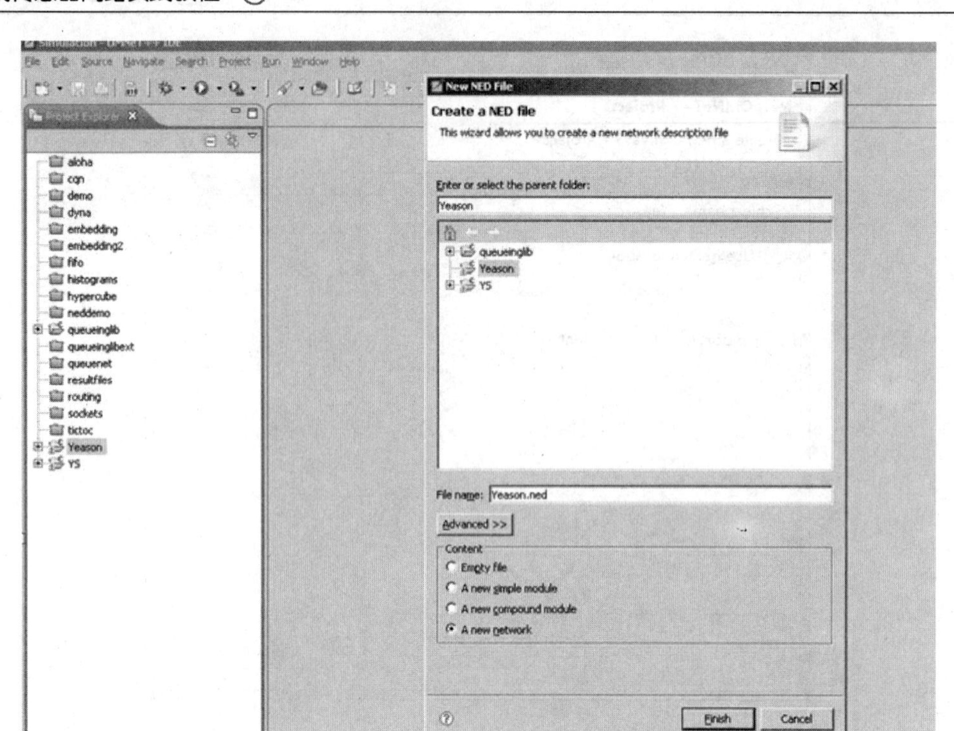

图 3.139 NED 文件

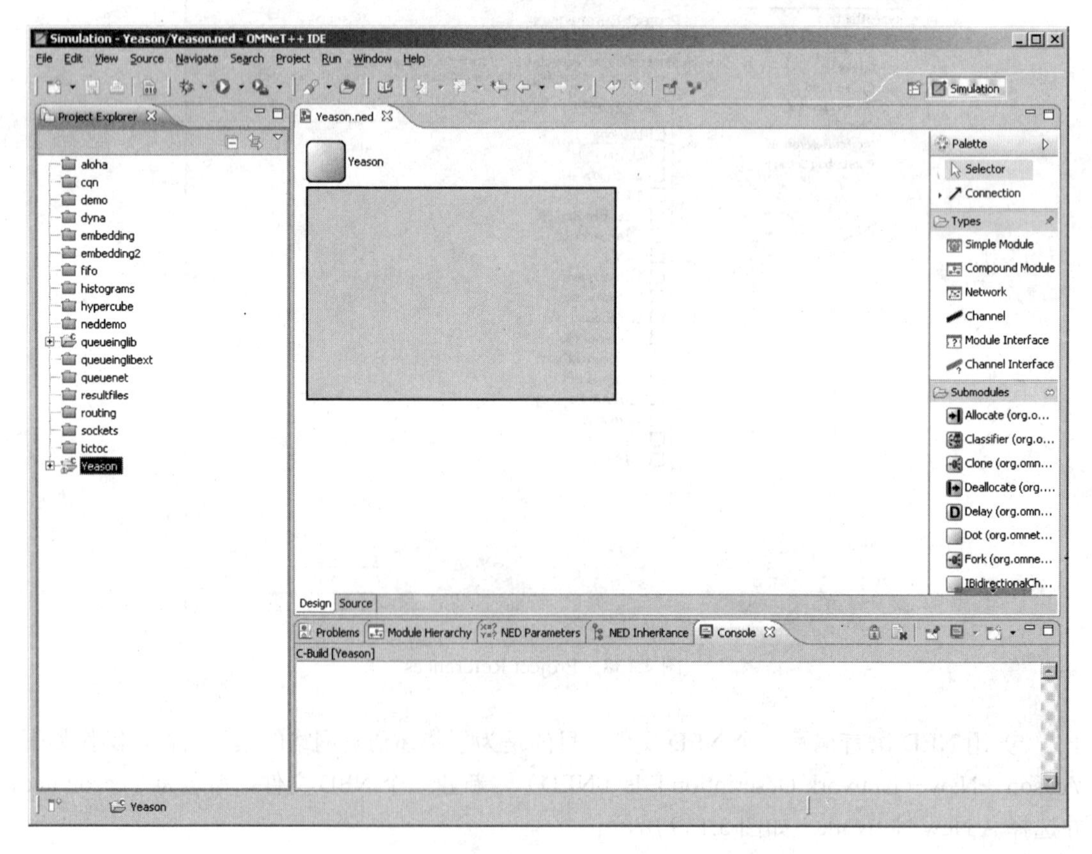

图 3.140 NED 文件的可视化编辑界面

⑦ 对网络环境进行配置，操作如下。

a．在工作界面的右侧找到 Submodules，在里面找到相应的 Source 和 Queue，然后将它们拖到面板上，如图 3.141 所示。

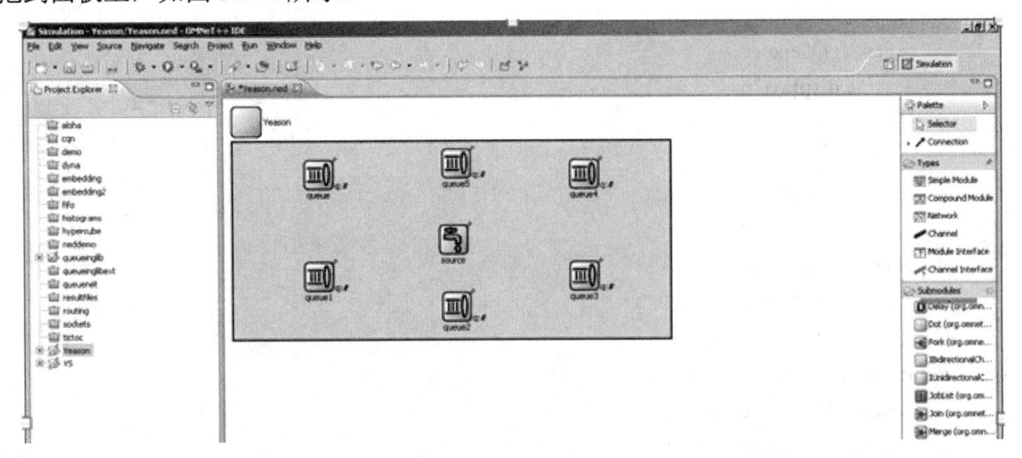

图 3.141　Submodules

b．同样，在工作界面的右上侧找到 Connection，点击，将途中模块按照图 3.142 方式连接。

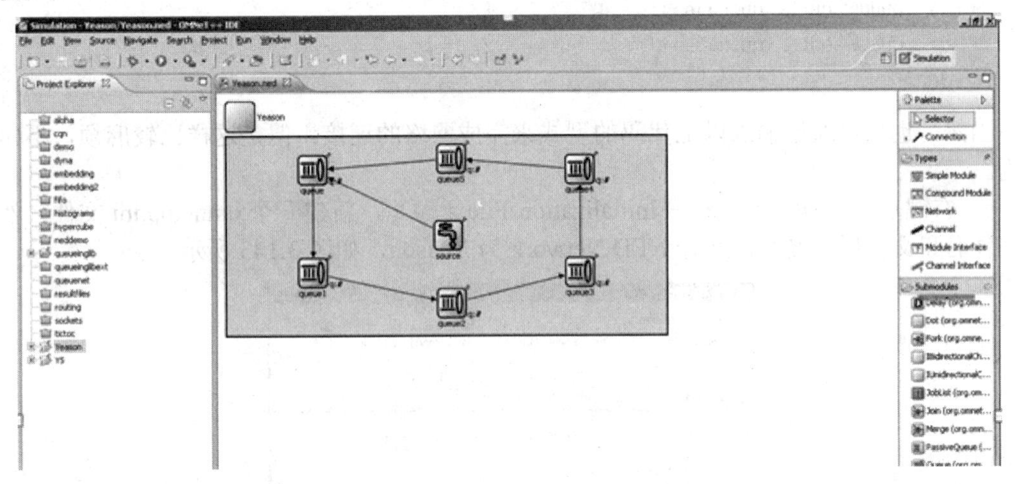

图 3.142　Connection

这样，就完成了网络的连接。这时，点击 Source，可以看到对应生成的代码如下：

```
network Yeason
{
    submodules:
        queue: Queue {
            @display("p=111,42");
        }
        queue1: Queue {
            @display("p=111,173");
        }
        queue2: Queue {
            @display("p=291,212");
```

```
        }
        queue3: Queue {
            @display("p=458,173");
        }
        queue4: Queue {
            @display("p=458,42");
        }
        queue5: Queue {
            @display("p=291,28");
        }
        source: Source {
            @display("p=287,126");
        }
    connections:
        source.out --> queue.in++;
        queue.out --> queue1.in++;
        queue1.out --> queue2.in++;
        queue2.out --> queue3.in++;
        queue3.out --> queue4.in++;
        queue5.out --> queue.in++;
        queue4.out --> queue5.in++;
}
```

当然，也可以通过输入以上代码的型式来完成网络的连接，但是这样比较麻烦，不建议使用。

c．右键点击 Yeason→New→Initialization File（ini），新建一个 omnetpp.ini 文件（勿修改文件名和文件后缀名），选择 NED Network 为 Yeason，如图 3.143 所示。

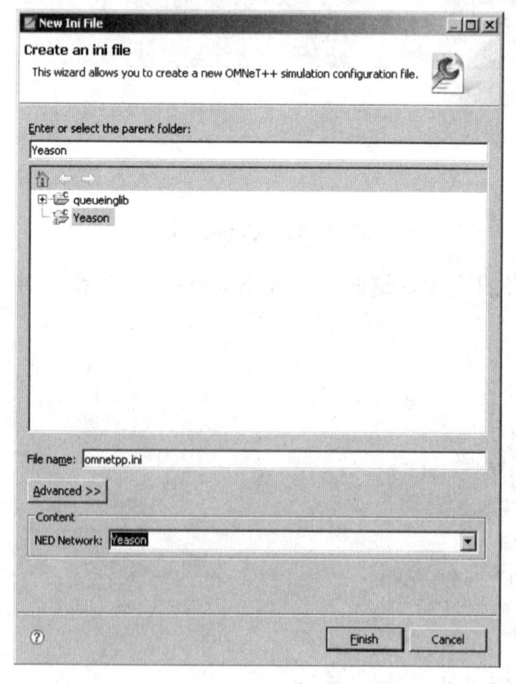

图 3.143 选择 NED Network

d．进入 ini 文件配置界面，对有关参数加以配置，如图 3.144 所示。

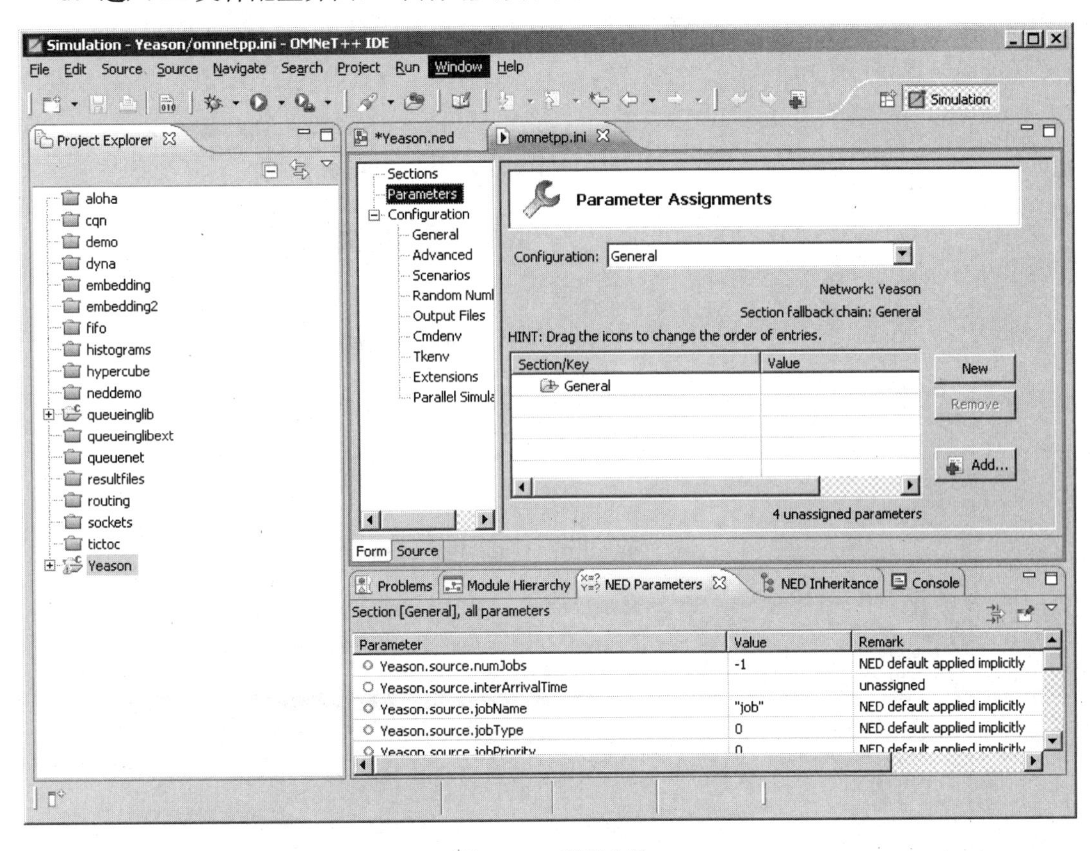

图 3.144　配置参数

下面点击 Add 进行属性的添加；选中 Module and parameter only，将 source.numJobs 和 source.interArrivalTime 打上勾，点击“OK”。如图 3.145 所示。

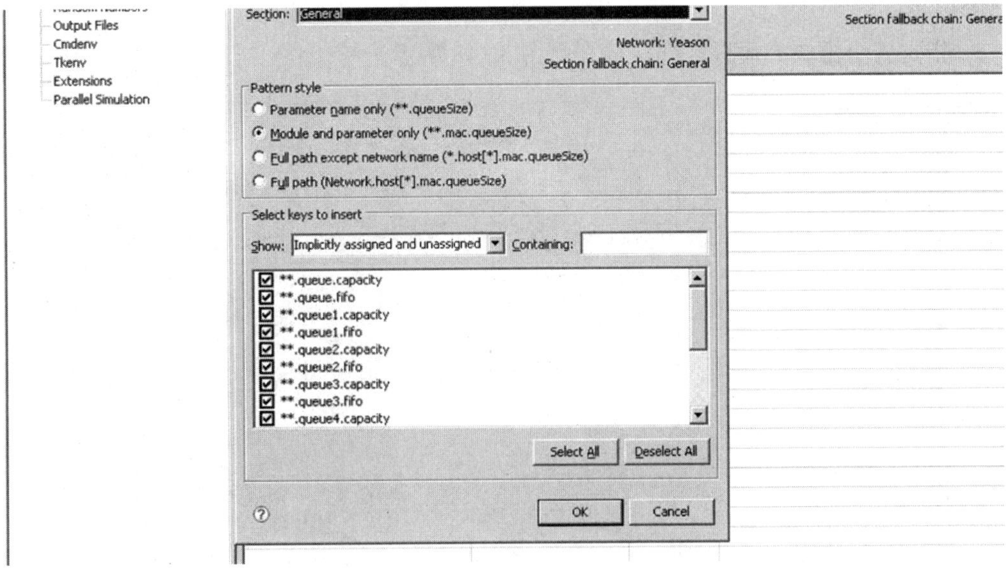

图 3.145　属性添加

首先定义 inter RrrivalTime 和 numJobs 这两个属性，如图 3.146 所示。然后点击 add，选中 Parameter name only，将 serviceTime 打上勾，接着再对所有 queue 的 service Time 属性进行定义，如图 3.147 所示。

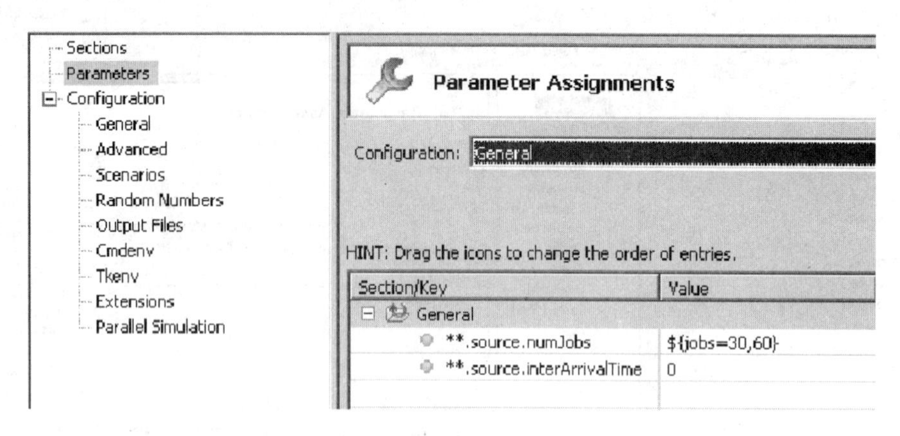

图 3.146　定义 inter RrrivalTime 和 numJobs 属性

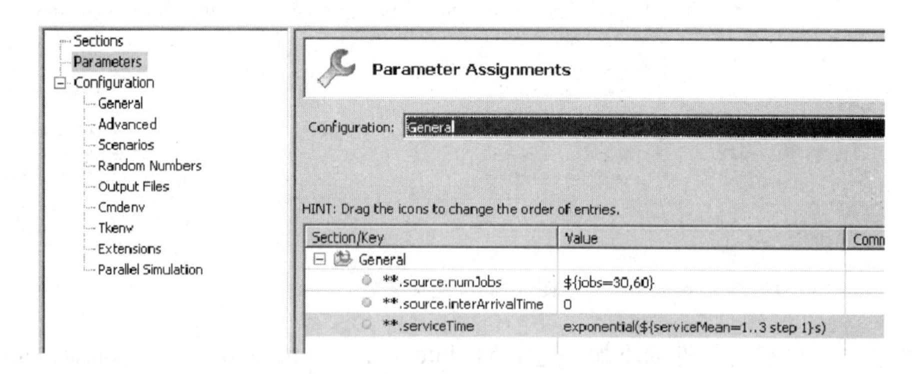

图 3.147　属性定义

e．指定各个模块的运行时间，分别如图 3.148 所示。

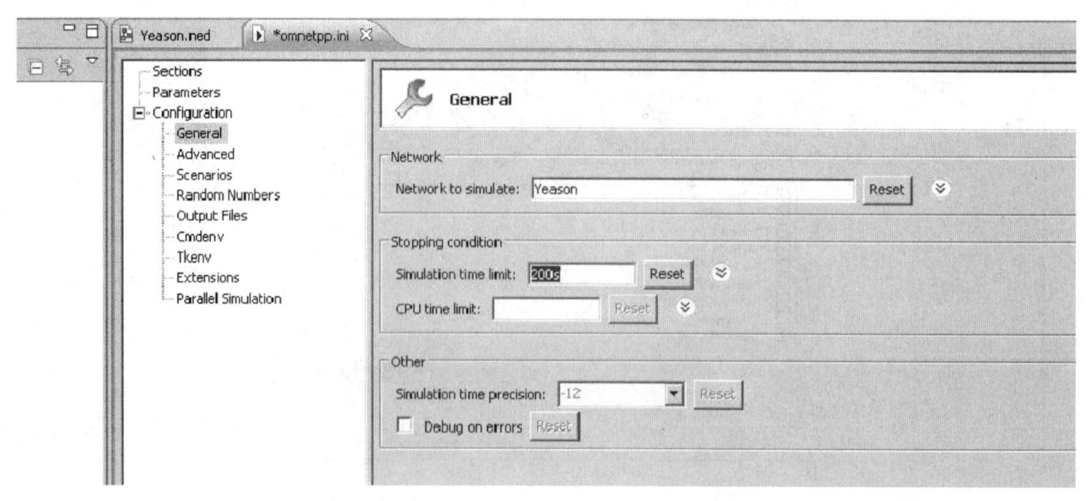

（a）

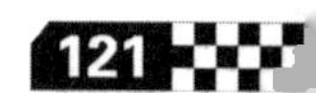

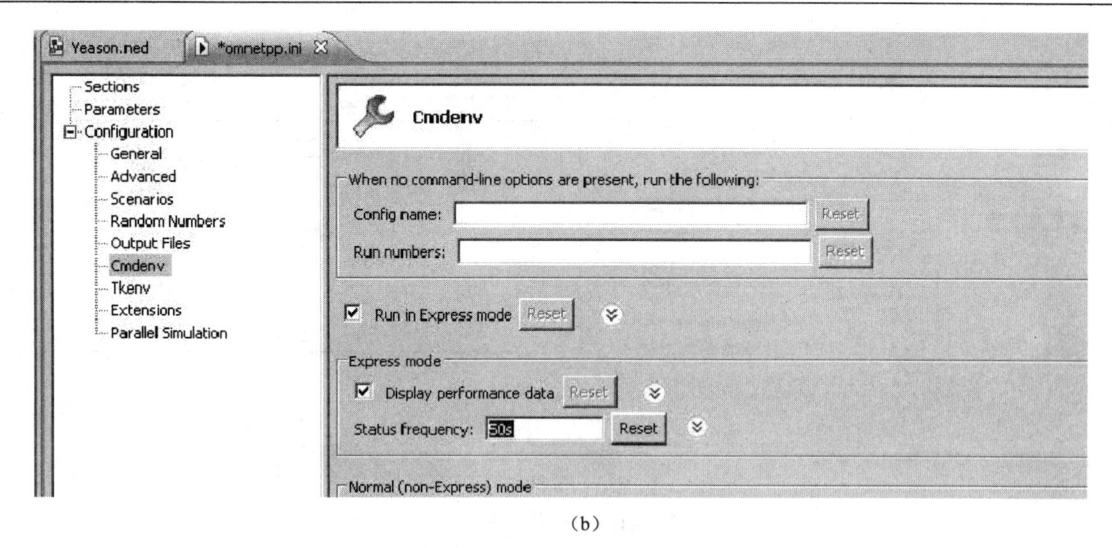

(b)

图 3.148 指定各个模块的运行时间

定义好以后，切换到代码视图可以看到结果，如图 3.149 所示。

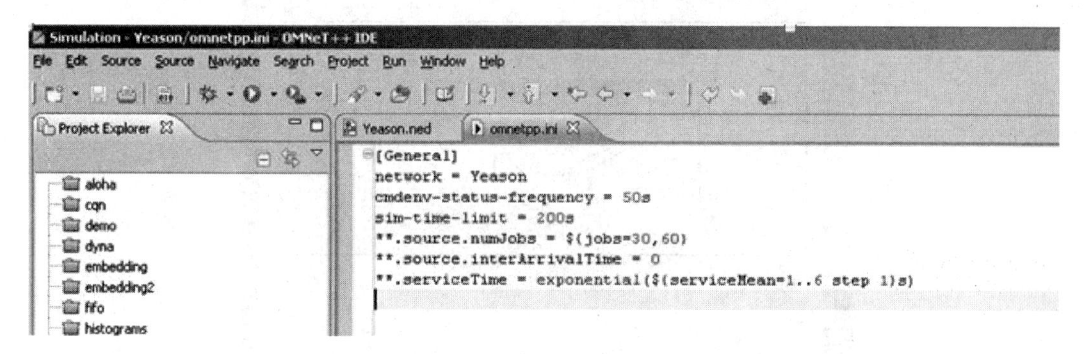

图 3.149 切换到代码视图

f. 配置 Yeason 在仿真环境下的运行参数，点击 可查看运行过程，如图 3.150～图 3.152 所示。

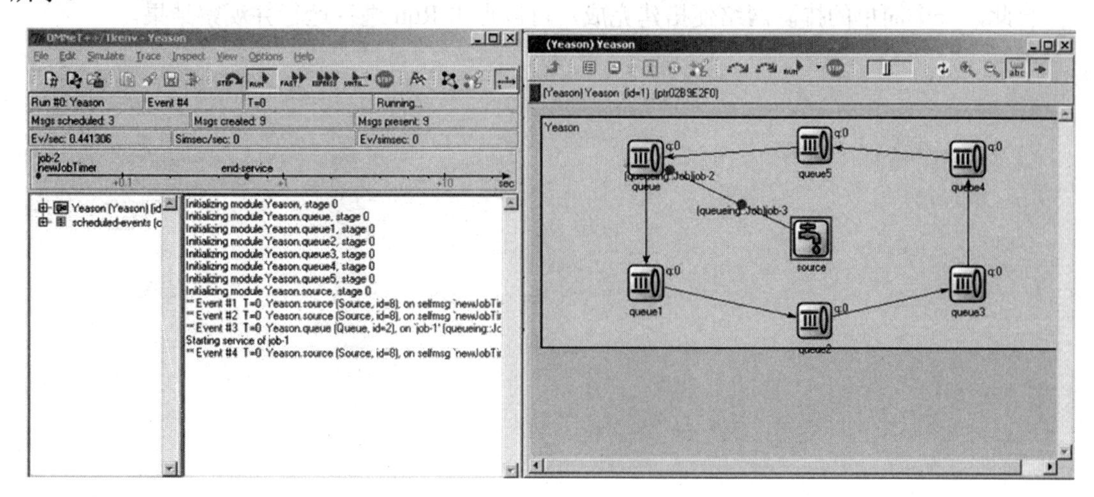

图 3.150 运行开始

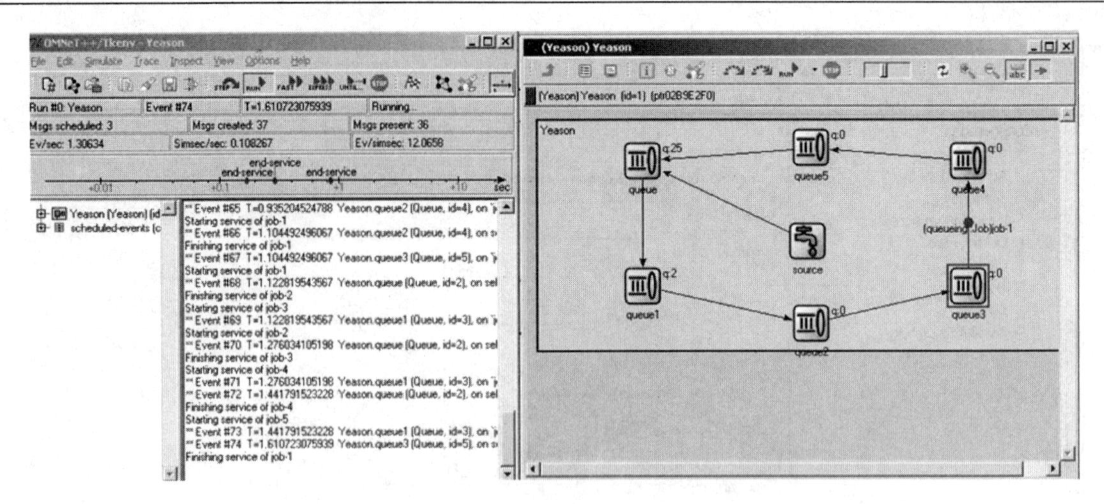

图 3.151 运行过程中

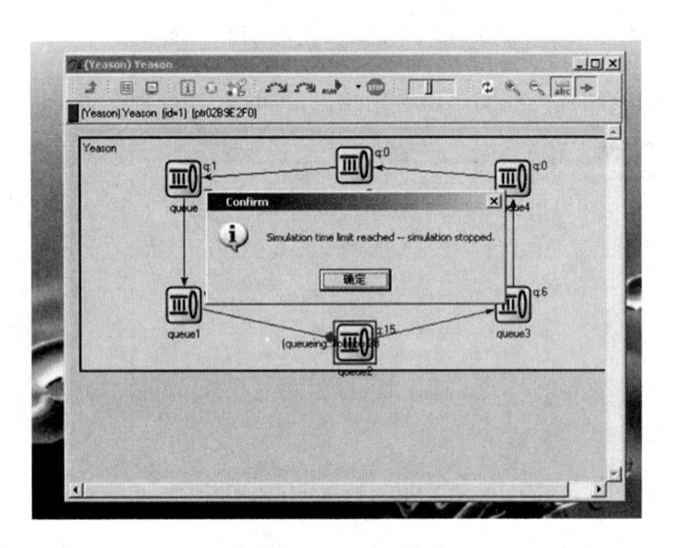

图 3.152 运行是结束

自此，一个简单的排队网络便搭建完成，可以点击 Run 进行运行并观察结果。

第 4 章　ZigBee 无线传感器网络综合实验平台及基础性实验

4.1 简介

本书所采用的 ZigBee 无线传感器网络综合实验平台，是由凌阳科技大学计划提供的型号为 SP-WSNCE15A 的综合教学开发设计平台，主要分成两大部分：基于 ZigBee 的无线传感器网络和嵌入式网关。其中，无线传感器网络节点的主控芯片采用 TI 公司的 CC2530 芯片，运行协议符合 ZigBee 标准；嵌入式网关的主控芯片采用三星公司的 ARM9 为核心的 S3C2440 芯片，可以运行嵌入式 Linux 系统。

该平台的实验箱箱体为颇具特色的两层箱体设计：上层包括 12 个基于 ZigBee 标准的无线传感器网络节点和嵌入式网关，自身带有液晶显示屏；下层用来存放相关配件。其实验箱整体外观图及实验箱上层实物图分别如图 4.1 和图 4.2 所示。

图 4.1　实验箱整体外观图

图 4.2 实验箱上层实物图

4.1.1 主要参数

SP-WSNCE15A 综合平台可用于无线传感器网络、物联网等方面的教学开发设计，其主要产品参数如下。

① 设备结构为箱式，分两层，上层为传感器节点及嵌入式网关等，下层用于收纳仿真器、传感器、下载器、电池盒、备用节点等配件。箱体采用模块化设计，主板标配 12 个可拔插的传感器节点，节点插在箱子上便于教学使用，节点与主板分离后便于科研使用。

② 采用 220 V 交流电源给箱体供电，箱体内部采用衡孚开关电源给节点供电，供电稳定性较好。箱体预留 12 个以上节点插槽，并可以直接给节点供电。箱体预留网关插槽，并可以直接给网关供电。配置若干电池盒以供节点与箱体分离时供电使用。

③ 标准配置 ZigBee 核心板 12 块，并可与主板分离单独使用。

④ 具有 USB 接口的调试器 1 个。

⑤ 标准配置含有 1 个路由器、1 个协调器、1 个控制节点和 9 个传感器节点。

⑥ 标准配置的传感器节点种类主要包括语音识别传感器节点、温湿度传感器节点、雨滴传感器节点、烟雾传感器节点、气体传感器节点、红外测距节点、热释红外传感器节点、光照度传感器节点、火焰传感器节点等。

⑦ 嵌入式网关。SAMSING Cortex A8,主频 1GHz,7inTFT 真彩 LCD；内存：SDRAM 1G Byte，Flash 1G Byte。

4.1.2 一键还原

凌阳 SP-WSNCE15A 的综合教学开发设计平台具有一个特色功能，就是“一键还原”功能。“一键还原”使用户能够很方便地对每台实验箱上的每个节点进行程序还原为出厂状态，单个节点程序还原时间不超过 7.5s。

凌阳 SP-WSNCE15A 的“一键还原”功能在不需要调试器的情况下，能够将实验箱上的所有节点的程序还原到出厂状态，能够给节点设置 IEEE 地址及 PAN ID，能够给任意节点烧写实验箱内置的任意程序，还能够在不插拔调试器的情况下通过 LCD 控制被调试的节点。

下面将按基础性实验、提高性实验和研创性实验分别对其进行详细介绍，本章先介绍基础性实验。

4.2 软件平台搭建实验

4.2.1 实验目的

① 了解IAR集成开发环境的安装。
② 掌握在IAR环境下程序的编辑、编译以及调试的方法。

4.2.2 实验器材

① 装有IAR开发环境的PC机1台。
② 物联网开发设计平台所配备的基础实验套件1套。
③ 下载器1个。

4.2.3 预习要求

① 初步熟悉IAR开发环境的安装、工程的建立。
② 了解在IAR开发环境下的程序编写、编译和调试等过程。

4.2.4 实验要求

① 熟悉IAR开发环境。
② 在IAR开发环境下编写、编译、调试一个例程。
③ 实验现象：节点扩展板上的发光二极管D9被点亮。

4.2.5 实验原理

IAR System是全球领先的嵌入式系统开发工具和服务供应商，能够为嵌入式系统设计、开发和测试的每一个阶段都提供产品和服务，其中包括带有C/C++编译器和调试器的集成开发环境（IDE）、实时操作系统和中间件、开发套件、硬件仿真器以及状态机建模工具。

图4.3 CC2530节点硬件实物图

图4.3给出了CC2530的节点实物图，在掌握了IAR开发ZigBee代码的基本流程以后，就可以将代码下载到CC2530节点中观察现象。

图4.4是ZigBee节点主要硬件结构实物图，本实验将通过图中标识的通信指示LED来观察实验现象。

实验过程中，ZigBee节点通过JTAG下载接口来烧写程序，图 4.5 是本实验箱配套的调试器（也叫下载器）实物图，从左往右依次为 10pin 排线、USB A-B 延长线和调试器。

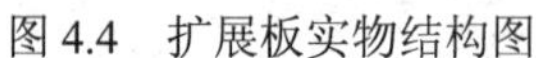

图 4.4 扩展板实物结构图

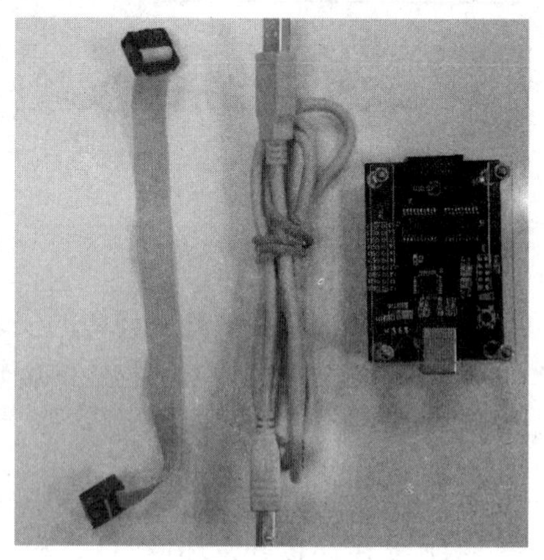

图 4.5 实验箱配套的调试器

4.2.6 实验内容与方法

① 安装 IAR。IAR 开发环境可从 IAR 开发环境官方网站（www.IAR.com）下载，完成安装。

② 打开 IAR 开发环境，安装完成后 PC 桌面上将会出现图标。双击该图标打开 IAR 环境，打开后的界面如图 4.6 所示。

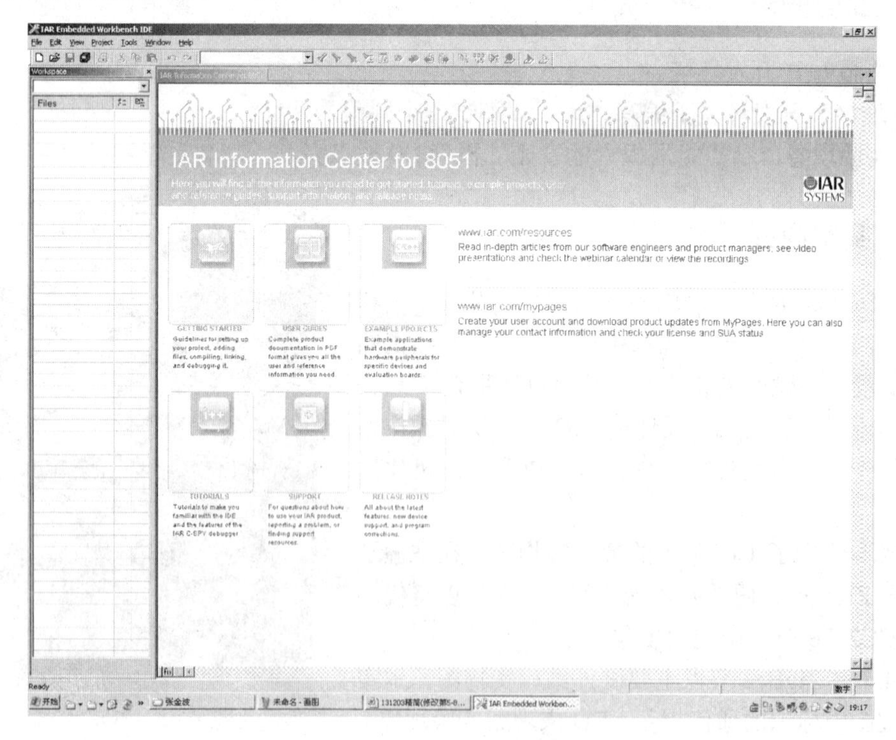

图 4.6 打开 IAR 后的界面

③ 建立一个新的工程

a．在“Project”下拉菜单里点击“Creat New Project”，如图4.7所示。

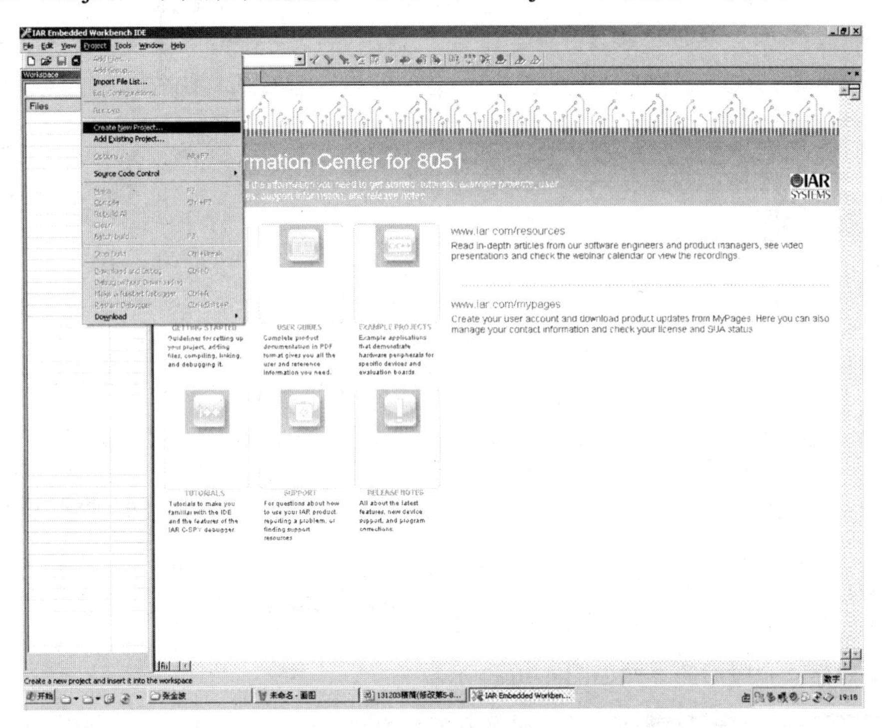

图4.7 新建工程或者文件

b．出现一个对话框，在对话框中选择Empty Project，如图4.8所示。

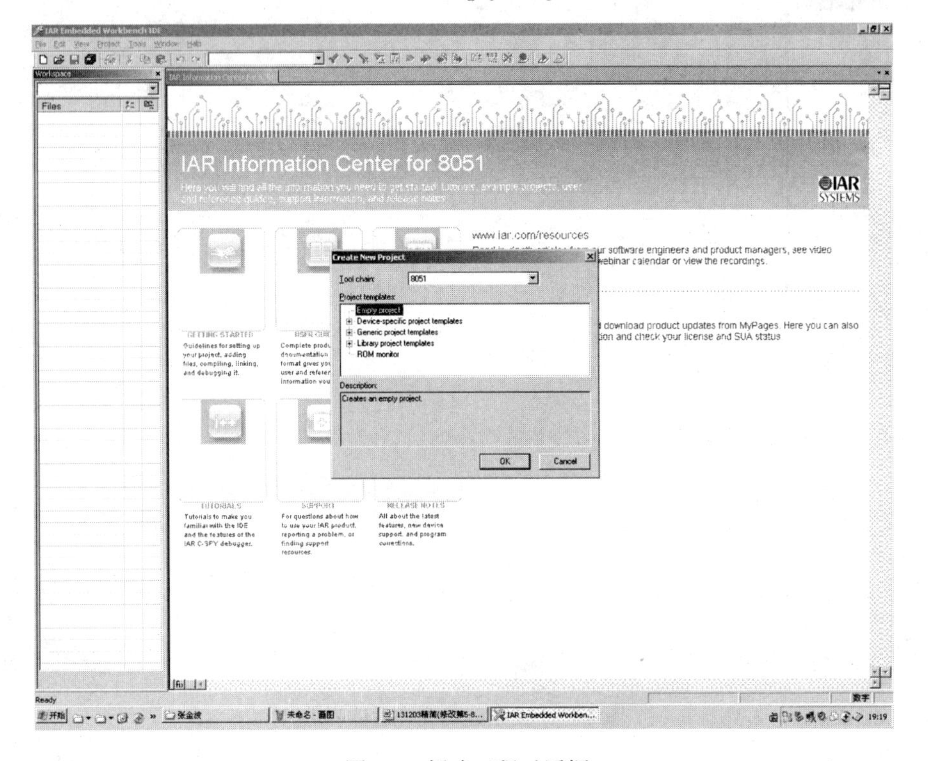

图4.8 新建工程对话框

c．点击“OK”，就会看到图 4.9 所示的界面，在“文件名”处键入新建工程的名字：CC2530Project，然后选择工程所保存的路径，点击“保存”，工程就建立完成了。

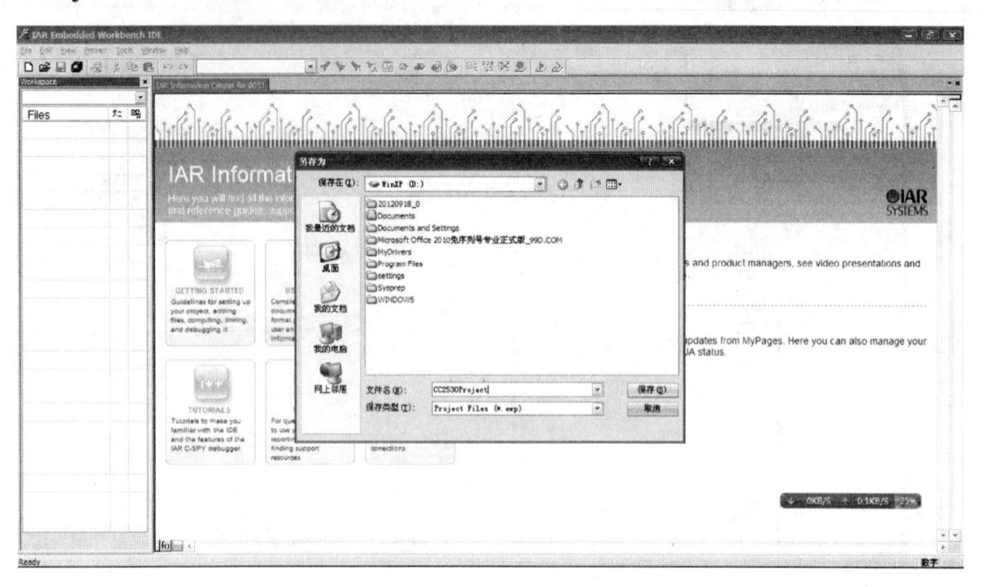

图 4.9　新工程保存路径及名称界面

d．工程建立完成后的界面如图 4.10 所示。

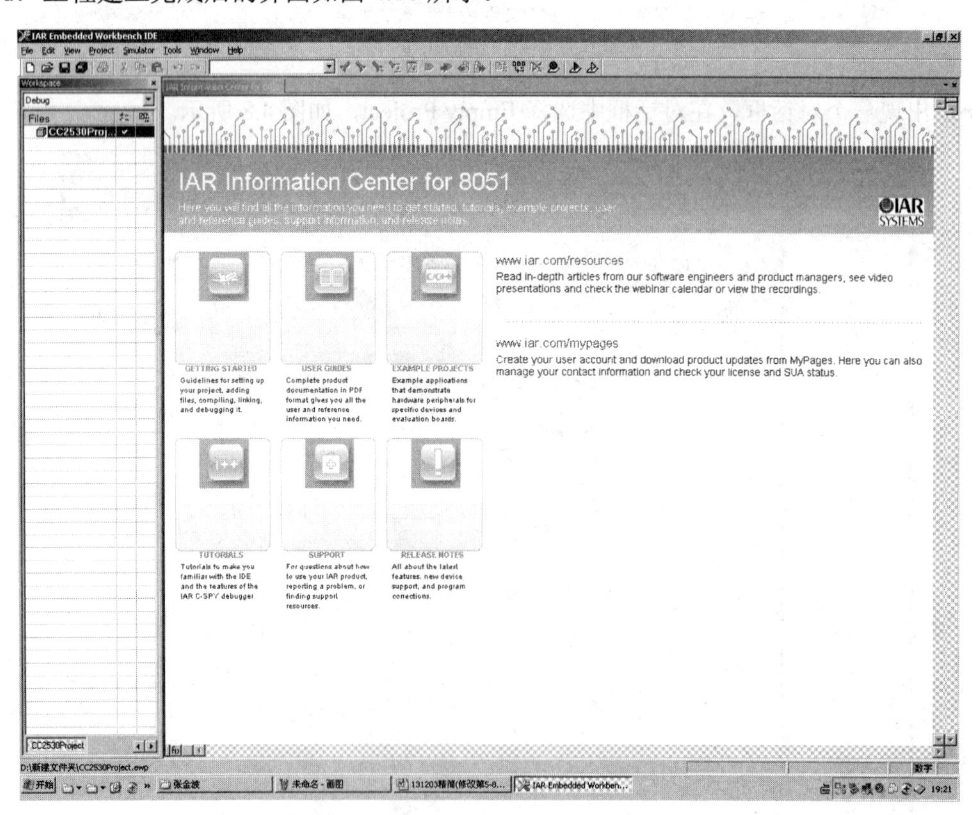

图 4.10　工程建立完成后的界面

④ 新建文件

a．建立新的 xx.c 文件。在工程界面下点击“File”，然后选择“New”，在“New”的下拉框中单击“File”，如图 4.11 所示。

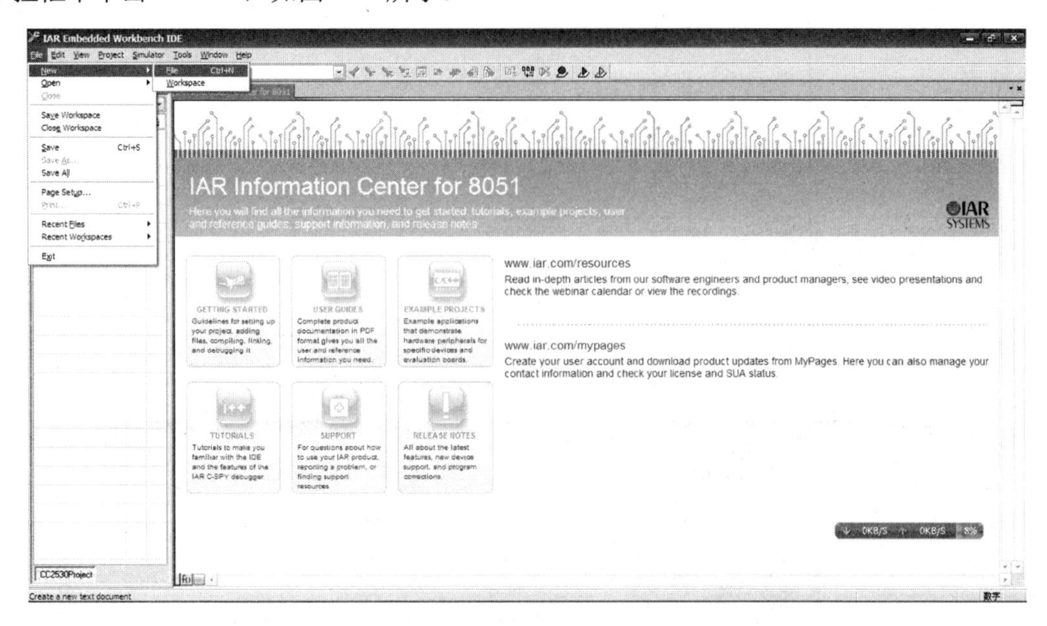

图 4.11 新文件建立对话框

b．新建的文件为空白，如图 4.12 所示。

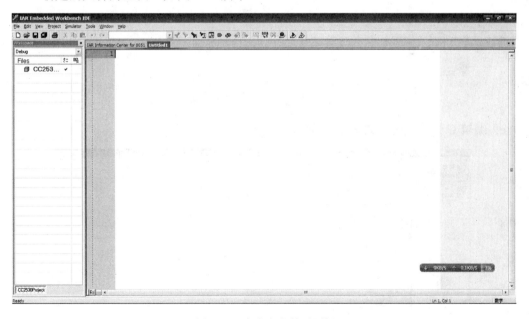

图 4.12 未命名文件对话框

c．点击图 4.13 左上角保存按钮，保存文件并为文件命名。

d．在“文件名”处键入文件名：main.c，然后把文件保存在工程文件路径下，就完成了文件的建立，如图 4.14 所示。

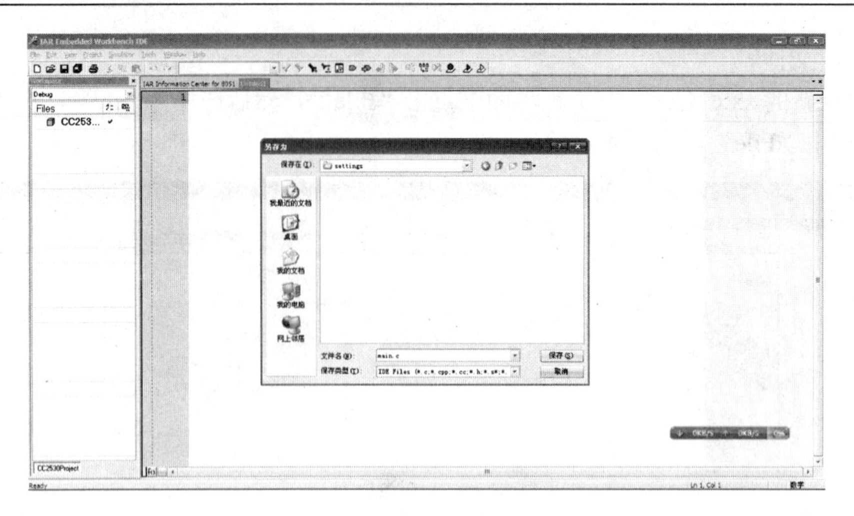

图 4.13　文件命名及保存对话框

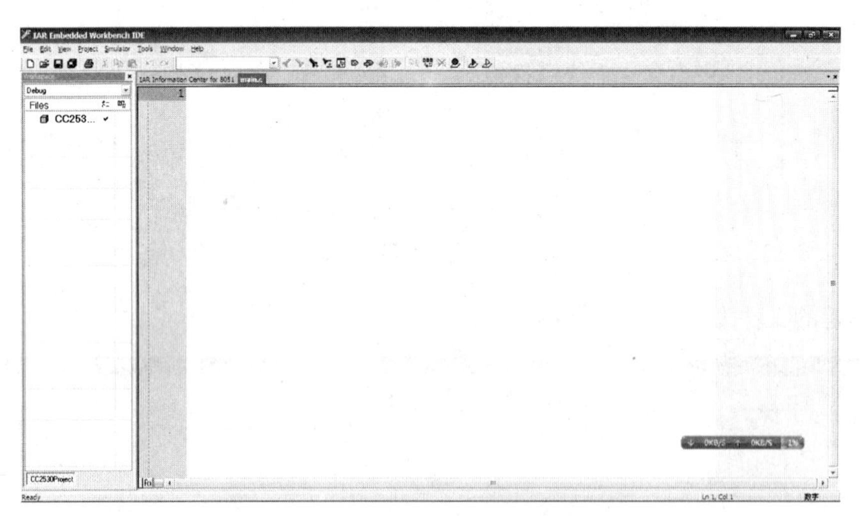

图 4.14　文件建立成功对话框

e．编辑 C 语言代码，如图 4.15 所示。

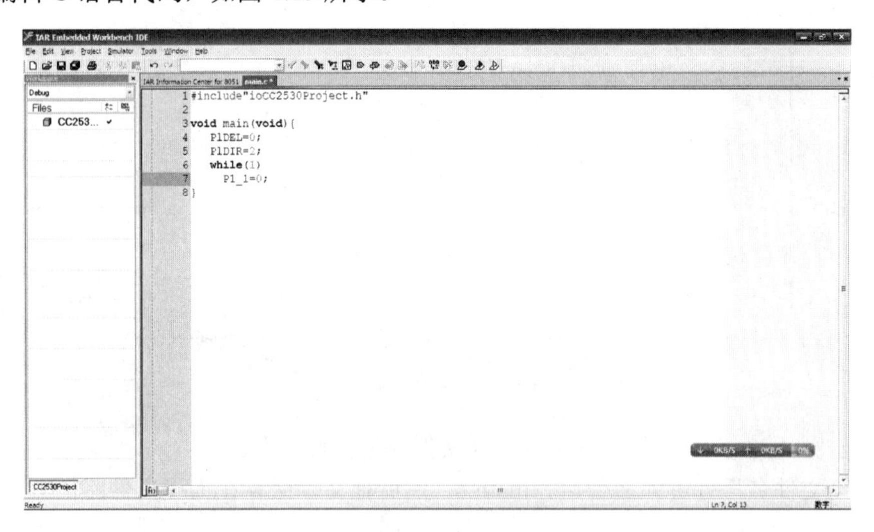

图 4.15　语言代码编辑对话框

⑤ 添加文件到工程中

a．新建保存后的文件并不属于工程里，需要自己动手添加。把 main.c 文件添加到工程中，如图 4.16 所示。

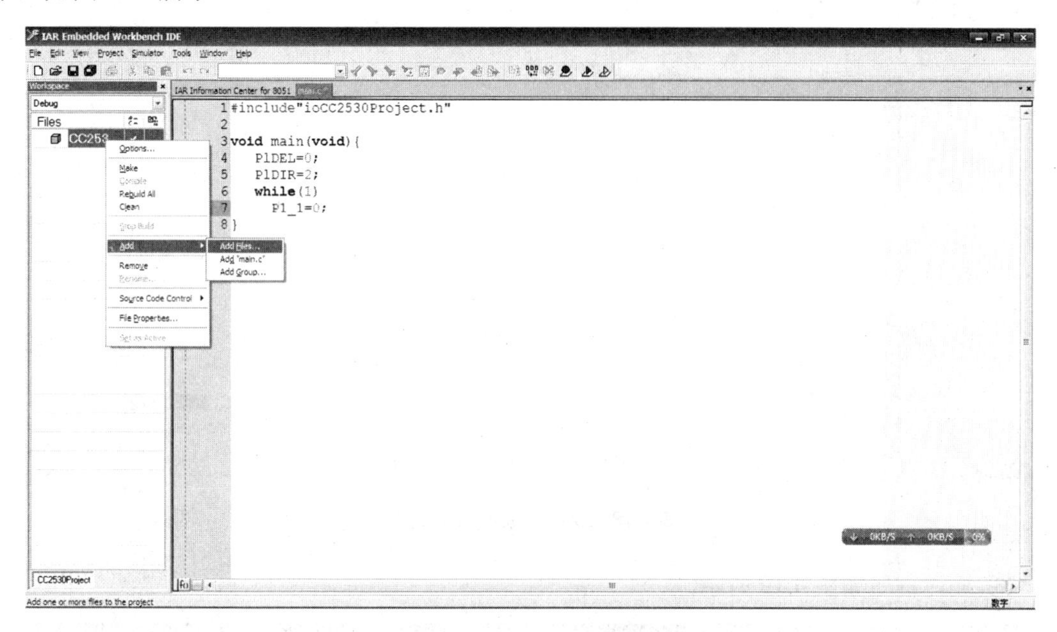

图 4.16　在工程中添加文件对话框

b．右键单击工程文件名，在弹出的对话框中单击“Add Files”，便会弹出图 4.17 所示对话框。

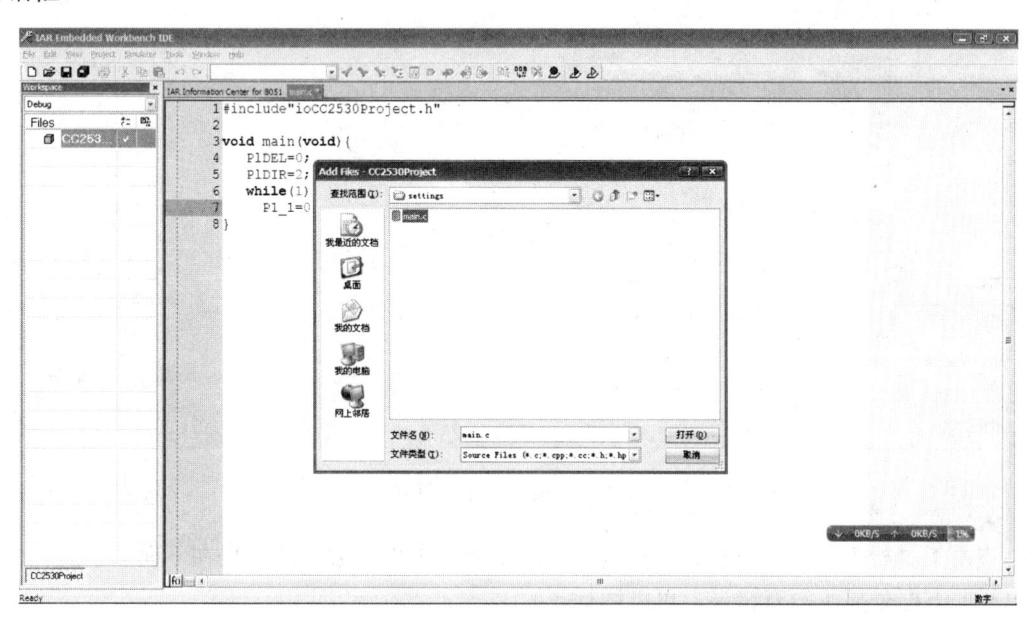

图 4.17　打开文件对话框

c．在图 4.17 所示的对话框中双击“main.c”文件，便完成了文件的添加工作，如图 4.18 所示。

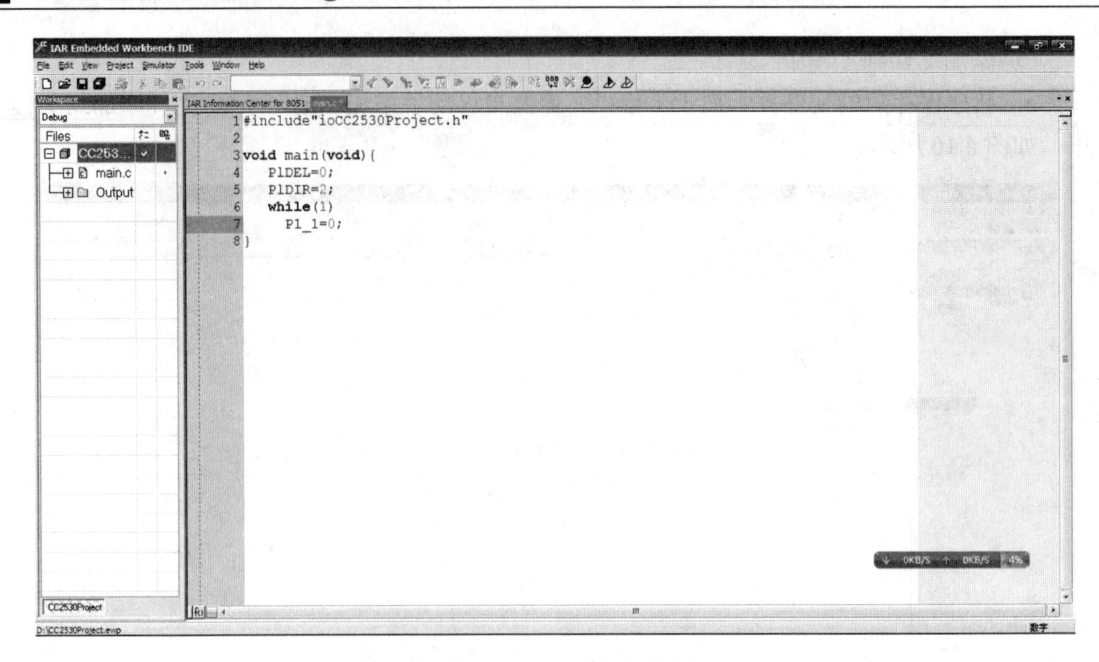

图 4.18 文件添加成功对话框

⑥ 编译程序如图 4.19 所示。

图 4.19 编译程序对话框

点击工具栏中右上角方框处的按键便启动了编译工作，编译的结果在下面的信息栏中。信息栏的方框处显示没有错误，可以运行。

⑦ 下载调试程序如图 4.20 所示。单击右上角方框处的按键便执行程序下载，同时进入程序调试界面，如图 4.21 所示。

如图 4.22 在调试对话框中单击“View”，在弹出的下拉菜单中单击“Watch”选项，便会出现一个观察窗口，如图 4.23 所示。

```
IAR Embedded Workbench IDE
File Edit View Project Simulator Tools Window Help
Debug
Files
CC25
mai...
Out...
 1 #include <ioCC2530.h>
 2
 3 void main(void)
 4 {
 5   P1SEL &= ~0X02;      //通用IO口功能
 6   P1DIR |= 0X02;       //输出
 7   while(1)
 8   {
 9     P1_1 = 0;          //输出低电平。
10   }
11 }
CC2530Project
Messages                                   File
main.c
Done. 0 error(s), 0 warning(s)
Build  Debug Log
Ready                                      Errors 0, Warnings 0
```

图 4.20　启动下载调试对话框

```
IAR Embedded Workbench IDE
File Edit View Project Debug Simulator Tools Window Help
Debug
Files
CC2530...
main.c
Output
 1 #include <ioCC2530.h>
 2
 3 void main(void)
 4 {
 5   P1SEL &= ~0X02;      //通用IO口功能
 6   P1DIR |= 0X02;       //输出
 7   while(1)
 8   {
 9     P1_1 = 0;          //输出低电平。
10   }
11 }
Go to
main:
000023  53 F
P1DIR |= 0X
000026  43 FE
P1_1 = 0;
000029  C2 91
00002B  80 FC
00002D  00
00002E  00
00002F  00
000030  00
000031  00
000032  00
000033  00
000034  00
000035  00
000036  00
000037  00
000038  00
000039  00
00003A  00
CC2530Project
Log
Sat Dec 14 19:46:53 2013: Download complete.
Sat Dec 14 19:46:53 2013: Loaded debugee: D:\Documents\Desktop\备份\CC2530_BasicExp(With Portocol)\CC2530BasicExp1_1\Debug\Exe\CC2530Project.d51
Sat Dec 14 19:46:53 2013: Target reset
Debug Log  Build
Ready                                      Ln 5, Col 3
```

图 4.21　调试对话框

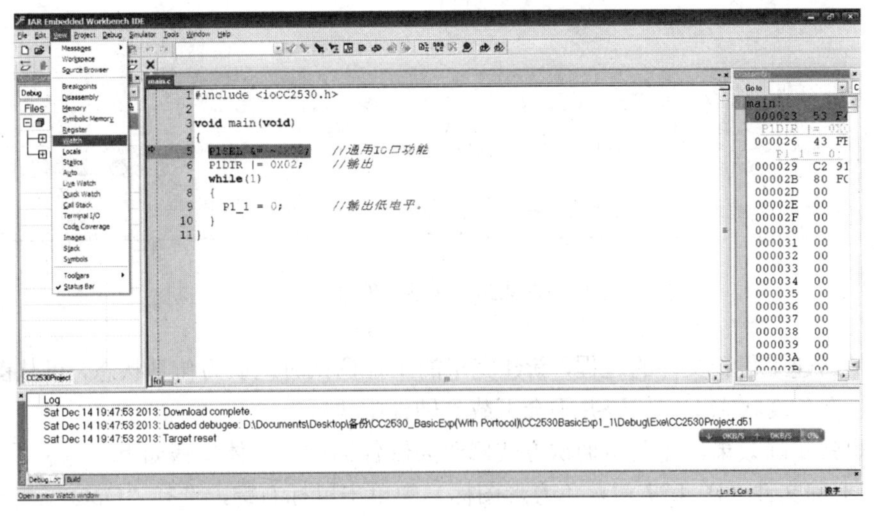

图 4.22　调出观察窗口

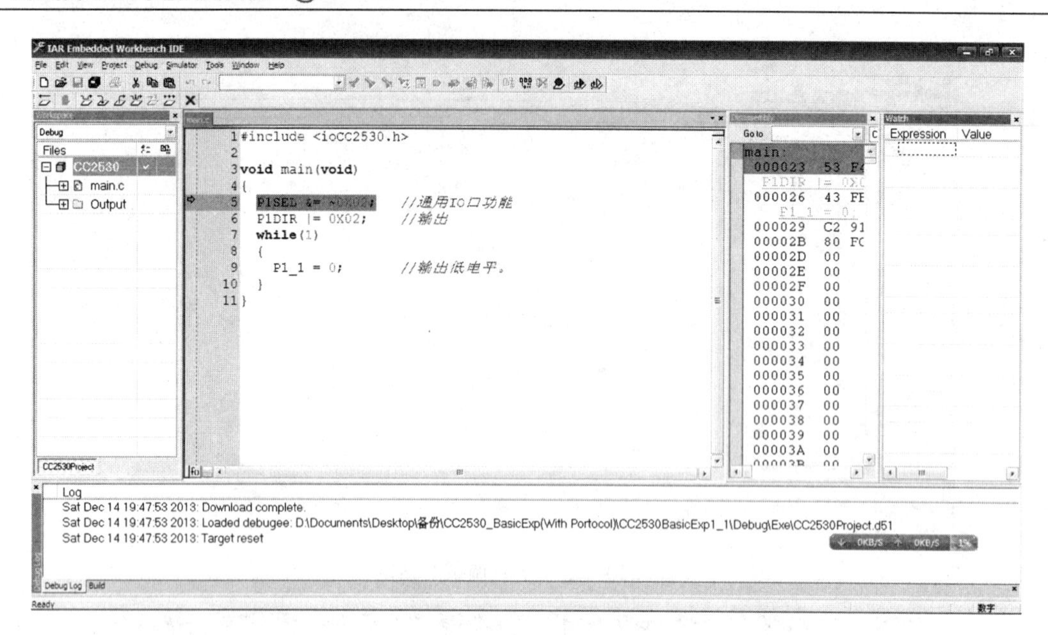

图 4.23　观察窗口打开界面

将需要观察的对象（变量名、寄存器名）填写到观察窗口中的“Expression”下，如图 4.24 所示。然后单击单步运行键，观察它们的变化，如图 4.25 所示。

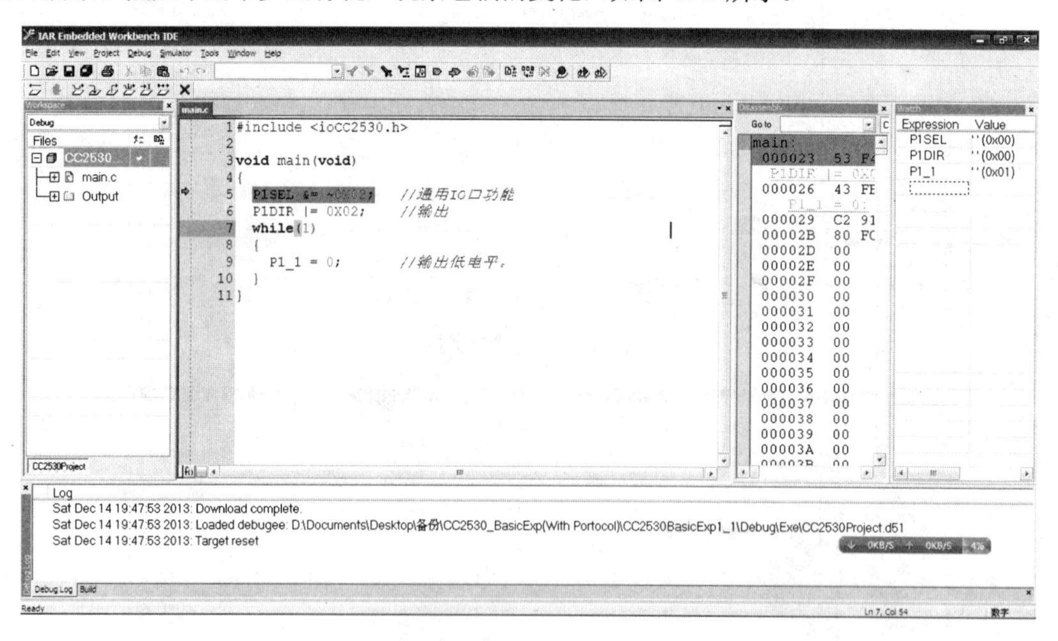

图 4.24　观察对象值

上述是新建工程和文件的过程，新建完毕的工程调试时默认为仿真状态，可从图 4.26 所示判断出。在仿真状态下，代码并不会下载到硬件中执行。

为了观察实际效果，需要将调试方式修改为硬件调试。具体步骤如下。

a．在工程文件（图 4.27 浅蓝色方形图标）中单击鼠标右键，选择“Options”。

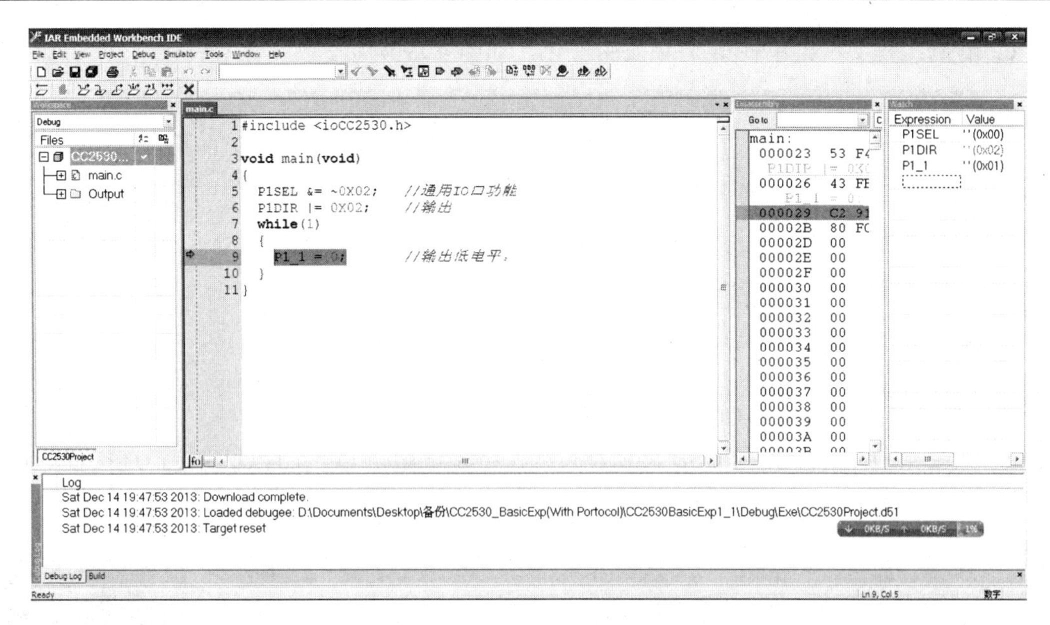

图 4.25　程序调试对话框

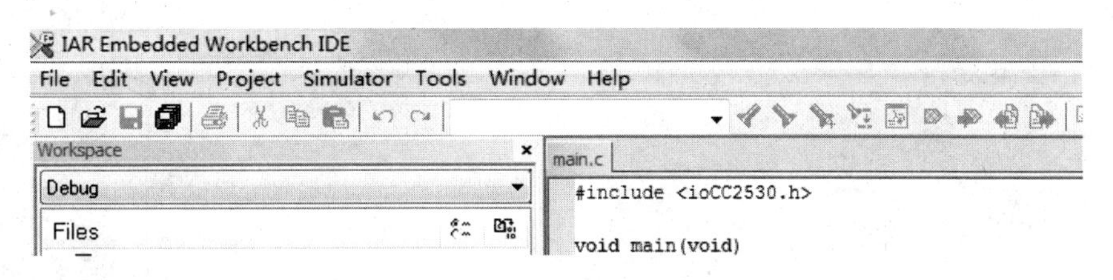

图 4.26　新建工程默认仿真状态

b．在弹出的对话框 Debugger 选项中如图 4.28 所示选择“Texas Instruments”项，然后点击“OK”。

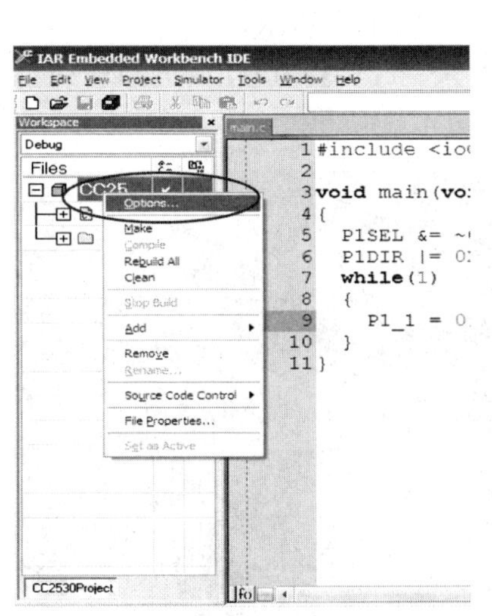

图 4.27　从仿真切换到硬件调试 1

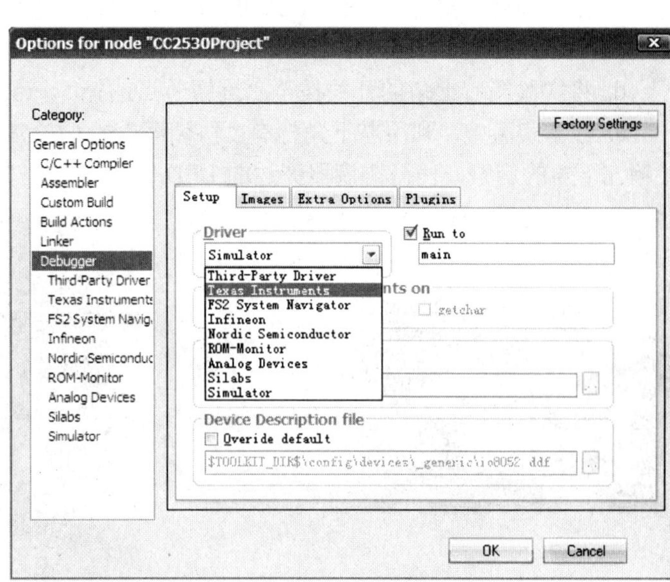

图 4.28　从仿真切换到硬件调试 2

c．看到工程文件菜单栏第 5 项发生变化，如图 4.29 所示。

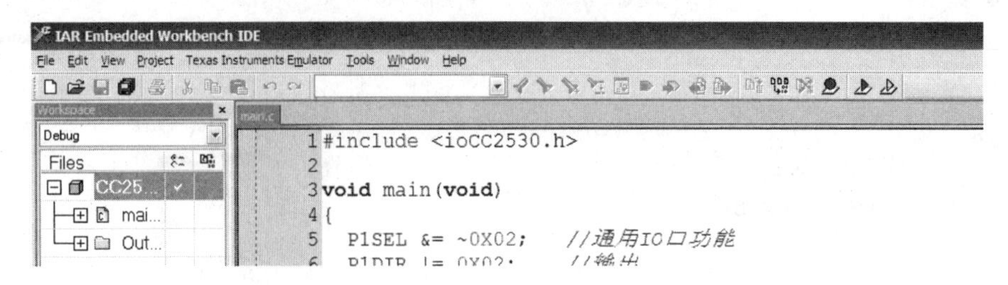

图 4.29　硬件调试状态

接下来需要将被调试的 CC2530 节点通过调试器与 PC 相连。

a. 如图 4.30 所示，使用 USB A-B 延长线，将调试器与 PC 机的 USB 接口连接在一起。

b. 将调试器的另外一端 10pin 排线连接到实验箱左下角的调试接口，如图 4.31 所示。

图 4.30　调试器与 PC 机的连接

图 4.31　调试器与实验箱的连接

c. 在实验箱上共有 12 个 CC2530 节点，通常情况下，需要选择其中一个节点作为被调试节点。

d. 将实验箱右上角的开关拨至“旋钮节点选择”一侧，如图 4.32 所示。

e. 在本实验中，利用左下角标有“协调器”的 CC2530 来完成实验内容，则可以转动实验箱左下角的旋钮，使得协调器旁边的 LED 灯被点亮，如图 4.33 所示。

图 4.32　选择节点调试控制模式

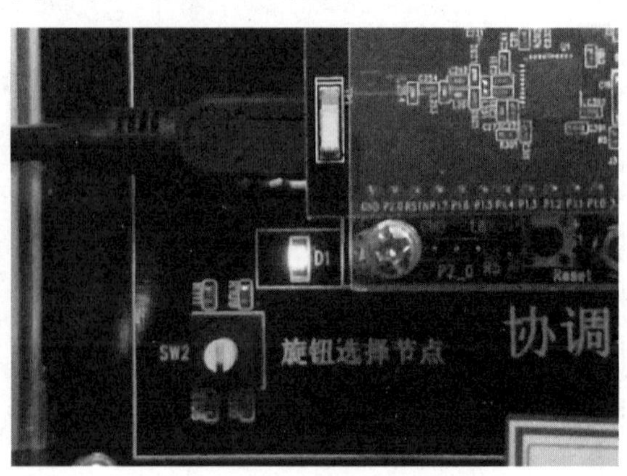

图 4.33　调整调试节点

再次点击图 4.34 所示的下载图标（此时为硬件调试状态），便可将编译好的代码下载到 CC2530 中。

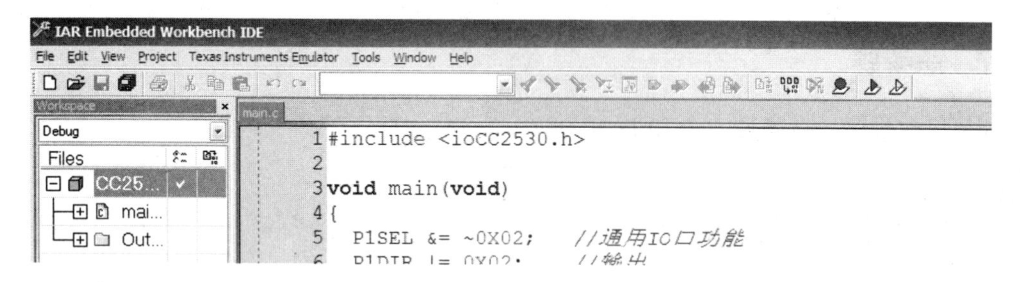

图 4.34　下载代码图标

等待下载成功后，出现如图 4.35 所示的界面，点击全速运行，看到图 4.36 所示的标号为 8 的 LED D9 被点亮。

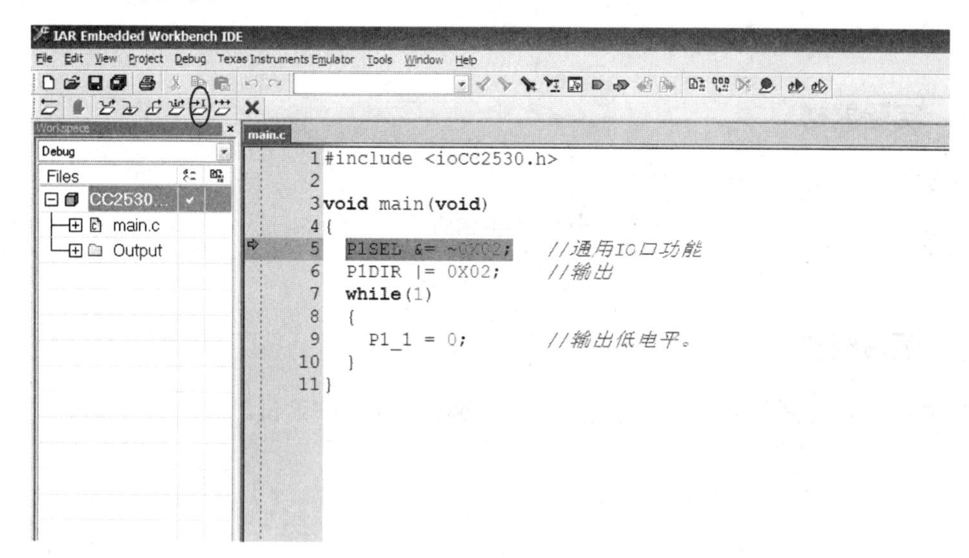

图 4.35　硬件调试说明

图 4.36　扩展板实物结构图

到此已经熟悉了 IAR 开发环境的安装、工程的建立以及程序的编写、编译和调试等过程。

4.2.7 思考题

如何修改程序，点亮另一个 LED 灯 D8？

4.3 I/O 端口输入实验

4.3.1 实验目的

① 掌握 CC2530 单片机 C 语言编程方法。
② 掌握 P0 口作为通用输入口的使用方法。

4.3.2 实验器材

① 装有 IAR 开发环境的 PC 机 1 台。
② 物联网开发设计平台所配备的基础实验套件 1 套。
③ 下载器 1 个。

4.3.3 预习要求

① 熟练使用 IAR 开发环境下的程序编写、编译、下载和调试。
② 掌握 C 语言编程方法。
③ 了解和使用物联网基础实验箱。

4.3.4 实验要求

① 编程要求　编写一段 C 语言程序。
② 实现功能　按下按键点亮一个发光二极管。
③ 实验现象　按下基础实验板上的 key1 键，发光二极管 D1 亮；再次按下 key1 键，D1 灭。

4.3.5 实验原理

CC2530 和其他单片机一样，也可以通过自身带有的 I/O 口获取输入状态。在本实验中，将通过检测图 4.37 中所示的基础实验板上的按键 Key1（右起第一个按键）的输入状态，并根据检测结果控制 LED 灯 D1（左边最后一个 LED） 的亮和灭变化来观察实验现象。

图 4.38 给出了基础实验板上按键部分的电路原理图。图中所示的 P0_3～P0_6 为单片机 P0 端口的 3～6 号引脚。在本次实验中，只需要检测 P0_5 的输入状态，然后控制 D1 的亮和灭即可。

图 4.37　基础实验板

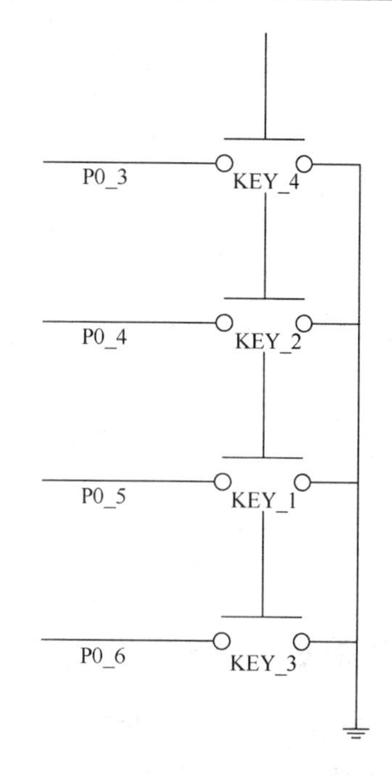

图 4.38　I/O 端口输入实验硬件连接图

CC2530 的 P0 口的输入方式是通过 P0DIR、P0SEL、P0INP 和 P2INP 等 4 个 8 位寄存器组合控制的，其中 P2INP 的高三位控制 I/O 端口的输入模式（上拉、下拉和三态）。当 P0 端口工作在输入模式下时，P0 为信号输入端，采集外界的高低电平信号。I/O 端口输入模式组合控制设置如表 4.1 所示。

表 4.1　I/O 端口的组合控制设置

P0INP	P0DIR	P0SEL	P2INP（第五位）	功　能
0	0	0	0	上拉输入
0	0	0	1	下拉输入
1	0	0	X	三态输入

表中，P0INP 取值为 0 表示上/下拉输入，取值为 1 表示三态输入；P0DIR 取值为 0，表示 I/O 端口为输入模式；P0SEL 取值为 0，表示 I/O 端口为通用 I/O 口；P2INP 的第 5 位取值为 0 表示 P0 口为上拉输入，取值为 1 表示下拉输入。

本实验中设置 P0 口为上拉输入模式，如表 4.2 所示。

表 4.2　设置 P0 口为上拉输入模式

	7	6	5	4	3	2	1	0
P0INP	0	0	0	0	0	0	0	0
P0DIR	0	0	0	0	0	0	0	0
P0SEl	0	0	0	0	0	0	0	0
P2INP	0	0	0	0	0	0	0	0

程序流程图如图 4.39 所示。

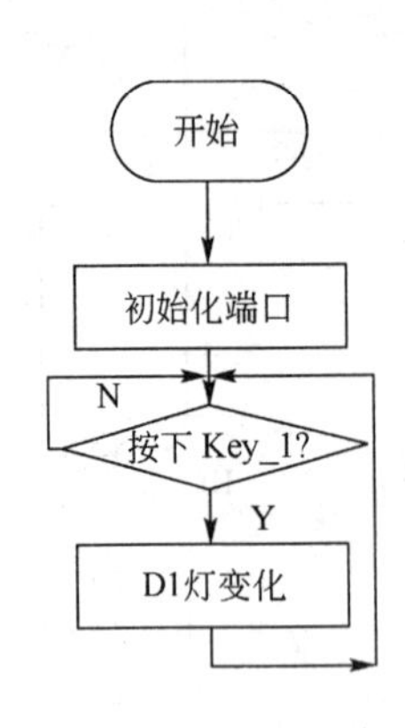

图 4.39 I/O 输入检测程序流程图

图 4.40 将基础实验板连接至协调器节点

4.3.6 实验内容与方法

在本实验中，使用实验箱上标有“协调器”的节点配合基础实验板来观察现象。

① 确保协调器节点的底板上的 J10 供电选择跳线帽连接到 3.3V。

② 将基础实验板插接到协调器节点的转接板接口上，如图 4.40 所示。

③ 将调试器一端使用 USB A-B 延长线连接至 PC 的 USB 接口，另一端的 10pin 排线连接到实验箱左下角的调试接口，如图 4.31 所示。

④ 将实验箱右上角的开关拨至“旋钮节点选择”一侧，如图 4.32 所示。

⑤ 转动实验箱左下角的旋钮，使得协调器旁边的 LED 灯被点亮，如图 4.33 所示。

⑥ 打开本实验工程文件。

⑦ 点击工具栏中的“Make”按钮，编译工程，如图 4.41 所示。

⑧ 等待工程编译完成，确保编译没有错误，如图 4.42 所示。

图 4.41 编译工程

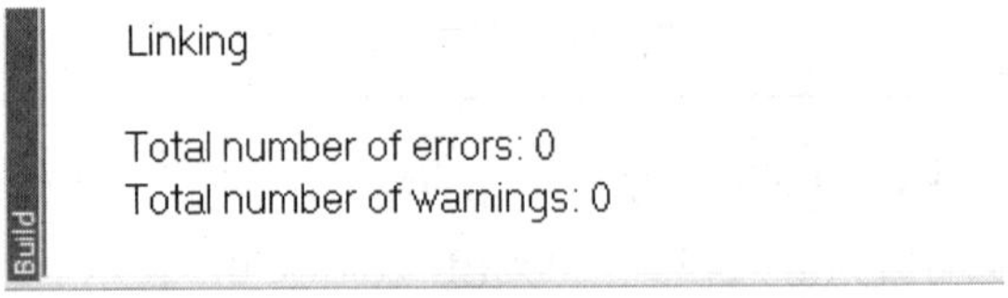

Linking

Total number of errors: 0
Total number of warnings: 0

Build

图 4.42 编译完成

⑨ 在工程目录结构树中的工程名称上点击鼠标右键，选择“Options”，并在弹出的对话框中选择左侧的“Debugger”，在右侧的“Driver”列表中选择“Texas Instruments”，如图 4.43 所示。

⑩ 点击“Download and Debug”按钮，如图 4.44 所示。

⑪ 待程序下载完毕后，点击“Go”按钮，使程序开始运行，如图 4.45 所示。

⑫ 在全速运行状态下，按基础实验板上的按键 Key_1（左起第一个按键），看到每按一次，板上的 D1（右边最后一个 LED）亮灭变化一次。

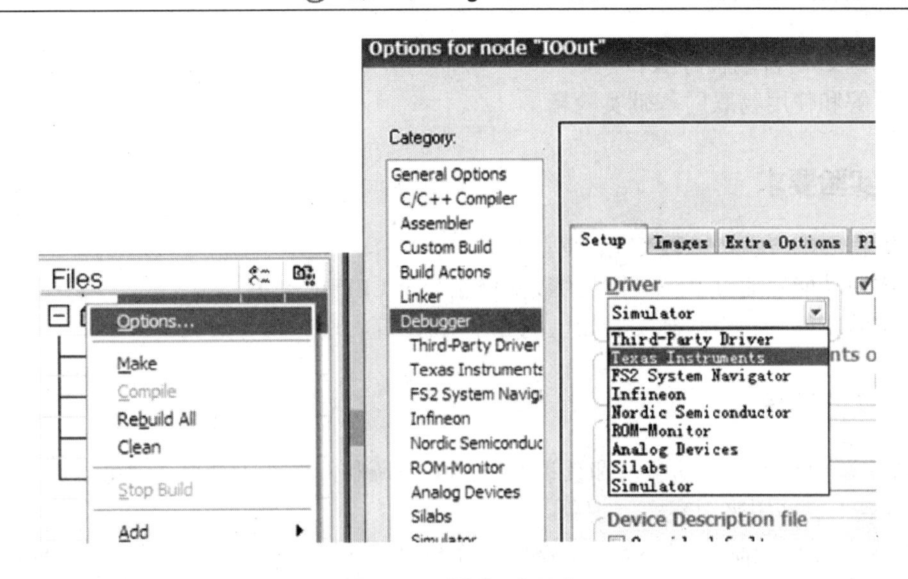

图 4.43　选择调试驱动

图 4.44　下载并进入调试状态

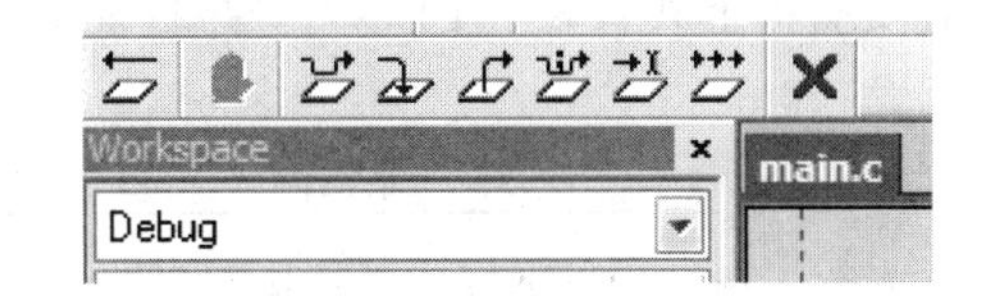

图 4.45　运行程序

4.3.7　思考题

如何修改程序，通过按键 Key_1 来选择 D1 和 D2 两灯的亮灭情况？

4.4　I/O 端口输出实验

4.4.1　实验目的

① 掌握 CC2530 单片机 C 语言编程方法。
② 掌握 P1 口作为通用输出口的使用方法。

4.4.2　实验器材

① 装有 IAR 开发环境的 PC 机 1 台。
② 物联网开发设计平台所配备的基础实验套件 1 套。
③ 下载器 1 个。

4.4.3　预习要求

① 熟练使用 IAR 开发环境下的程序编写、编译、下载和调试。

② 掌握C语言编程方法。

③ 了解和使用物联网基础实验箱。

4.4.4 实验要求

① 编程要求 编写一段C语言程序。

② 实现功能 通过P1口输出的数据控制8个LED的亮灭。

③ 实验现象 利用基础实验板上的8个LED灯实现流水灯效果。

4.4.5 实验原理

基础实验板是为了帮助学习和认识CC2530 资源和特性而设计的，它可以方便地连接到ZigBee节点上，并用来观察实验现象。

本实验将通过控制CC2530 端口输出，并利用图4.37 所示的基础实验板上的8个LED灯来观察现象。

基础实验板上共有8个LED灯，并且采用共阴极方式进行连接，其电路原理图如图4.46所示。

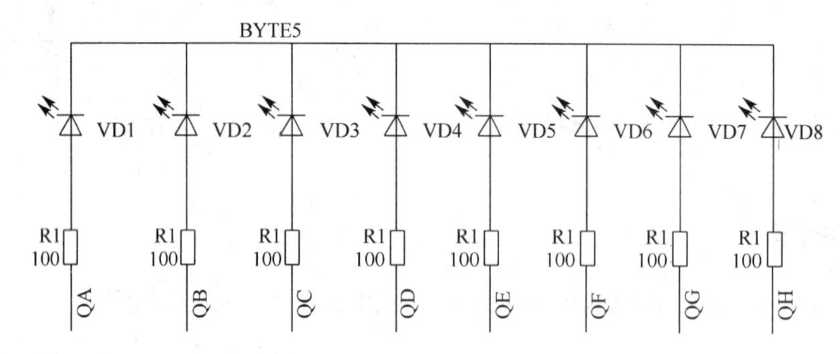

图4.46 LED灯电路原理图

由于CC2530单片机端口驱动能力有限，因此模块中采用了ULN2003芯片作为驱动单元，其电路原理图如图4.47所示。

ULN2003内部含有7个不能输出高电平的反相器。当输入高电平时，输出为低电平，此时它可以吸收500mA的电流，一般用于LED 驱动（详细资料可参考ULN2003数据手册）。

为了节省端口，模块还采用串行输入、并行输出的移位锁存器74HC595，这样就可以实现利用3个I/O口的不同状态组合来控制8个LED灯以及数码管的状态。74HC595的电路原理图如图4.48所示。

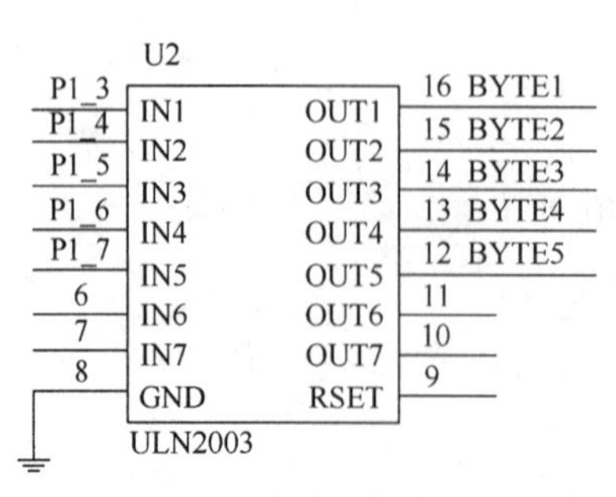

图4.47 ULN2003电路原理图

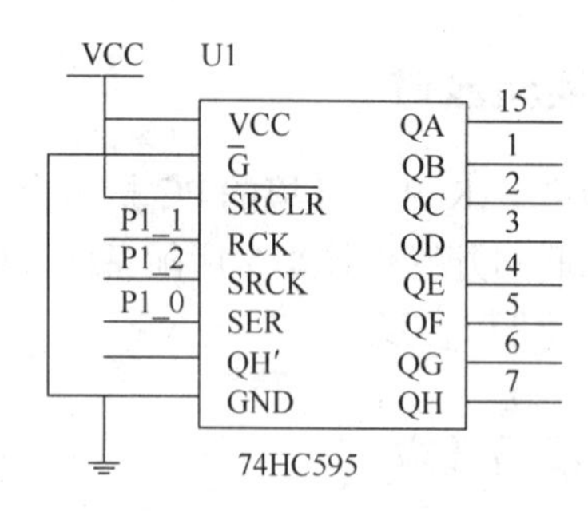

图4.48 74HC595 电路原理图

74HC595 是 8 位输出锁存移位寄存器，数据输入由 3 个引脚组合控制，分别是数据输入引脚 SER、数据输入控制引脚 SRCK 和数据输出锁存引脚 RCK。SER 引脚上的数据在 SRCK 引脚的上升沿信号保存到 QA 引脚，同时 QA 位上的数据移位到 QB 位，QB 位的数据移位到 QC 位，依次类推，所有数据向后串行移动一位，QH 位的数据被送到 QH'位。所有位的数据在 RCK 引脚的上升沿信号被锁存到输出端。74HC595 工作原理见图 4.49。

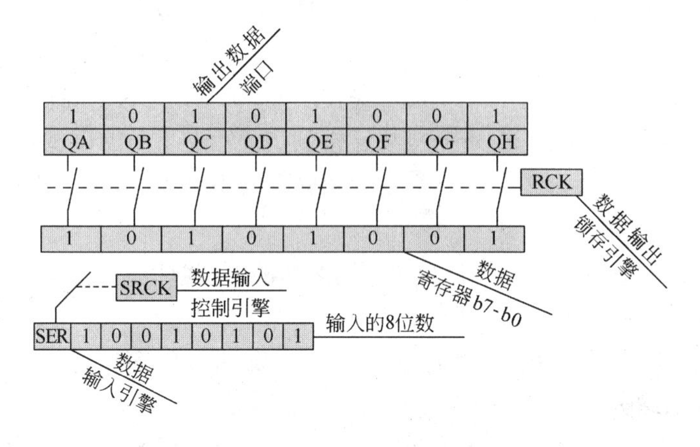

图 4.49　74HC595 工作原理示意图

CC2530 共有 21 个可编程的 I/O 端口，可将它们分为 P0_0~P0_7、 P1_0~P1_7 和 P2_0~P2_4 三个组，其中每一个端口都可以被单独地设置为输入口或者输出口。CC2530 的 I/O 口的输出方式是通过 PxDIR、PxSEL 和 Px（“x”代表 0、1、2，下同）三个 8 位寄存器的不同组合来控制的。其 I/O 端口输出模式组合控制设置如表 4.3 所示。

表 4.3　I/O 端口的组合控制设置

PxDIR	PxSEl	Px	功　能
1	0	0	输出低电平
1	0	1	输出高电平

若表中 PxDIR 取值为 1，表示 I/O 端口为输出模式；PxSEL 取值为 0，表示 I/O 端口为通用 I/O 口；Px 取值为 0，表示输出低电平，取值为 1，表示输出高电平。当 I/OP1_0~P1_7 各 I/O 端口输出高低电平时，设置方法如表 4.4 所示。

表 4.4　I/OP1_0~P1_7 各 I/O 端口输出高低电平

寄存器	B7	B6	B5	B4	B3	B2	B1	B0
P1SEL	0	0	0	0	0	0	0	0
P1DIR	1	1	1	1	1	1	1	1
P1	1	0	1	0	1	0	1	0

根据上述可知，通过利用 CC2530 的 P1_0、P1_1、P1_2、P1_7 这四个端口就可以实现控制 8 个 LED 灯的亮和灭。

程序流程图如图 4.50 所示。

4.4.6 实验内容与方法

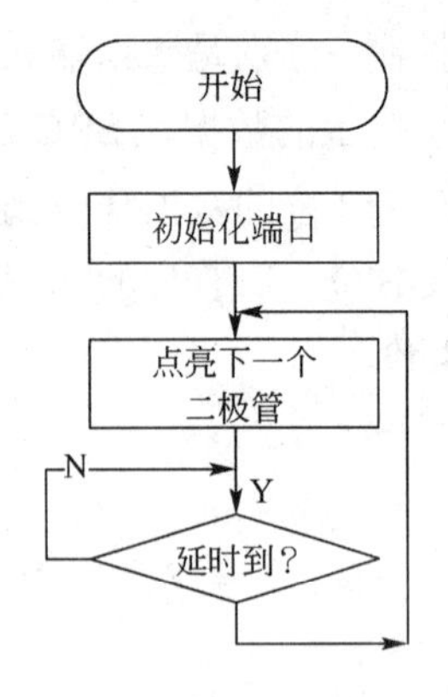

图 4.50 LED 控制流程图

① 在本实验中，使用实验箱上标有“协调器”的节点配合基础实验板来观察现象。首先确保协调器节点的底板上的 J10 供电选择跳线帽连接到 3.3V。

② 将基础实验板插接到协调器节点的转接板接口上，如图 4.40 所示。

③ 将调试器一端使用 USB A-B 延长线连接至 PC 的 USB 接口，另一端的 10pin 排线连接到实验箱左下角的调试接口，如图 4.31 所示。

④ 将实验箱右上角的开关拨至“旋钮节点选择”一侧，如图 4.32 所示。

⑤ 转动实验箱左下角的旋钮，使得协调器旁边的 LED 灯被点亮，如图 4.33 所示。

⑥ 打开本实验工程文件。

⑦ 点击工具栏中的“Make”按钮，编译工程，如图 4.41 所示。

⑧ 等待工程编译完成，确保编译没有错误，如图 4.42 所示。

⑨ 在工程目录结构树中的工程名称上点击鼠标右键，选择“Options”，并在弹出的对话框中选择左侧的“Debugger”，在右侧的“Driver”列表中选择“Texas Instruments”，如图 4.43 所示。

⑩ 点击“Download and Debug”按钮，如图 4.44 所示。

⑪ 待程序下载完毕后，点击“Go”按钮，使程序开始运行，如图 4.45 所示。

⑫ 观察全速运行状态下基础实验板上 8 个 LED 灯的变化。

4.4.7 思考题

如何修改程序使其中 4 个 LED 灯轮流点亮?

4.5 传感器节点之间的串口通信实验

4.5.1 实验目的

① 理解串口通信原理。

② 掌握 CC2530 单片机串口 0 的使用方法。

4.5.2 实验器材

① 装有 IAR 开发环境的 PC 机 1 台。

② 物联网开发设计平台所配备的基础实验套件 1 套。

③ 下载器 1 个。

4.5.3 预习要求

① 读懂串口通信实验流程图，并了解原理。

② 认识物联网基础实验箱的协调器和路由器。

4.5.4 实验要求

① 编程要求　编写一段C语言程序。

② 实现功能　两个节点之间通过串口进行通信，发送节点使用串口发送数据，接收节点收到数据后根据数据的不同，点亮底板上的LED灯。

③ 实验现象　接收节点根据发送节点发送的内容改变自己扩展板上 LED D9 的亮灭状态。

4.5.5 实验原理

本实验选用两个CC2530节点，其中一个作为串口发送节点，另一个作为串口接收节点。发送节点周期性地发送字符“0”和“1”，接收节点根据串口接收到的内容控制自己扩展板上的LED D9的亮灭。

节点扩展板上的UART0调试接口如图4.51标记所示，其中“G T R”分别代表“GND Tx Rx”。

图4.51　扩展板实物结构图

双机串口通信采用交叉连接方式，硬件连接如图4.52示。

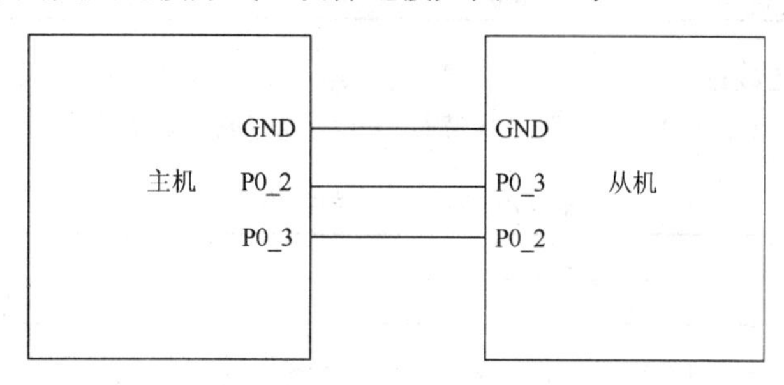

图4.52　双机串口通信硬件连接示意图

CC2530 单片机共有两个串行通信接口 USART0 和 USART1。两个串口既可以工作在 UART（异步通信）模式，又可以工作在 SPI（同步通信）模式，模式的选择由串口控制/状态寄存器的 U0CSR.MODE 决定，如表 4.5 所示。

表 4.5 串口控制/状态寄存器

位	名　称	复　位	读/写	描　述
7	MODE	0	R/W	USART 模式选择 0 SPI 模式 1 UART 模式
6	RE	0	R/W	UART 接收数据使能 0 禁止接收 1 允许接收
5~3	—	—	—	这三位为 SPI 控制位，这里不做介绍
2	RX_BYTE	0	R/W0	接收状态标记位 0 没有收到数据 1 收到数据
1	TX_BYTE	0	R/W0	发送状态标记位 0 没有发送数据 1 发送数据的最后一个字节已送入发送数据缓冲区
0	ACTIVE	0	R	USART 发送接收活动状态标记位 0 USART 空闲 1 USART 繁忙

下面需要设置波特率。就像两个人进行沟通，为了顺利地表达彼此的想法，必须使用对方能听懂的语言。在此，要完成通信波特率的设置，这样才能保证串口通信的同步性。串口通信波特率的设置由寄存器 U0GCR 和 U0BAUD 来完成，如表 4.6 和表 4.7 所示。

表 4.6 U0GCR 寄存器

位	名　称	复　位	读/写	描　述
7～6	—	—	—	—
5	ORDER	0	R/W	发送/接收数据位顺序 0 低位优先 1 高位优先
4~0	BAUD_E[4:0]	0x00	R/W	波特率指数值。BAUD_E 和 BAUD_M 共同决定 UART 通信的波特率和 SPI 通信中主机的始终频率

表 4.7 U0BAUD 寄存器

位	名　称	复　位	读/写	描　述
7:0	BAUD_M[7:0]	0x00	R/W	波特率的数值

节点接收和发送数据由寄存器 U0BUF 来完成。当对 U0BUF 寄存器进行写操作时，实现发送数据功能；当对 U0BUF 寄存器进行读操作时，实现接收功能。如表 4.8 所示。

表 4.8 接收/发送数据寄存器

位	名　称	复　位	读/写	描　述
7:0	DATA[7:0]	0x00	R/W	串口接收和发送数据

此外，需要根据中断标记位来判断数据是否发送完成或是否有数据要接收，如表 4.9 和

表 4.10 所示。

表 4.9　串口控制寄存器

位	名　称	复　位	读/写	描　述
7～2	—	—	—	—
1	UTX0IF	0	R/W	串口发送数据中断标记位： 0 没有数据发送或者发送数据没有完成 1 数据发送完成
0	—	—	—	—

表 4.10　发送/接收数据中断标记

位	名　称	复　位	读/写	描　述
7～2	—	—	—	—
1	UTX0IF	0	R/W	串口接收数据中断标记位： 0 没有收到数据 1 收到数据
0	—	—	—	—

程序流程图如图 4.53 所示。

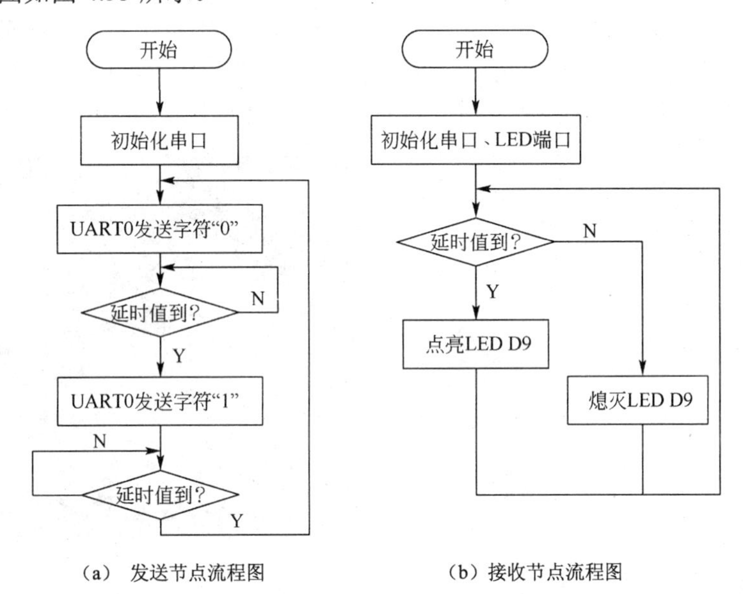

(a)　发送节点流程图　　(b) 接收节点流程图

图 4.53　串口通信实验程序流程图

4.5.6　实验内容与方法

① 在本实验中，使用实验箱上标有“协调器”和“路由器”的两个节点，分别充当发送节点和接收节点。

② 将调试器一端使用 USB A-B 延长线连接至 PC 的 USB 接口，另一端的 10pin 排线连接到实验箱左下角的调试接口，如图 4.31 所示。

③ 将实验箱右上角的开关拨至“旋钮节点选择”一侧，如图 4.32 所示。

④ 转动实验箱左下角的旋钮，使得协调器旁边的 LED 灯被点亮，如图 4.33 所示。

⑤ 打开本实验工程文件。

⑥ 打开 main.c 文件，将第 5、6 行按照图 4.54 所示修改。

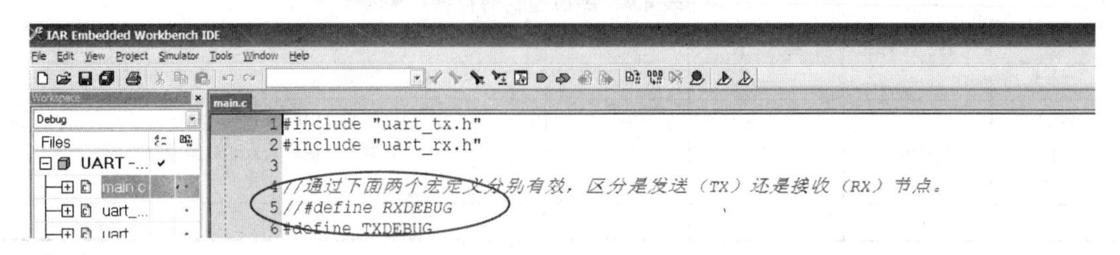

图 4.54 修改宏定义选择发送程序

⑦ 点击工具栏中的“Make”按钮，编译工程，如图 4.41 所示。

⑧ 等待工程编译完成，确保编译没有错误，如图 4.42 所示。

⑨ 在工程目录结构树中的工程名称上点击鼠标右键，选择“Options”，并在弹出的对话框中选择左侧的“Debugger”，在右侧的“Driver”列表中选择“Texas Instruments”，如图 4.43 所示。

⑩ 点击“Download and Debug”按钮，如图 4.44 所示。

⑪ 待程序下载完毕后，点击“Go”按钮，使程序开始运行，如图 4.45 所示。

⑫ 点击工具栏中的“Stop Debugging”，退出调试模式，如图 4.55 所示。

⑬ 转动实验箱左下角的旋钮，使得路由器旁边的 LED 灯被点亮，如图 4.56 所示。

图 4.55 退出调试模式

图 4.56 调整调试节点

⑭ 打开 main.c 文件，将第 5 行和第 6 行按照图 4.57 所示修改。

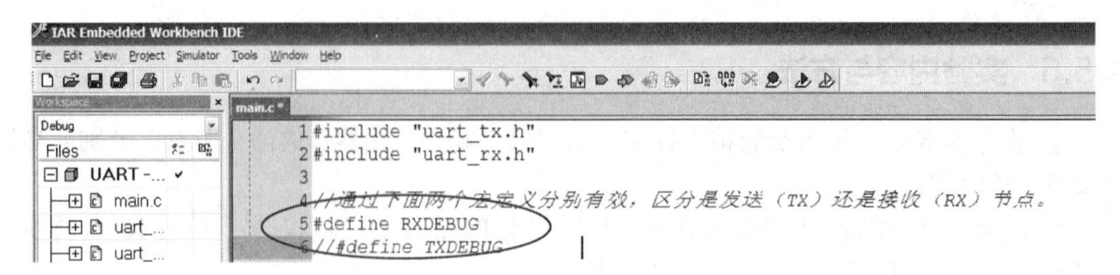

图 4.57 修改宏定义选择接收程序

⑮ 点击工具栏中的“Make”按钮，编译工程，如图 4.41 所示。

⑯ 等待工程编译完成，确保编译没有错误，如图 4.42 所示。

⑰ 点击“Download and Debug”按钮，如图 4.44 所示。

⑱ 待程序下载完毕后，点击“Go”按钮，使程序开始运行，如图 4.45 所示。

⑲ 使用 3PIN 的杜邦线将两个节点的串口连接起来。杜邦线如图 4.58 所示，未交叉的是第一根线，交叉的是第二根和第三根线。

⑳ 使用杜邦线将协调器节点和路由器节点的 J6 接口连接起来。注意杜邦线的第一根线对应于 J6 的 GND 引脚，如图 4.59 所示。

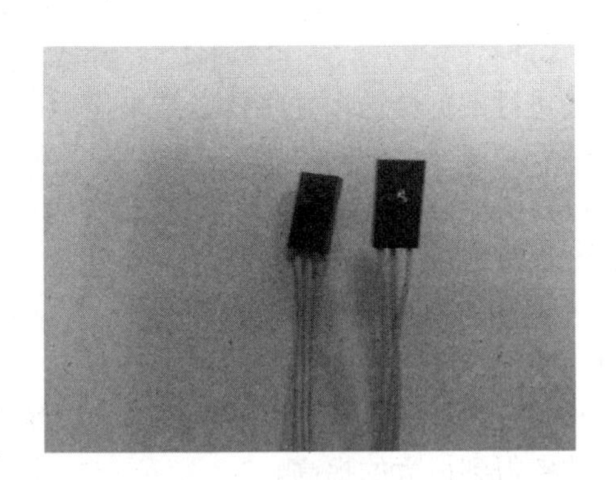

图 4.58 杜邦线线序说明

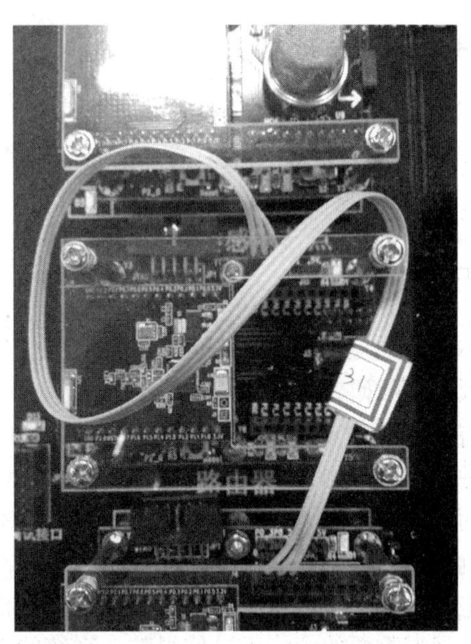

图 4.59 使用杜邦线连接两个节点的串口

㉑ 在全速运行状态下，观察路由器节点（接收节点）扩展板上的 D9 LED 灯不断变化。

4.5.7 思考题

能否将发送节点和接收节点互换？为什么？如何实现？

4.6 DMA 控制器实验

4.6.1 实验目的

① 理解 DMA 的工作原理。

② 掌握 CC2530 的 DMA 使用方法。

4.6.2 实验器材

① 装有 IAR 开发环境的 PC 机 1 台。

② 物联网开发设计平台所配备的基础实验套件 1 套。

③ 下载器 1 个。

4.6.3 预习要求

① 了解 DMA 工作原理及特点。

② 读懂 DMA 实验程序流程图。

4.6.4 实验要求

① 编程要求　编写一段 C 语言程序。

② 实现功能　源地址中的数据通过 DMA 直接传输到目的地址中。

③ 实验现象　基础实验板上数码管第一位显示的数据同时在第四位显示。

4.6.5 实验原理

本实验通过配置 CC2530 的 DMA 工作参数，进行数据传送，并将传送结果显示在基础实验板上的数码管上。

首先介绍 DMA 的概念。DMA 是 Direct Memory Access 的缩写，即“直接读写内存”，是一种高速的数据传输模式。工作时，DMA 传输将数据从一个地址空间复制到另外一个地址空间。CPU 初始化这个传输动作，传输动作本身是由 DMA 控制器来实行和完成。典型的例子就是移动一个外部内存的区块到芯片内部更快的内存区。像这样的操作并没有让处理器工作拖延，反而可以被重新排程去处理其他的工作。DMA 传输对于高效能嵌入式系统算法和网络是很重要的，它可以使得整个系统的工作效率得到很大的提高。

CC2530 中的 DMA 特点主要有以下几点：①拥有 5 个独立通道；②每个通道都有 4 级可配置的优先级；③拥有 31 个触发事件；④可独立配置源地址和目的地址；⑤具有单次、批量、重复单次和重复批量等 4 种传输模式；⑥支持数据长度可变的传输模式。

CC2530 中不能用设置寄存器的方式来配置 DMA 的参数，而是要配置一种特殊的 DMA 结构体，如表 4.11 所示。

表 4.11　DMA 参数配置结构体

字节偏移	位	名称	描述
0	7:0	SRCADDR[15:8]	DMA 通道源地址，高地址
1	7:0	SRCADDR[7:0]	DMA 通道源地址，低地址
2	7:0	DESTADDR[15:8]	DMA 通道目的地址，高地址
3	7:0	DESTADDR[7:0]	DMA 通道目的地址，低地址
4	7:5	VLEN[2:0]	可变数据长度传输模式
5	4:0	LEN[12:8]	DMA 通信传输数据的最大长度，高 8 位 仅在 VLEN 使能并且通道工作在字传输模式时使用
	7:0	LEN[7:0]	DMA 通信传输数据的最大长度，低 8 位 仅在 VLEN 使能并且通道工作在字传输模式时使用
6	7	WORDSIZE	字节/字传输模式选择： 0 字节传输模式 1 字传输模式

续表

字节偏移	位	名称	描述
6	6:5	TMODE[1:0]	DMA 通道传输模式： 00 单次传输 01 批量传输 10 重复单次 11 重复批量
	4:0	TRIG[4:0]	DMA 事件触发模式选择
7	7:6	SRCINC[1:0]	源地址增量
	5:4	DESTINC[1:0]	目的地址增量
	3	IRQMASK	DMA 通道终端屏蔽
	2	M8	字节传输时使用 8 位或 7 位传输模式： 0 8 位 1 7 位
	1:0	PRIORITY[1:0]	DMA 通道优先级选择

程序流程图如图 4.60 所示。

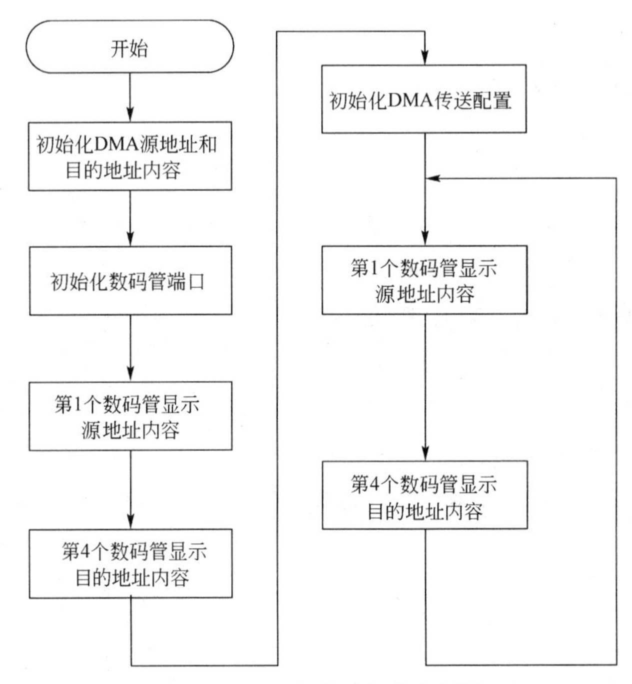

图 4.60 DMA 实验程序流程图

4.6.6 实验内容与方法

① 在本实验中，使用实验箱上标有“协调器”的节点配合基础实验板来观察现象。首先确保协调器节点的底板上的 J10 供电选择跳线帽连接到 3.3V。

② 将基础实验板插接到协调器节点的转接板接口上，如图 4.40 所示。

③ 将调试器一端使用 USB A-B 延长线连接至 PC 的 USB 接口，另一端的 10pin 排线连接到实验箱左下角的调试接口，如图 4.31 所示。

④ 将实验箱右上角的开关拨至“旋钮节点选择”一侧，如图 4.32 所示。

⑤ 转动实验箱左下角的旋钮，使得协调器旁边的 LED 灯被点亮，如图 4.33 所示。

⑥ 打开本实验工程文件。

⑦ 点击工具栏中的“Make”按钮，编译工程，如图 4.41 所示。

⑧ 等待工程编译完成，确保编译没有错误，如图 4.42 所示。

⑨ 在工程目录结构树中的工程名称上点击鼠标右键，选择“Options”，并在弹出的对话框中选择左侧的“Debugger”，在右侧的“Driver”列表中选择“Texas Instruments”，如图 4.43 所示。

⑩ 点击“Download and Debug”按钮，如图 4.44 所示。

⑪ 使用单步执行来逐行执行程序，观察在没有执行初始化 DMA 的程序之前，第一个数码管显示的是数字“8”，而第四个数码管显示的是数字“0”；执行完初始化 DMA 传送的程序之后，两个数码管显示内容都变成了“8”。

4.6.7 思考题

如何使数码管上显示的数据为数字“6”？

4.7 无线通信实验

4.7.1 实验目的

① 了解 CC2530 无线通信工作原理。

② 掌握 CC2530 无线通信模块的驱动方法。

4.7.2 实验器材

① 装有 IAR 开发环境的 PC 机 1 台。

② 物联网开发设计平台所配备的基础实验套件 1 套。

③ 下载器 1 个。

4.7.3 预习要求

① 了解无线电通信的工作原理。

② 读懂无线电通信实验程序流程图。

4.7.4 实验要求

① 编程要求　编写一段 C 语言程序。

② 实现功能　源节点发送数字“8”给目的节点。

③ 实验现象　接收数据的节点带基础实验板，接收节点接收到无线数据后改变数码管显示的内容，显示 0～9。

4.7.5 实验原理

本实验共需用到两个 CC2530 节点，其中一个作为无线发送节点，另一个作为无线接收节点。每当接收节点接收到一次无线数据，数码管上的内容会随之改变一次。CC2530 的无线接收器采用低—中频结构设计，射频信号被天线接收，经低噪声放大器放大，再经过下变频变为 2MHz 的中频信号。接着，中频信号经滤波、放大，最后由 A/D 转换电路将之变为数字信号。集成的模拟通道滤波器可以使工作在 2.4GHz ISM 波段的不同系统良好地共存。

程序流程图如图 4.61 所示。

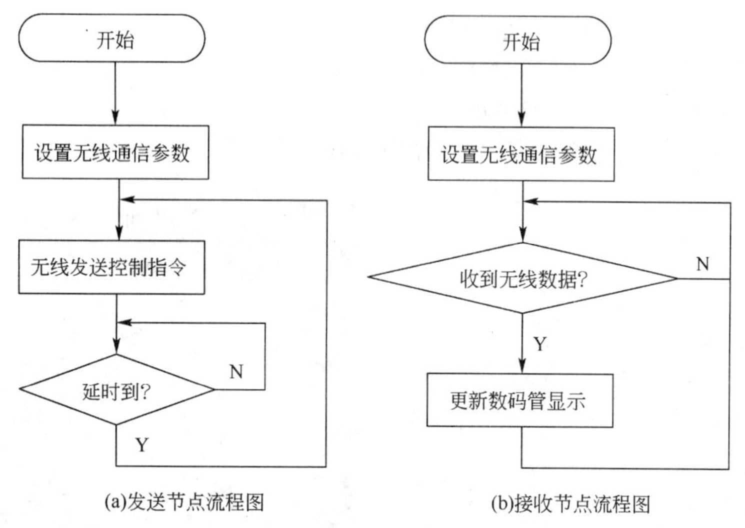

(a)发送节点流程图　　(b)接收节点流程图

图 4.61　无线通信实验程序流程图

4.7.6 实验内容与方法

① 在本实验中，使用实验箱上标有“协调器”和“路由器”的两个节点，分别充当发送节点和接收节点。

② “路由器”节点需要配合基础实验板来使用，首先确保路由器节点的底板上的 J10 供电选择跳线帽连接到 3.3V。

③ 将基础实验板插接到路由器节点的转接板接口上，如图 4.40 所示。

④ 将调试器一端使用 USB A-B 延长线连接至 PC 的 USB 接口，另一端的 10pin 排线连接到实验箱左下角的调试接口，如图 4.31 所示。

⑤ 将实验箱右上角的开关拨至“旋钮节点选择”一侧，如图 4.32 所示。

⑥ 转动实验箱左下角的旋钮，使得协调器旁边的 LED 灯被点亮。

⑦ 打开本实验工程文件。

⑧ 首先编译下载发送节点的程序。

⑨ 打开 main.c 文件，将第 1 行、第 2 行和第 3 行按照图 4.62 所示修改。将 RXTEST 注释并且取消 TXTEST 的注释。而且，PAN　ID 应当保证每一组不一样，否则发送的数据会有串扰。

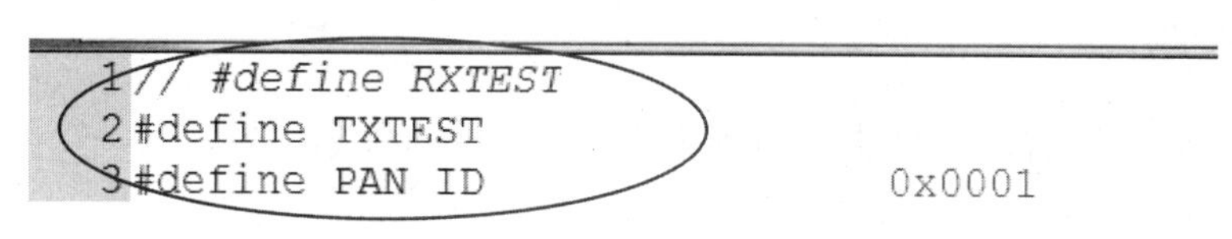

图 4.62　修改宏定义选择发送程序

⑩ 点击工具栏中的“Make”按钮，编译工程，如图 4.41 所示。

⑪ 等待工程编译完成，确保编译没有错误，如图 4.42 所示。

⑫ 在工程目录结构树中的工程名称上点击鼠标右键，选择“Options”，并在弹出的对话框中选择左侧的“Debugger”，在右侧的“Driver”列表中选择“Texas Instruments”，如图 4.43 所示。

⑬ 点击“Download and Debug”按钮，如图 4.44 所示。

⑭ 待程序下载完毕后，点击“Go”按钮，使程序开始运行，如图 4.45 所示。

⑮ 点击工具栏中的“Stop Debugging”，退出调试模式，如图 4.63 所示。

⑯ 转动实验箱左下角的旋钮，使得路由器旁边的 LED 灯被点亮，如图 4.64 所示。

图 4.63 退出调试模式

图 4.64 调整调试节点

⑰ 打开 main.c 文件，将第 1 行和第 2 行按照图 4.65 所示修改。将 RXTEST 的注释取消并且将 TXTEST 进行注释。

```
1 #define RXTEST
2 //#define TXTEST
3 #define PAN ID                    0x0001
```

图 4.65 修改宏定义选择接收程序

⑱ 点击工具栏中的“Make”按钮，编译工程。

⑲ 等待工程编译完成，确保编译没有错误。

⑳ 点击“Download and Debug”按钮。

㉑ 待程序下载完毕后，点击“Go”按钮，使程序开始运行。

㉒ 在全速运行状态下观察发送节点（协调器节点），每隔一段时间 D9 LED 灯闪烁一次，表示发送数据，同时观察接收节点（路由器节点）上连接的基础实验板数码管显示的数字发生变化，从 0～9 循环。

4.7.7 思考题

如何实现接收节点在收到数据后让数码管进行 9～0 的减计数？

第 5 章　提高性实验

5.1 温湿度传感器实验

（1）实验目的

① 掌握单片机驱动温湿度传感器 SHT10 的方法。

② 掌握读时序图的方法。

（2）实验器材

① 装有 IAR 开发工具的 PC 机 1 台。

② 下载器 1 个。

③ 物联网开发设计平台 1 套。

（3）预习要求

① 了解温度传感器 SHT10。

② 掌握温湿度传感器读写时序流程图。

（4）实验要求

① 编程要求　编写温湿度传感器 SHT10 的驱动程序。

② 实现功能　采集室内的温度和湿度。

③ 实验现象　将采集到的数据通过串口调试助手显示，用手触摸温湿度传感器，观察数据的变化。

（5）实验原理

本实验选用温湿度结点进行实验。模块中采用温湿度传感器 SHT10 采集环境温湿度，必须将采集到的模拟量转换为数字量输出，直观地反映了环境温湿度的数值。

温湿度传感器 SHT10 为贴片型温湿度传感器芯片，用于采集周围环境中的温度和湿度，其工作电压为 2.4～5.5V；温度测量范围为–40～+123.8℃，测温精度为±0.5℃；湿度测量范围为 0～100%RH，测湿精度为±4.5%RH。

传感器 SHT10 既可以采集温度数据，也可以采集湿度数据，而且功耗十分低（80 μW，12 位测量，1 次/s）。它能够将模拟量转换为数字量输出，所以用户只需按照它提供的接口将温湿度数据读取出来即可。其内部结构示意图如图 5.1 所示，其内部部件功能见表 5.1。

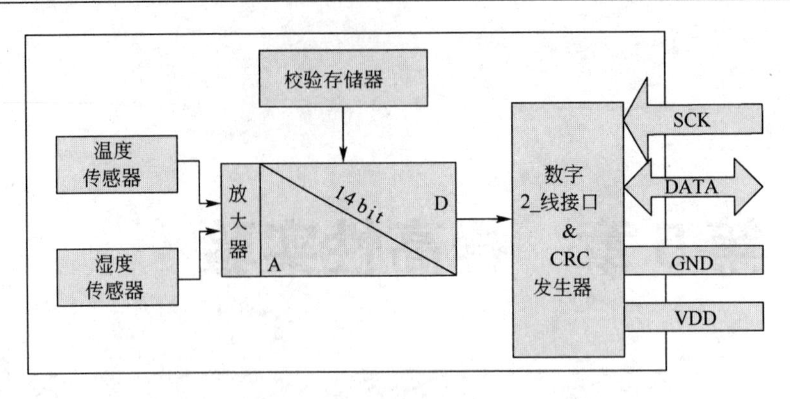

图 5.1 SHT10 内部结构示意图

传感器采集到的温湿度模拟信号首先经过放大器放大，接着由 A/D 转换器将放大的模拟信号转换为数字信号，最后通过数据总线将数据提供给用户使用。

表 5.1 内部部件功能表

部 件	功 能
校验存储器	保障模数转换的准确度
CRC 发生器	保障数据通信的安全
SCK 数据线	负责处理器和 SHT10 的通信同步
DATA 三态门	用于数据的读取

本设计中 CC2530 的引脚 P0_0 用于 SCK，P0_6 用于 DATA，如图 5.2 所示。

SHT10 用一组“启动传输”时序来表示数据传输的初始化，如图 5.3 所示。

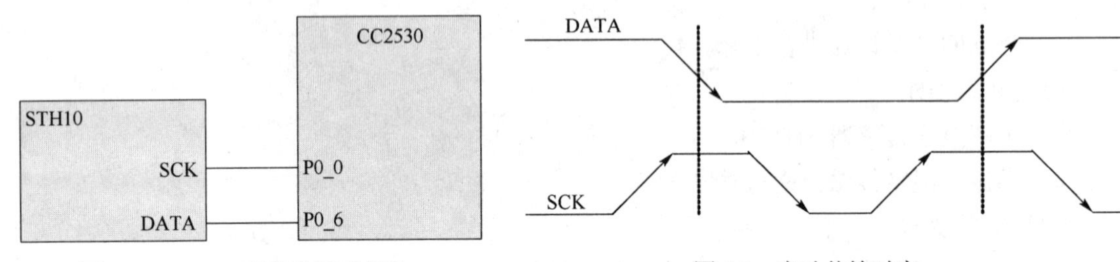

图 5.2 SHT10 引脚连接示意图

图 5.3 启动传输时序

当 SCK 时钟高电平时 DATA 翻转为低电平，紧接着 SCK 变为低电平，随后是在 SCK 时钟高电平时 DATA 翻转为高电平。

下面介绍 SHT10 命令集。SHT10 的命令长度为一个字节。高 3 位为地址位（目前只支持“000”），低 5 位为命令位，如表 5.2 所示。

表 5.2 SHT10 命令集

命 令	代 码
预留	0000x
温度测量	00011
湿度测量	00101
读状态寄存器	00111
写状态寄存器	00110
预留	0101x～1110x
软复位、复位接口、清空状态寄存器（即清空）为默认值	11110

SHT10 采用两条串行线与处理器进行数据通信。SCK 数据线负责处理器和 SHT10 的通信同步；DATA 三态门用于数据的读写。SHT10 读写时序图如图 5.4 所示。

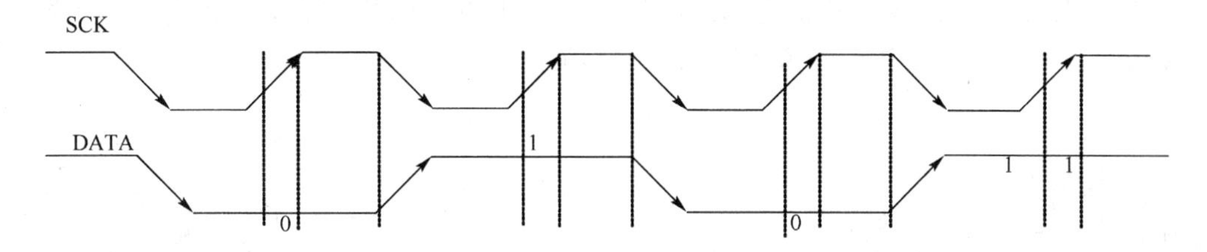

图 5.4　SHT10 读写时序图

DATA 在 SCK 时钟下降沿之后改变状态，并仅在 SCK 时钟上升沿有效。数据传输期间，在 SCK 时钟高电平时，DATA 必须保持稳定。例如，写湿度测量命令时序如图 5.5 所示。

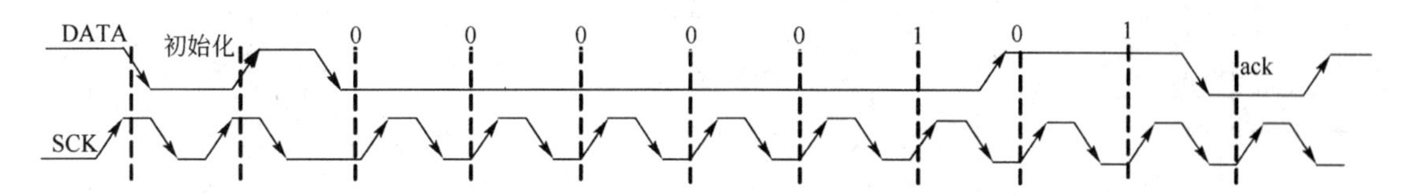

图 5.5　写湿度测量命令时序图
细线代表微控制器的操作，加粗线代表 SHT10 的操作

在写命令之前先要传输初始化时序，而后再从高位到低位将命令字写入 SHT10 中。如果写入成功，SHT10 向微控制器发送应答信号，如图中加粗线区域所示（即标注 ack 的地方）。

下面介绍温湿度传感器读时序流程图。SHT10 读时序如图 5.6 所示。

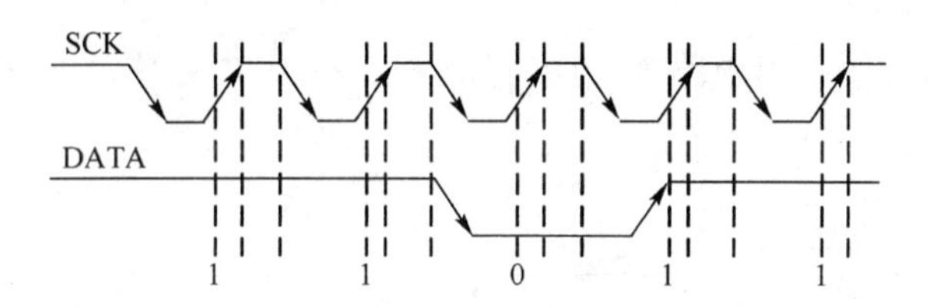

图 5.6　SHT10 读时序图

DATA 在 SCK 时钟下降沿之后改变状态，并仅在 SCK 时钟上升沿有效。数据传输期间，在 SCK 时钟高电平时，DATA 保持稳定。例如，读取湿度数据如图 5.7 所示。

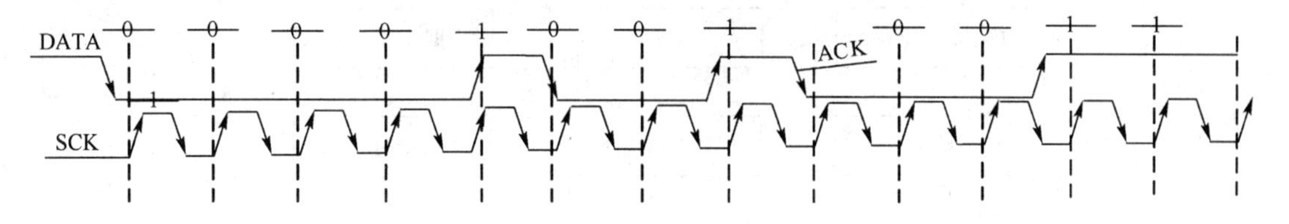

图 5.7　读湿度数据时序图

写入湿度测量命令成功后，SHT10 首先会发送一个应答信号（将数据线拉低），而后连续发出两个字节有效数据和一个字节 CRC，所以微控制器要在应答之后发送 Clock，如图中箭头所示。微控制器每接收到一个字节都要发给 SHT10 一个应答信号，而后 SHT10 才会发

送下一个字节。

温湿度传感器和CC2530节点电路连接如图5.8所示。

图中，J12为传感器与单片机之间的接口；R36、R37 为上拉电阻，C25为滤波电容。

温湿度传感器节点整体工作流程图如图5.9所示。

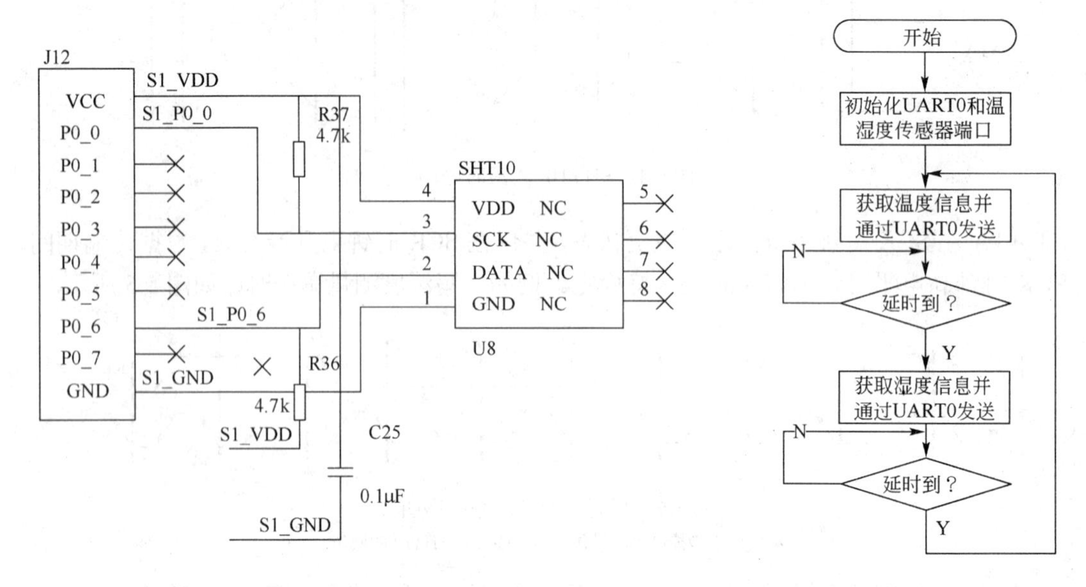

图5.8 温湿度传感器电路连接图　　图5.9 SHT10驱动流程图

SHT10是数字型温湿度传感器，它在初始化后通过指令进行通信，下面给出部分具体操作流程图。

① 初始化程序流程图：由电路连接图可知P0_0与SCK相连，P0_6与DATA相连，程序流程图如图5.10所示。

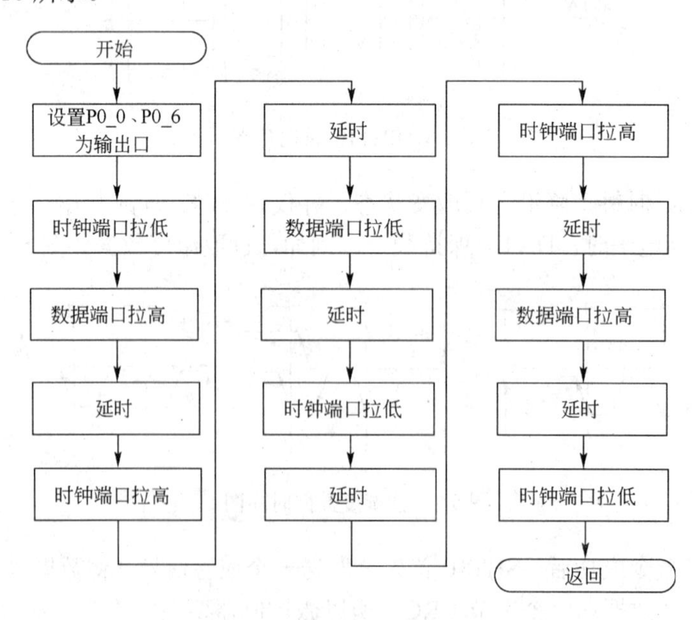

图5.10 初始化程序流程图

② 写操作程序流程如图 5.11 所示。

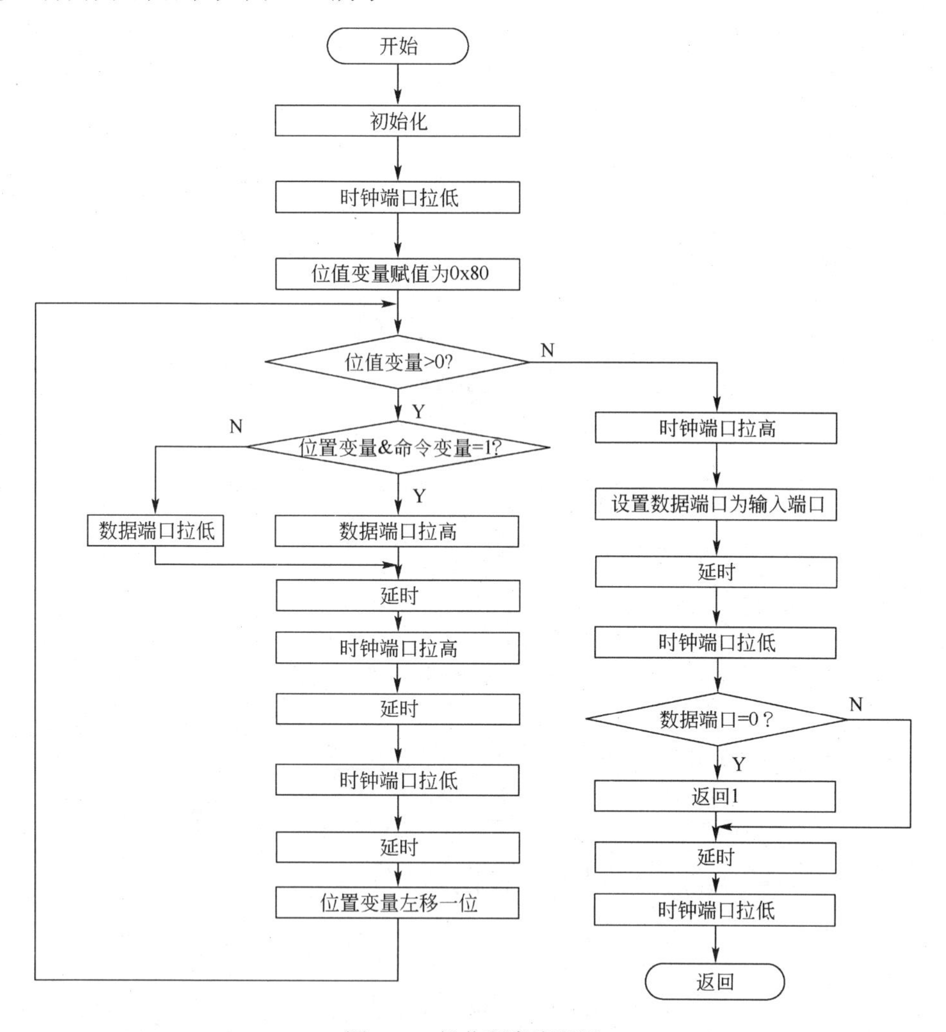

图 5.11　操作程序流程图

③ 读时序程序流程如图 5.12 所示。

（6）实验内容与方法

① 本实验使用标有“温湿度传感器节点”的节点完成实验内容。

② 首先使用 Mini USB 延长线将温湿度传感器节点底板的 Mini USB 接口连接至 PC 机的 USB 接口，如图 5.13 所示。

③ 将调试器一端使用 USB A-B 延长线连接至 PC 的 USB 接口，另一端的 10pin 排线连接到实验箱左下角的调试接口，如图 5.14 所示。

④ 将实验箱右上角的开关拨至“旋钮节点选择”一侧，如图 5.15 所示。

⑤ 转动实验箱左下角的旋钮，使得温湿度传感器节点旁边的 LED 灯被点亮，如图 5.16 所示。

⑥ 打开本实验工程文件。点击工具栏中的“Make”按钮，编译工程，如图 5.17 所示。

⑦ 等待工程编译完成，确保编译没有错误，如图 5.18 所示。

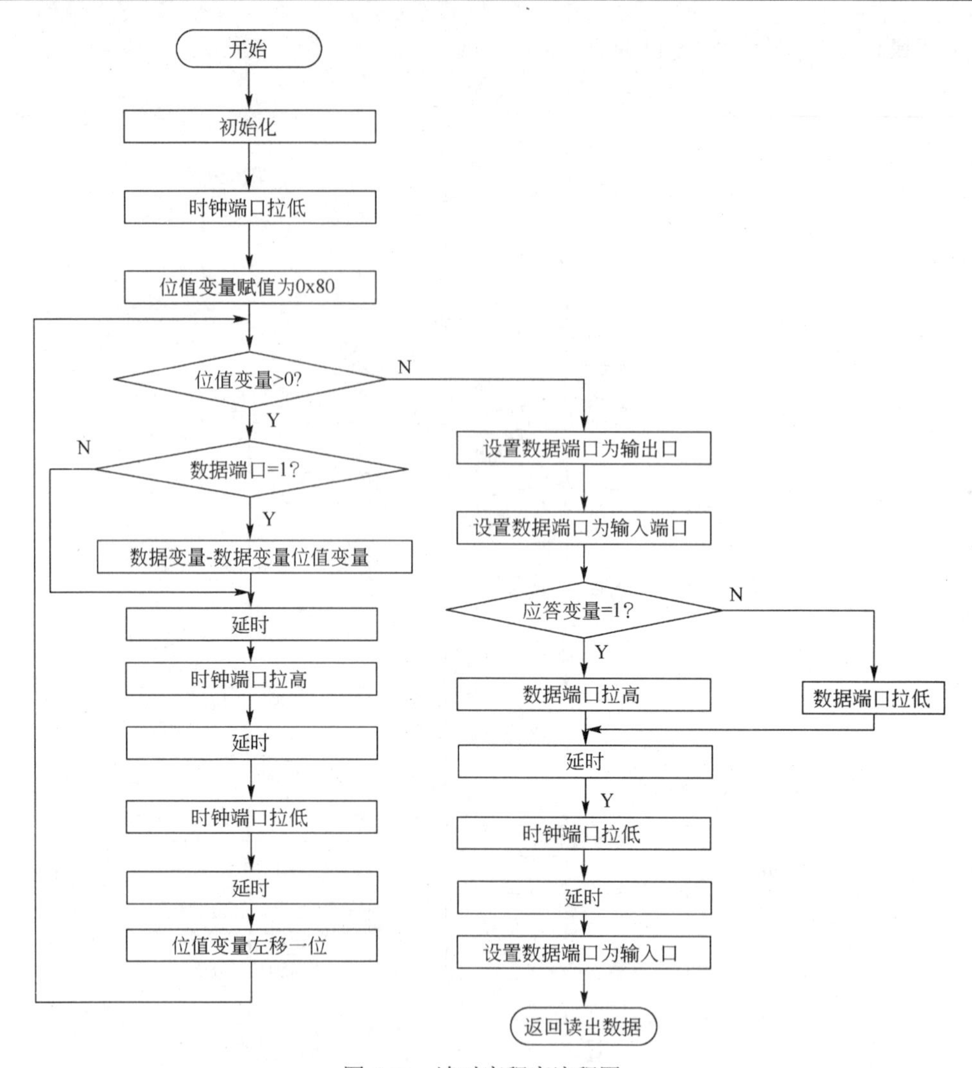

图 5.12　读时序程序流程图

图 5.13　将温湿度传感器节点的串口连接至 PC 机

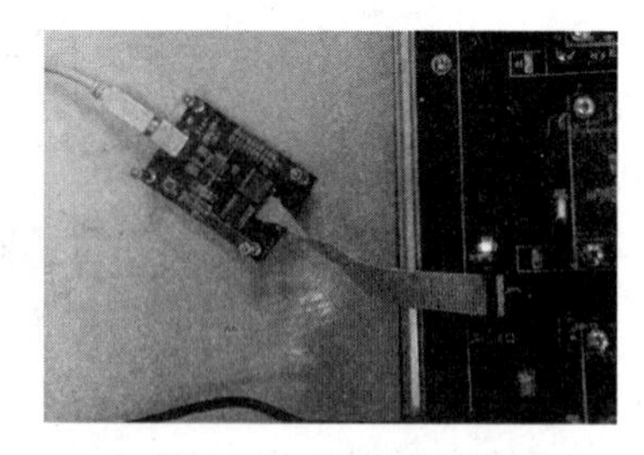

图 5.14　下载连接图

图 5.15　选择“旋钮节点选择”

图 5.16 调整调试节点

图 5.17 程序编译

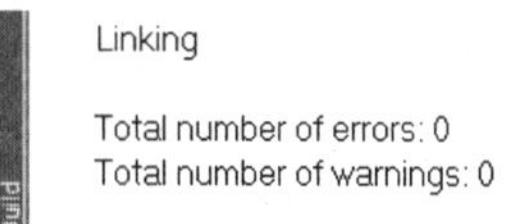

图 5.18 编译完成

⑧ 在工程目录结构树中的工程名称上点击鼠标右键，选择“Options”，并在弹出的对话框中选择左侧的“Debugger”，在右侧的“Driver”列表中选择“Texas Instruments”，如图 5.19 所示。

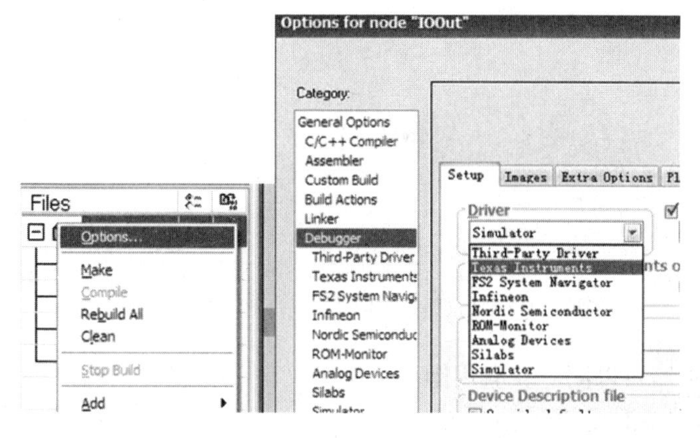

图 5.19 选择“Texas Instruments”

⑨ 点击“Download and Debug”按钮，如图 5.20 所示。

⑩ 待程序下载完毕后，点击“Go”按钮，使程序开始运行，如图 5.21 所示。

图 5.20 点击下载

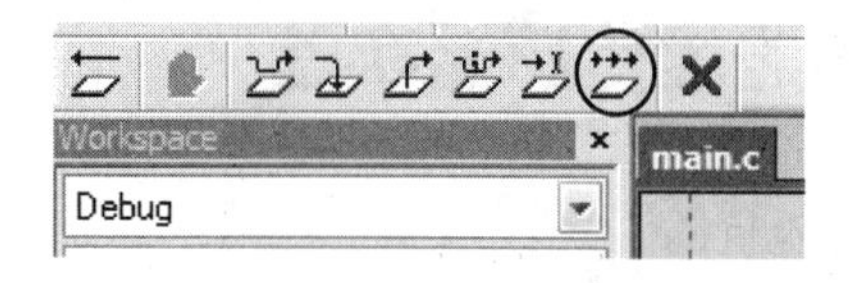

图 5.21 点击运行

⑪ 双击打开光盘内 Tools\串口调试助手文件夹下的 LSCOMM.exe，并按照图 5.22 所示设置各项参数。其中，端口根据实际情况选择。

图 5.22 设置串口调试助手参数

⑫ 设置完毕后，点击“打开端口”，在串口调试助手中查看CC2530发送过来的温湿度传感器的信息，如图5.23所示。

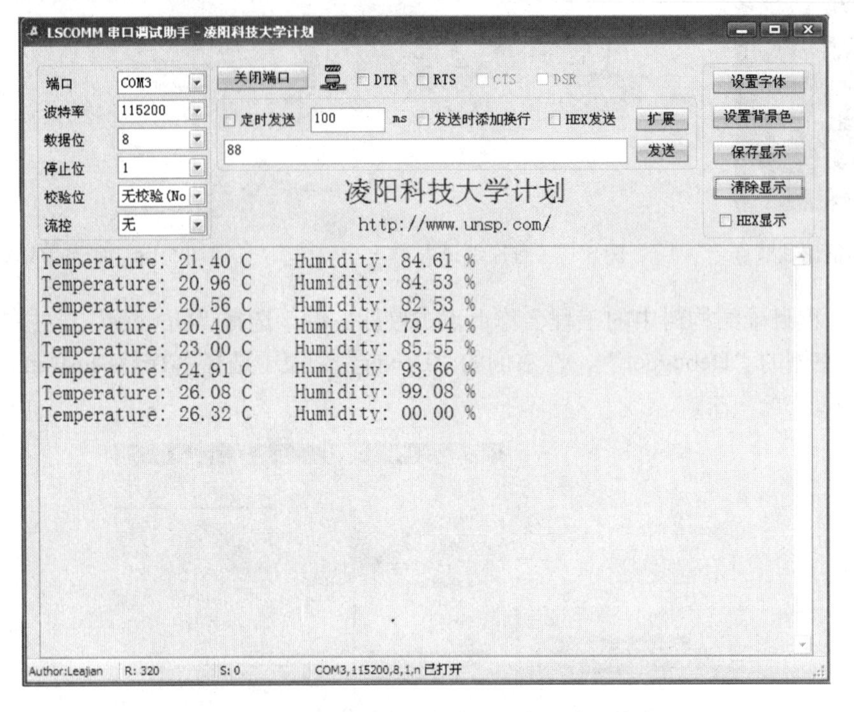

图5.23 串口调试助手中的温湿度传感器信息

⑬ 温湿度传感器可以同时获取周围环境的温度信息和湿度信息，用手指轻轻按压温湿度传感器，可以测试温湿度的变化。

（7）思考题

有的时候，往往只要求对湿度或者温度进行测量并显示，请问如何实现？

5.2 光照度传感器实验

（1）实验目的

① 理解光照度传感器的工作原理。

② 掌握驱动光照度传感器的方法。

（2）实验器材

① 装有IAR开发工具的PC机1台。

② 下载器1个。

③ 物联网开发设计平台1套。

（3）预习要求

① 了解光敏电阻工作原理。

② 掌握光照度传感节点程序流程图。

（4）实验要求

① 编程要求 编写光照度传感器的驱动程序。

② 实现功能　检测室内的光照度。

③ 实验现象　将检测到的数据通过串口调试助手显示，用手遮住传感器，观察数据变化。

（5）实验原理

本实验采用光敏电阻来采集光照度信息，下面分别给出光电阻的工作原理简介、实验模块部分电路连接图和程序流程图。

光敏电阻的工作原理是基于内光电效应。在半导体光敏材料两端装上电极引线，将其封装在带有透明窗的管壳里就构成光敏电阻，为了增加灵敏度，两电极常做成梳状。半导体的导电能力取决于半导体导带内载流子数目的多少。当光敏电阻受到光照时，价带中的电子吸收光子能量后跃迁到导带，成为自由电子，同时产生空穴，电子-空穴对的出现使电阻率变小。光照愈强，光生电子-空穴对就越多，阻值就愈低。当光敏电阻两端加上电压后，流过光敏电阻的电流随光照增大而增大。入射光消失，电子-空穴对逐渐复合，电阻也逐渐恢复原值，电流也逐渐减小。如图5.24所示。

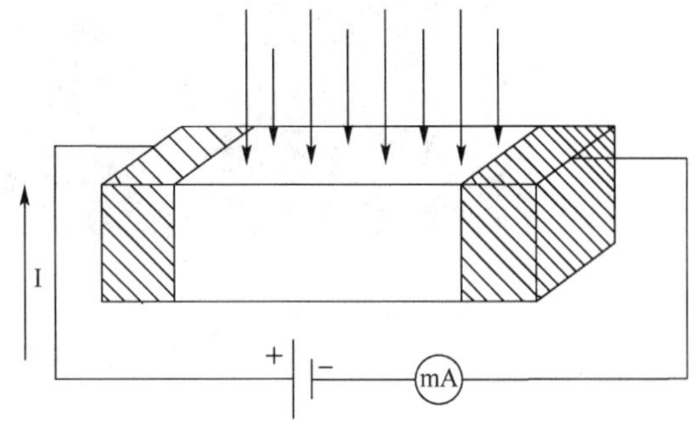

图5.24　光敏电阻工作原理图

光照度传感器和CC2530节点电路连接如图5.25所示。图中J18与CC2530单片机的P0口相连。C30为滤波电容，R21为分压电阻。

光照度传感器节点程序流程如图5.26所示。

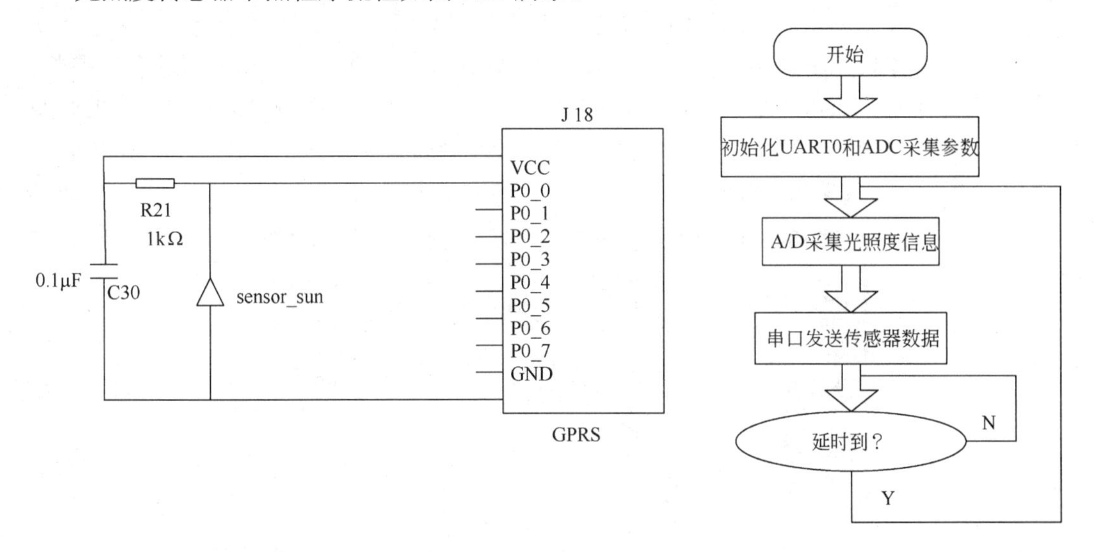

图5.25　光照度传感器电路连接图　　　　图5.26　光照度传感节点程序流程图

（6）实验内容与方法

① 本实验使用标有“光照度传感器节点”的节点完成实验内容。

② 首先使用Mini USB延长线将光照度传感器节点底板的Mini USB接口连接至PC机的USB接口，如图5.27所示。

③ 将调试器一端使用USB A-B延长线连接至PC的USB接口，另一端的10pin排线连接到实验箱左下角的调试接口，如图5.14所示。

④ 将实验箱右上角的开关拨至“旋钮节点选择”一侧，如图 5.15 所示。

⑤ 转动实验箱左下角的旋钮，使光照度传感器节点旁边的 LED 灯被点亮，如图 5.28 所示。

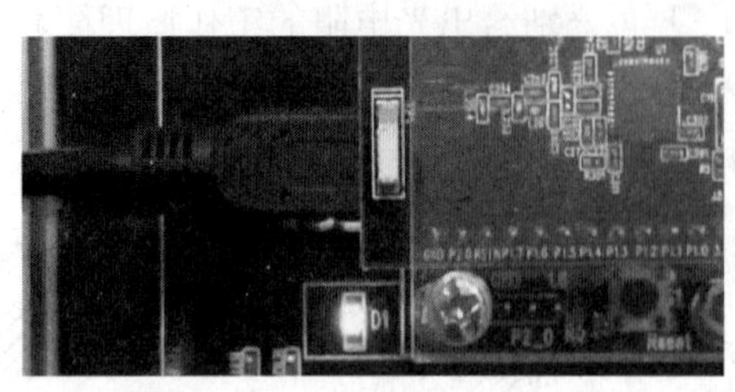

图 5.27　将光照度传感器节点的串口连接至 PC 机

图 5.28　调整调试节点

⑥ 打开本实验工程文件。

⑦ 点击工具栏中的“Make”按钮，编译工程，如图 5.17 所示。

⑧ 等待工程编译完成，确保编译没有错误，如图 5.18 所示。

⑨ 在工程目录结构树中的工程名称上点击鼠标右键，选择“Options”，并在弹出的对话框中选择左侧的“Debugger”，在右侧的“Driver”列表中选择“Texas Instruments”，如图 5.19 所示。

⑩ 点击“Download and Debug”按钮，如图 5.20 所示。

⑪ 待程序下载完毕后，点击“Go”按钮，使程序开始运行，如图 5.21 所示。

⑫ 双击打开串口调试助手文件夹下的 LSCOMM.exe，并按照图 5.22 所示设置各项参数。

⑬ 设置完毕后，点击“打开端口”，在串口调试助手中查看 CC2530 发送过来的光照度传感器的信息，如图 5.29 所示。光照度传感器可以检测周围环境的光照强度（明暗程度），可以通过使用手电筒或其他光源照射光照度传感器的方式来测试。

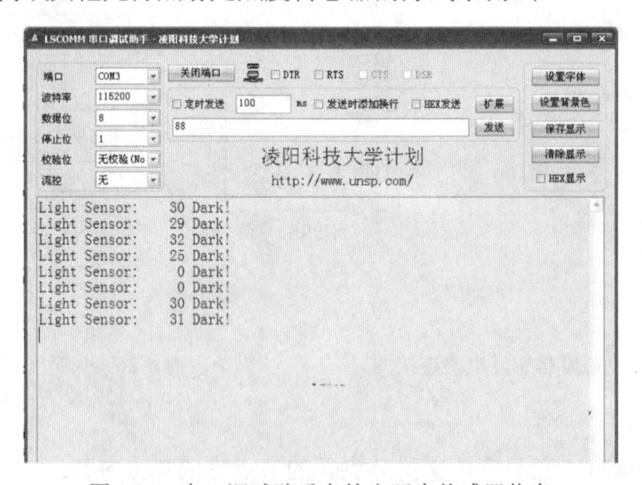

图 5.29　串口调试助手中的光照度传感器信息

（7）思考题

现实中往往会因为要求的不同而对光照明暗的界定有不同，如何根据需要来设定明暗的分界？

5.3　温湿度传感器驱动添加实验

（1）实验目的

① 了解基于 Z-Stack 协议栈的 SappWsn 应用程序框架的工作机制。

② 掌握在 SappWsn 应用程序框架下添加温湿度传感器驱动的方法。

（2）实验器材

① 装有 IAR 开发工具的 PC 机 1 台。

② 下载器 1 个。

③ 物联网开发设计平台 1 套。

（3）预习要求

① 读懂实验中给出的两个函数 SHT10_init() 和 SHT10_Measure()。

② 会使用 ZigBee 网络助手观察温湿度传感器节点信息。

（4）实验要求

利用 Z-Stack APP 应用程序框架，添加温湿度传感器的驱动程序，使得节点可以周期性发送环境的温度以及湿度值给协调器。

（5）实验原理

在 Z-Stack APP 中的 HAL\Target\CC2530EB\Includes 组中，提供了一个 sht10.h 的文件，如图 5.30 所示。

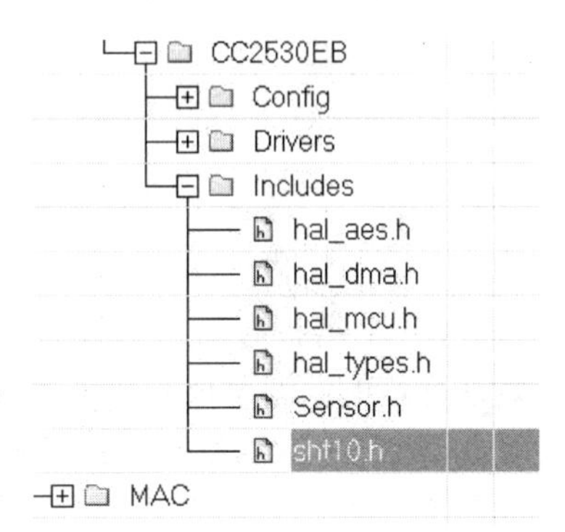

图 5.30　驱动程序头文件

其中，提供了名为 SHT10_init()和 SHT10_Measure()的函数，用来利用 SHT10 数字型温湿度传感器检测环境的温湿度，这两个函数的详细介绍分别如图 5.31、表 5.3 和表 5.4 所示。

```
83 unsigned char SHT10_ReadStatusReg(void);
84 unsigned char SHT10_Measure(unsigned int *p_value, uns
85 float SHT10_Calculate(unsigned int data,unsigned char
86 void SHT10_init(unsigned int Initial_Reg);
87
```

图 5.31　函数定义

表 5.3　SHT10_init()函数

函数原型	void SHT10_init(unsigned int Initial_Reg);
功能	初始化 SHT10 传感器
参数	Initial_Reg：寄存器初始值，通常为 0x01
返回值	无

表 5.4　SHT10_Measure()的函数

函数原型	unsigned char SHT10_Measure(unsigned int *p_value, unsigned char *p_checksum, unsigned char mode);
功能	获取 SHT10 传感器的输出值
参数	p_value：用来保存 SHT10 传感器的输出值的变量的地址 p_checksum：用来保存 SHT10 传感器的输出值校验和的变量的地址 mode：用来确定输出值类型，可选择的有：TEMPERATURE 表示输出温度；HUMIDITY 表示输出湿度
返回值	成功返回 0，失败返回其他值

程序流程图如图 5.32 所示。

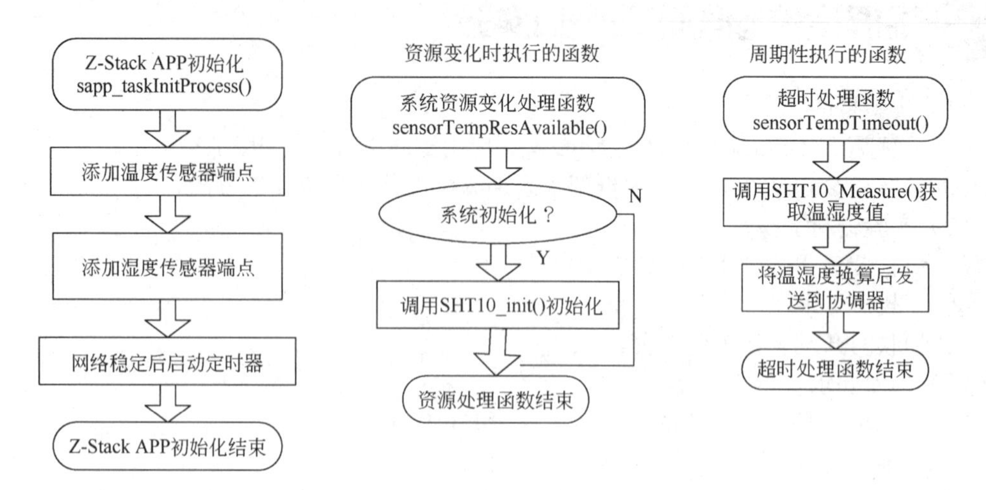

图 5.32　温湿度传感器节点程序流程图

（6）实验内容与方法

① 本实验需要用到两个节点，一个作为协调器，另一个作为温湿度传感器节点，定期发送环境的温湿度值给协调器。

② 首先使用 Mini USB 延长线将协调器的 Mini USB 接口连接至 PC 机的 USB 接口，如图 5.33 所示。

③ 将调试器一端使用 USB A-B 延长线连接至 PC 的 USB 接口，另一端的 10pin 排线连接到实验箱左下角的调试接口，如图 5.14 所示。

④ 将实验箱右上角的开关拨至“旋钮节点选择”一侧，如图 5.15 所示。

⑤ 转动实验箱左下角的旋钮，使得协调器旁边的 LED 灯被点亮，如图 5.34 所示。

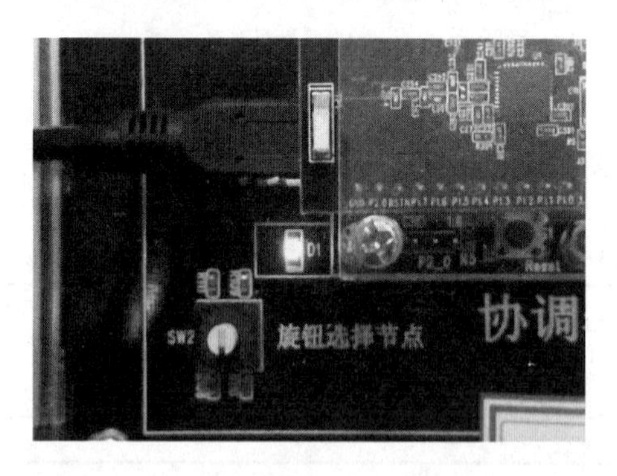

图 5.33　将协调器的串口连接至 PC 机

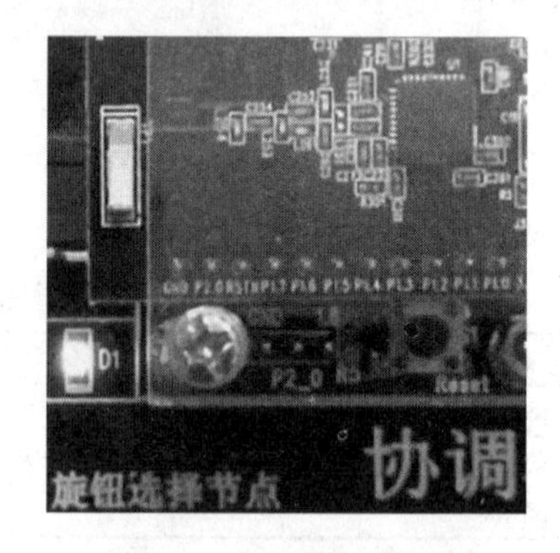

图 5.34　点亮协调器 LED

⑥ 打开 SappWsn.eww 工程文件，如图 5.35 所示。

⑦ 在“Tools”组中找到“f8wConfig.cfg ”文件，双击打开，并找到大概第 59 行的“-DZAPP_CONFIG_PAN_ID=0xFFFF”，将其中的“0xFFFF”修改为其他值，例如“0x0011”。需要注意的是，每一个实验箱应当修改为不一样的 PAN_ID，如图 5.36 所示。

⑧ 在工程目录结构树上方的下拉列表中，选择“CoordinatorEB”，如图 5.37 所示。

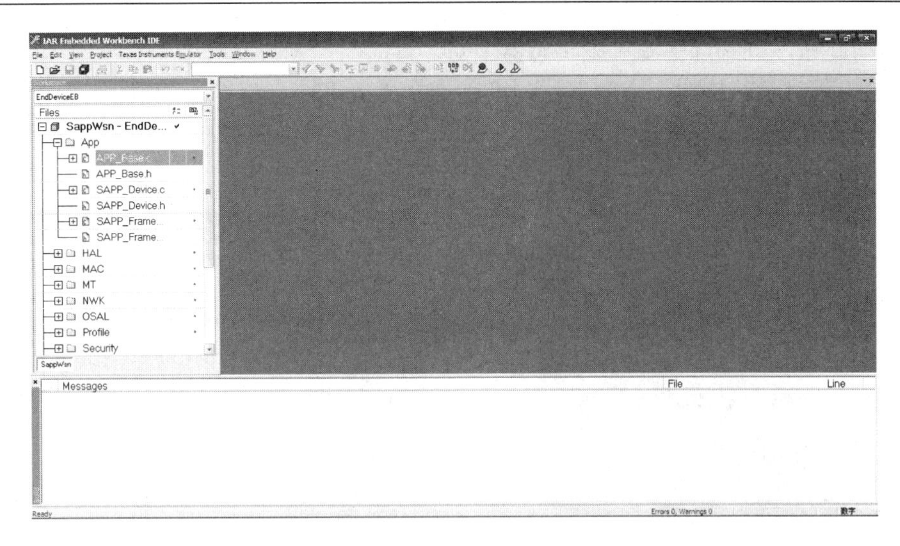

图 5.35 打开 SappWsn 工程

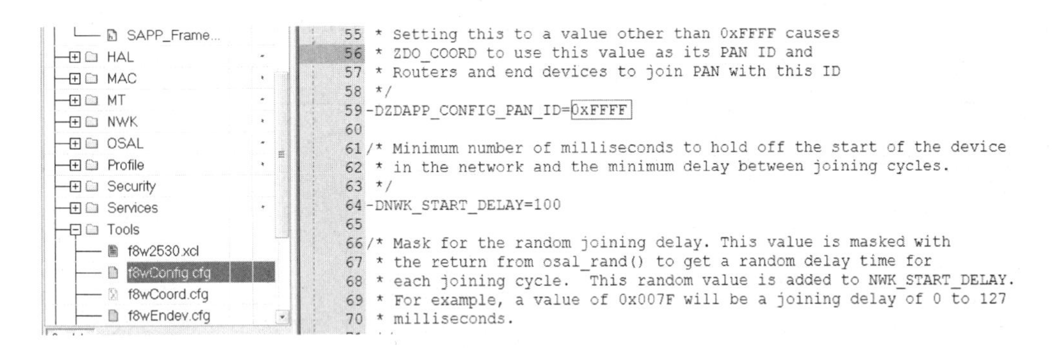

图 5.36 修改 Zigbee 网络 ID

⑨ 点击工具栏中的“Make”按钮，编译工程，如图 5.17 所示。

⑩ 等待工程编译完成，如看到图 5.18 所示的警告，可以忽略。

⑪ 在工程目录结构树中的工程名称上点击鼠标右键，选择“Options”，并在弹出的对话框中选择左侧的“Debugger”，在右侧的“Driver”列表中选择“Texas Instruments”，如图 5.19 所示。

⑫ 点击“Download and Debug”按钮，如图 5.20 所示。

⑬ 待程序下载完毕后，点击“Go”按钮，使程序开始运行，如图 5.21 所示。

⑭ 点击工具栏中的“Stop Debugging”，退出调试模式，如图 5.38 所示。

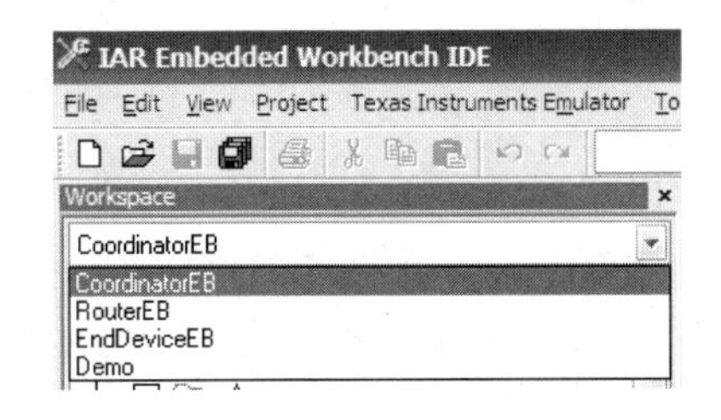

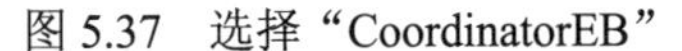

图 5.37 选择“CoordinatorEB”

图 5.38 退出调试

⑮ 转动实验箱左下角的旋钮，使得温湿度传感器节点旁边的 LED 灯被点亮，如图 5.39

所示，转动旋钮，直到选中温湿度传感器节点。

⑯ 在工程目录结构树上方的下拉列表中选择“EndDeviceEB”，如图 5.40 所示。

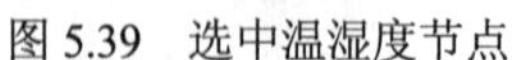

图 5.39　选中温湿度节点

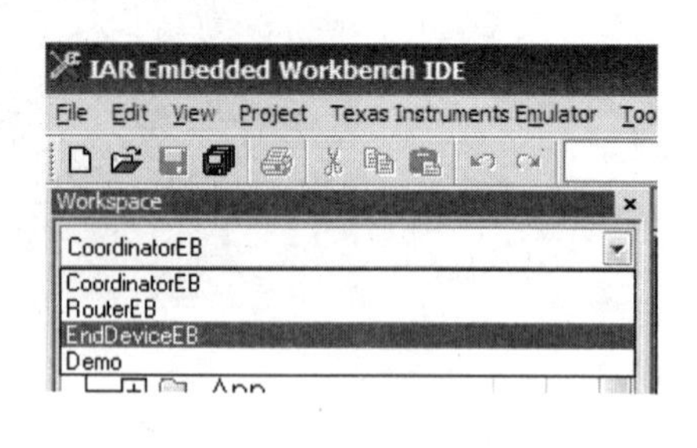

图 5.40　选择“EndDeviceEB”

⑰ 在“SAPP_Device.h”文件中取消“HAS_TEMP”以及“HAS_HUMM”的注释，并保证其他的功能均被注释，如图 5.41 所示。

```
34 //#define HAS_GAS                 // 瓦斯传感器
35 #define HAS_TEMP                  // 温度传感器
36 #define HAS_HUMM                  // 湿度传感器
37 //#define HAS_RAIN                // 雨滴传感器
38 //#define HAS_FIRE                // 火焰传感器
39 //#define HAS_SMOKE               // 烟雾传感器
40 //#define HAS_ILLUM               // 光照度传感器
41 //#define HAS_IRPERS              // 人体红外传感器
42 //#define HAS_IRDIST              // 红外测距传感器
43 //#define HAS_VOICE               // 语音传感器，修改 HAL_UART_DMA 的定义为2
44 //#define HAS_EXECUTEB            // 执行器
45 //#define HAS_EXECUTEA            // 模拟执行器(预留扩展)
46 //#define HAS_REMOTER             // 红外遥控(预留扩展)
47 //#define HAS_TESTFUNCTION        // 虚拟功能
48 //#define HAS_BROADCASTSEND       // 广播发送
49 //#define HAS_BROADCASTRECEIVE    // 广播接收
50 //#define HAS_125KREADER          // 125K电子标签阅读器
51 //#define HAS_SPEAKER             // 语音报警器
52 #endif
```

图 5.41　取消 HAS_TEMP 和 HAS_HUMM 的注释

⑱ 点击工具栏中的“Make”按钮，编译工程，如图 5.17 所示。

⑲ 等待工程编译完成，如看到图 5.18 所示的警告，可以忽略。

⑳ 在工程目录结构树中的工程名称上点击鼠标右键，选择“Options”，并在弹出的对话框中选择左侧的“Debugger”，在右侧的“Driver”列表中选择“Texas Instruments”，如图 5.19 所示。

㉑ 点击“Download and Debug”按钮，如图 5.20 所示。

㉒ 待程序下载完毕后，点击“Go”按钮，使程序开始运行，如图 5.21 所示。

㉓ 稍等片刻，可以看到温湿度传感器节点的两个 LED 灯同时闪烁，表示正确加入到协调器组建的 ZigBee 网络。

㉔ 打开 Tools\ZigBee 调试助手文件夹下的 ZSAPP Assistant.exe 程序，如图 5.42 所示。

㉕ 在“串口”列表中选择协调器使用的串口号，在本例中，使用的是 COM3，如图 5.43

所示。

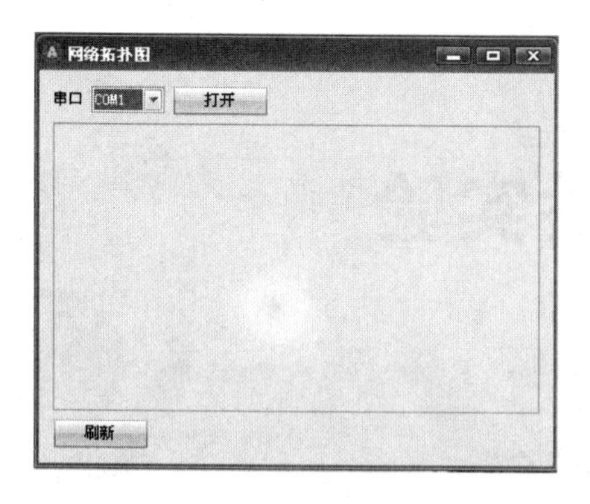

图 5.42　ZigBee 调试助手主界面

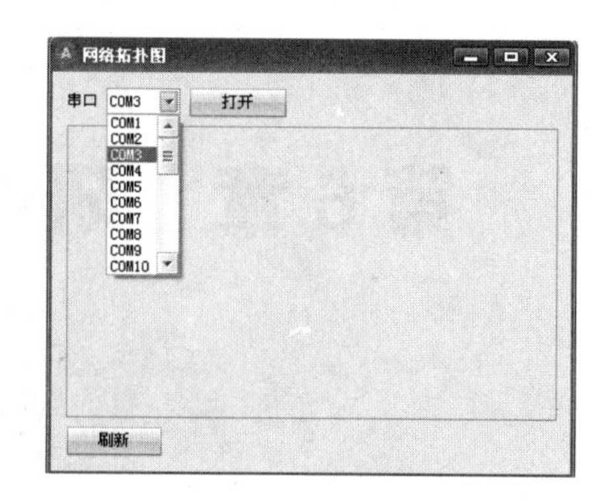

图 5.43　选择串口

㉖ 点击“打开”按钮，启动 ZigBee 网络助手，等待片刻，应当可以看到类似于图 5.44 所示的界面，主界面中显示的是 ZigBee 网络的拓扑结构，其中，标有“湿度”的红色节点即为温湿度传感器节点。

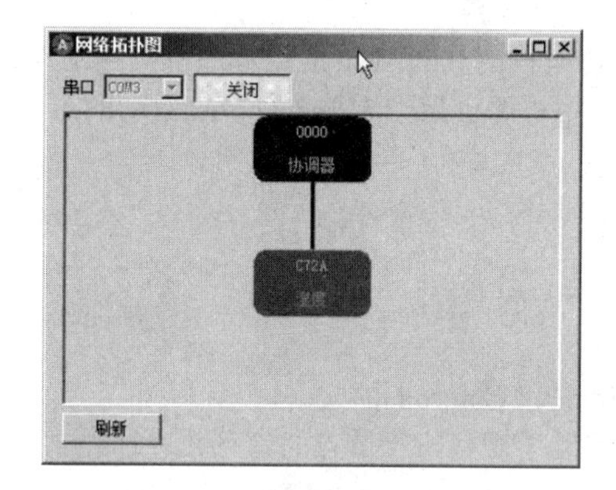

图 5.44　Zigbee 调试助手中显示的 Zigbee 网络拓扑结构

㉗ 点击温湿度传感器节点，可以打开节点详细信息页面。

㉘ 在“温度”和“湿度”两栏，可以分别显示当前环境的温度和湿度。

（7）思考题

如何修改程序，使显示的节点信息为检测烟雾？

第 6 章　研创性实验

6.1 执行节点控制实验

（1）实验目的

① 了解基于 Z-Stack 协议栈的 SappWsn 应用程序框架的工作机制。

② 掌握在 SappWsn 应用程序框架下添加执行节点驱动的方法。

（2）实验器材

① 装有 IAR 开发工具的 PC 机 1 台。

② 下载器 1 个。

③ 物联网开发设计平台 1 套。

（3）预习要求

① 读懂名为 ControlInit()和 Control()的宏。

② 会使用 ZigBee 网络助手观察执行节点的信息并进行控制。

（4）实验要求

利用 Z-Stack APP 应用程序框架，添加执行节点的驱动程序，使得节点可以周期性发送当前继电器的状态给协调器，同时也可以接收协调器的控制指令，控制继电器的状态发生变化。

（5）实验原理

在 Z-Stack APP 中的 HAL\Target\CC2530EB\Includes 组中提供了一个 Sensor.h 的文件，如图 6.1 所示。

图 6.1　驱动程序头文件

其中，有 ControlInit()和 Control()两个宏，它们的作用分别为将继电器对应的 4 个 I/O 口设置为输出和改变继电器对应的 I/O 口的输出电平。在此，可以利用 ControlInit()来初始化执行节点的 4 个 I/O 口，利用 Control()来控制 4 个继电器的状态。如图 6.2 所示。

```
27 #define FireInit()          SetIOInput(0, 0)
28 #define FireInfo()          GetIOLevel(0, 0)
29 #define ControlInit()       do { SetIOOutput(1,4);SetI(
30 #define Control(mask)       do { SetIOLevel(1,4,mask&0x
31 void initUART_1(void);
32 void Uart1TxByte(unsigned char v);
33 void Uart1TX(unsigned char *Data, unsigned int len)
```

图 6.2　ControlInit()和 Control()宏定义

程序流程图如图 6.3 所示。

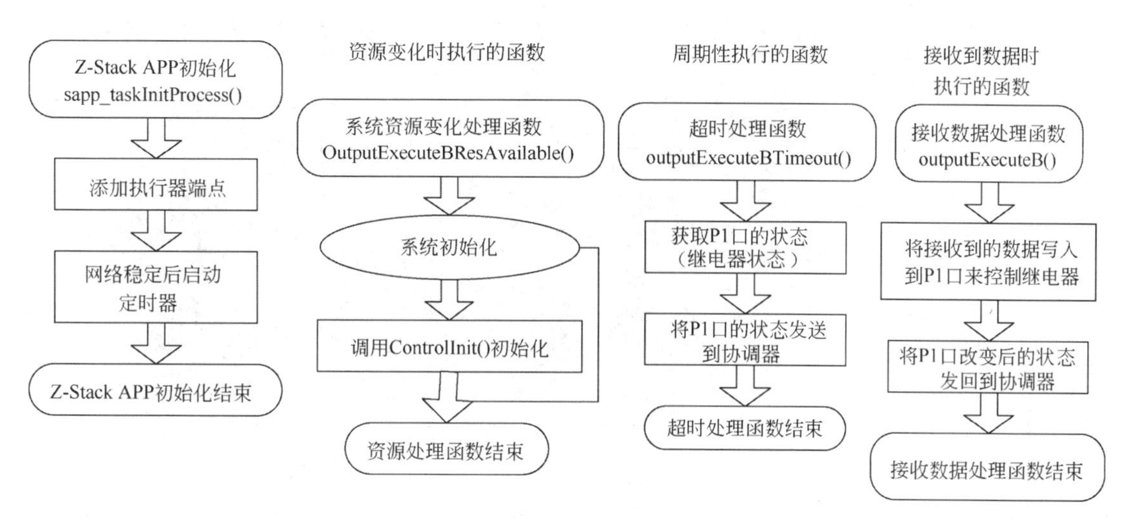

图 6.3　执行节点程序流程图

（6）实验内容与方法

① 本实验需要用到两个节点，一个作为协调器，另一个作为执行节点。

② 首先使用 Mini USB 延长线将协调器的 Mini USB 接口连接至 PC 机的 USB 接口，如图 6.4 所示。

③ 将调试器一端使用 USB A-B 延长线连接至 PC 的 USB 接口，另一端的 10pin 排线连接到实验箱左下角的调试接口，如图 6.5 所示。

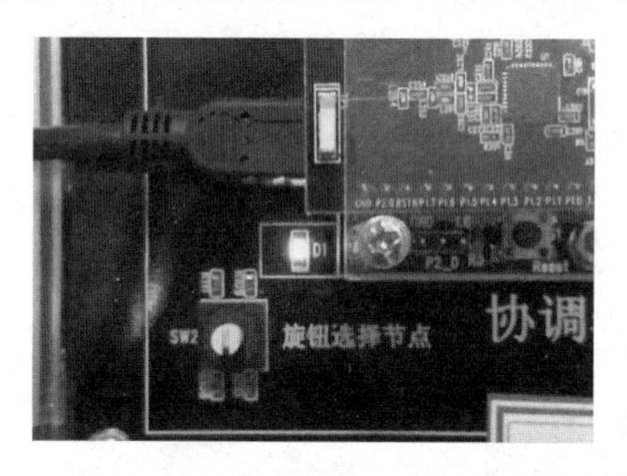

图 6.4　用 Mini USB 延长线将协调器与 PC 相连

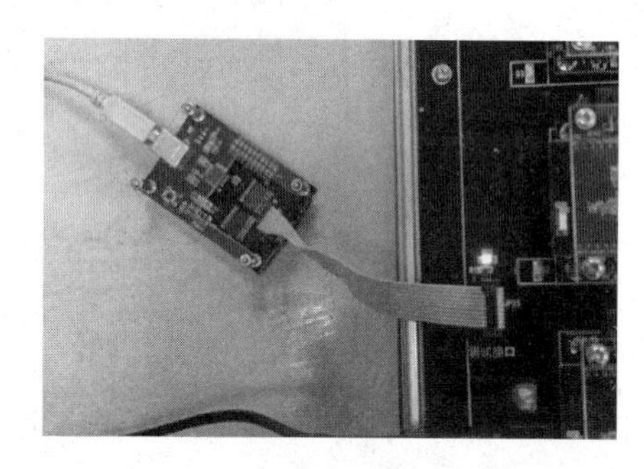

图 6.5　程序下载硬件连接图

④ 将实验箱右上角的开关拨至“旋钮节点选择”一侧，如图 6.6 所示。

⑤ 转动实验箱左下角的旋钮，使得协调器旁边的 LED 灯被点亮，如图 6.7 所示。

图 6.6　选择旋钮节点选择

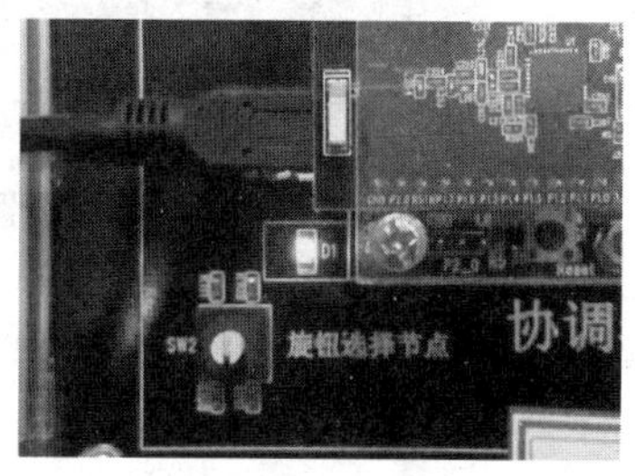

图 6.7　点亮协调器的 LED

⑥ 打开 SappWsn.eww 工程文件，如图 6.8 所示。

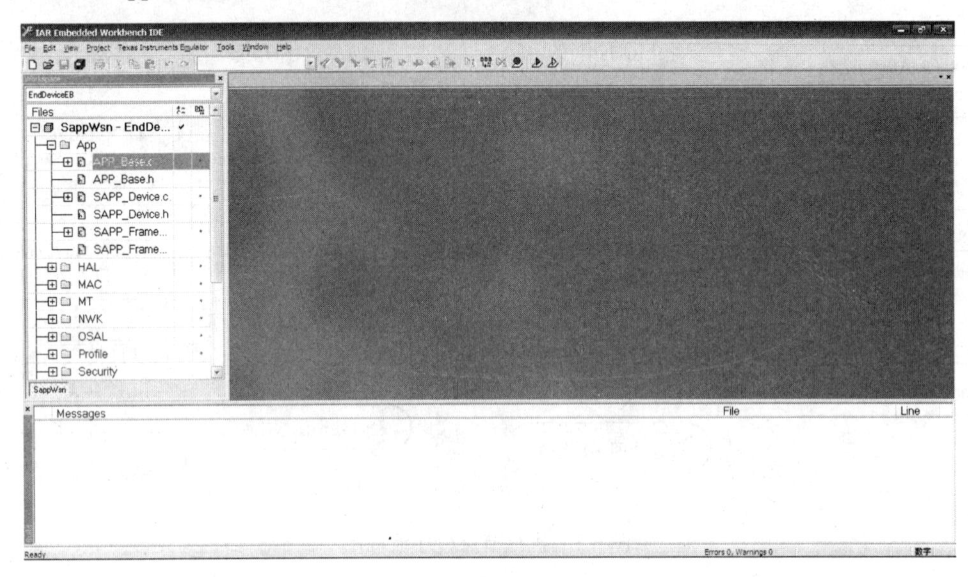

图 6.8 工程文件

⑦ 在“Tools”组中找到“f8wConfig.cfg”文件，双击打开，并找到大概第 59 行的“-DZAPP_CONFIG_PAN_ID=0xFFFF”，将其中的“0xFFFF”修改为其他值，例如“0x0011”。需要注意的是，每一个实验箱应当修改为不一样的 PAN_ID，如图 6.9 所示。

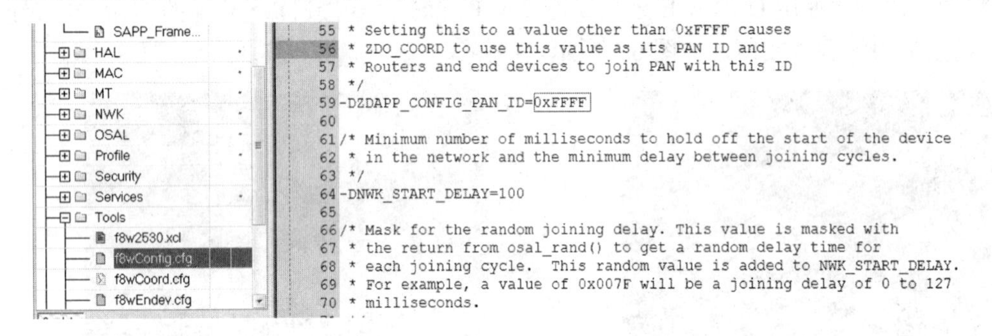

图 6.9 修改 PAN_ID

⑧ 在工程目录结构树上方的下拉列表中选择“CoordinatorEB”，如图 6.10 所示。

⑨ 点击工具栏中的“Make”按钮，编译工程，如图 6.11 所示。

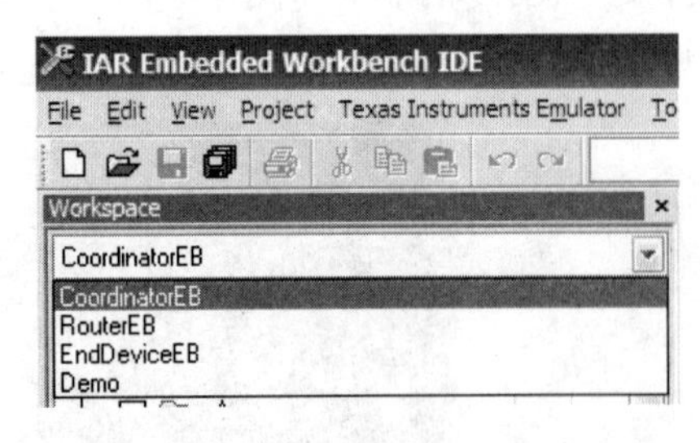

图 6.10 选择“CoordinatorEB”

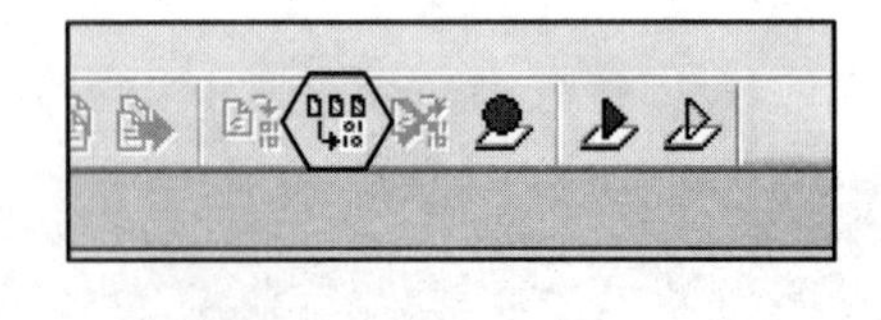

图 6.11 点击“make”

⑩ 等待工程编译完成，如看到图 6.12 所示的警告，可以忽略。

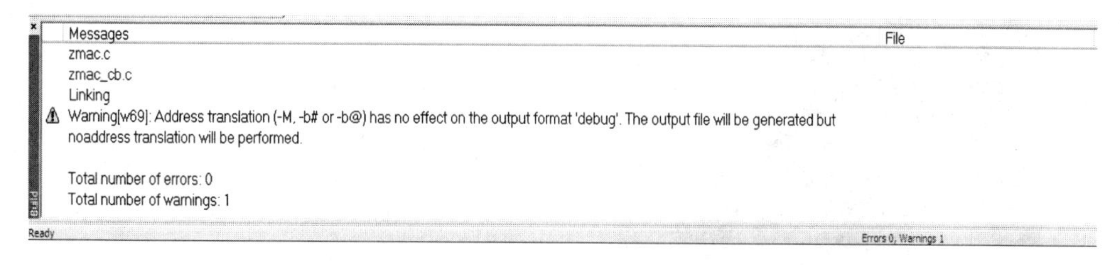

图 6.12 编译完成

⑪ 在工程目录结构树中的工程名称上点击鼠标右键，选择“Options”，并在弹出的对话框中选择左侧的“Debugger”，在右侧的“Driver”列表中选择“Texas Instruments”，如图 6.13 所示。

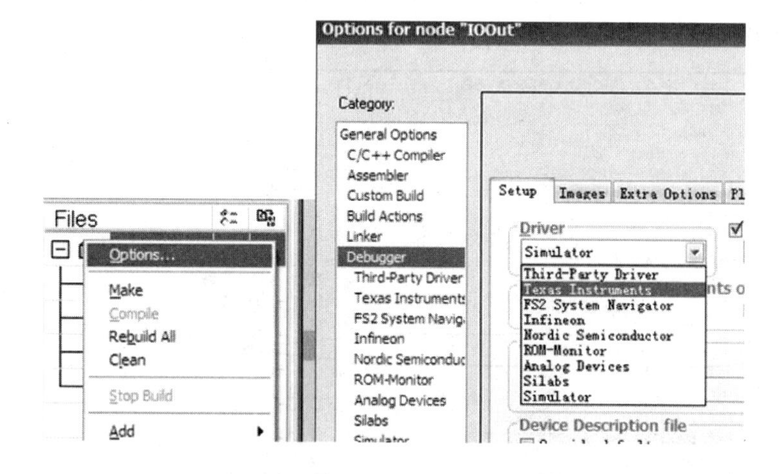

图 6.13 选择“Texas Instruments”

⑫ 点击“Download and Debug”按钮，如图 6.14 所示。

⑬ 待程序下载完毕后，点击“Go”按钮，使程序开始运行，如图 6.15 所示。

图 6.14 点击“Download and Debug”

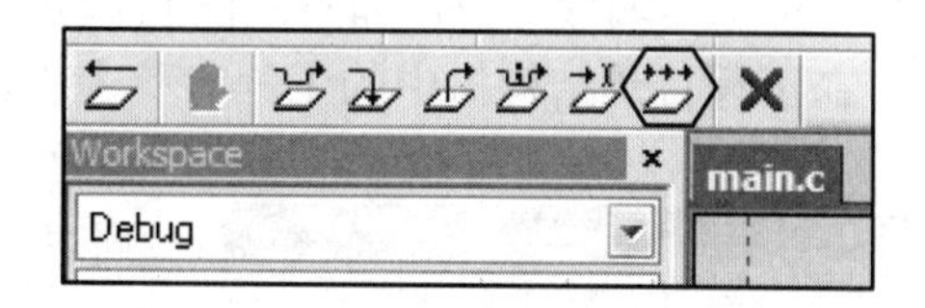

图 6.15 点击运行

⑭ 点击工具栏中的“Stop Debugging”，退出调试模式，如图 6.16 所示。

图 6.16 退出运行

⑮ 转动实验箱左下角的旋钮，使得执行节点旁边的 LED 灯被点亮，如图 6.17 所示。

⑯ 在工程目录结构树上方的下拉列表中选择“EndDeviceEB”，如图 6.18 所示。

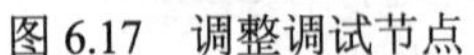

图 6.17 调整调试节点

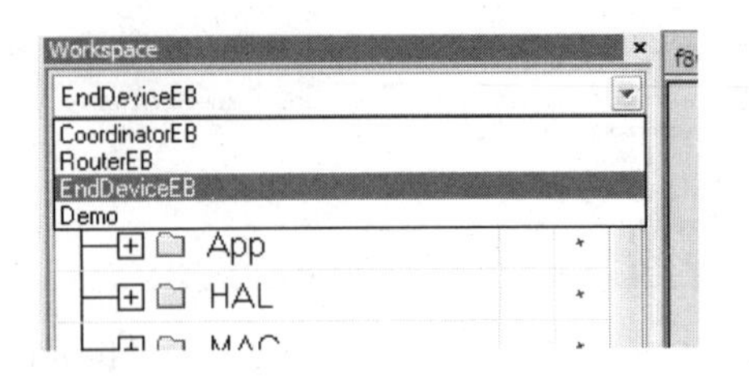

图 6.18 选择“EndDeviceEB”

⑰ 在“SAPP_Device.h”文件中取消“HAS_EXECUTEB”的注释，并保证其他的功能均被注释，如图 6.19 所示。

```
32 #if !defined( ZDO_COORDINATOR ) && !defined( RTR_NWK )
33 // 节点功能定义
34 //#define HAS_GAS                        // 瓦斯传感器
35 //#define HAS_TEMP                       // 温度传感器
36 //#define HAS_HUMM                       // 湿度传感器
37 //#define HAS_RAIN                       // 雨滴传感器
38 //#define HAS_FIRE                       // 火焰传感器
39 //#define HAS_SMOKE                      // 烟雾传感器
40 //#define HAS_ILLUM                      // 光照度传感器
41 //#define HAS_IRPERS                     // 人体红外传感器
42 //#define HAS_IRDIST                     // 红外测距传感器
43 //#define HAS_VOICE                      // 语音传感器，修改 HAL_UART_DMA 的定义为2
44 #define HAS_EXECUTEB                     // 执行器
45 //#define HAS_EXECUTEA                   // 模拟执行器(预留扩展)
46 //#define HAS_REMOTER                    // 红外遥控(预留扩展)
47 //#define HAS_TESTFUNCTION               // 虚拟功能
48 //#define HAS_BROADCASTSEND              // 广播发送
49 //#define HAS_BROADCASTRECEIVE           // 广播接收
```

图 6.19 取消“HAS_EXECUTEB”的注释

⑱ 点击工具栏中的“Make”按钮，编译工程，如图 6.11 所示。

⑲ 等待工程编译完成，如看到图 6.12 所示的警告，可以忽略。

⑳ 在工程目录结构树中的工程名称上点击鼠标右键，选择“Options”，并在弹出的对话框中选择左侧的“Debugger”，在右侧的“Driver”列表中选择“Texas Instruments”，如图 6.13 所示。

㉑ 点击“Download and Debug”按钮，如图 6.14 所示。

㉒ 待程序下载完毕后，点击“Go”按钮，使程序开始运行，如图 6.15 所示。

㉓ 稍等片刻，可以看到执行节点的两个 LED 灯同时闪烁，表示正确加入到协调器组建的 ZigBee 网络。

㉔ 打开 ZigBee 调试助手文件夹下的 ZSAPP Assistant.exe 程序，如图 6.20 所示。

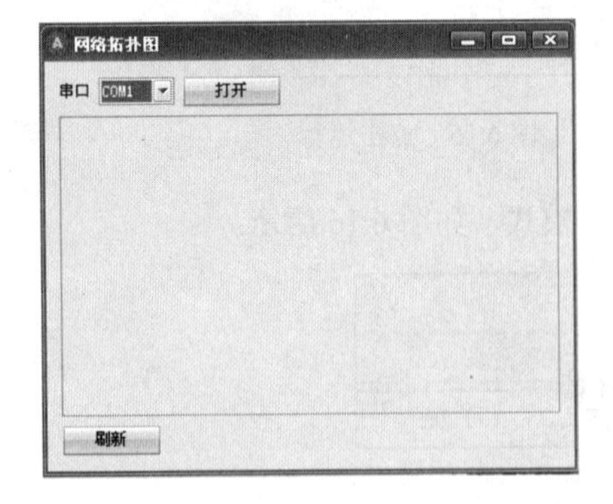

图 6.20 ZSAPP Assistant.exe 程序运行界面

㉕ 在“串口”列表中选择协调器使用的串口号，在本例中，使用的是 COM3，如图 6.21 所示。

图 6.21 选择 COM3

㉖ 点击“打开”按钮，启动 ZigBee 网络助手，等待片刻，应当可以看到类似于图 6.22 所示的界面。主界面中显示的是 ZigBee 网络的拓扑结构，其中，标有“控制 B”的红色节点即为执行节点。

㉗ 点击执行节点，可以打开图 6.23 所示的节点详细信息页面。

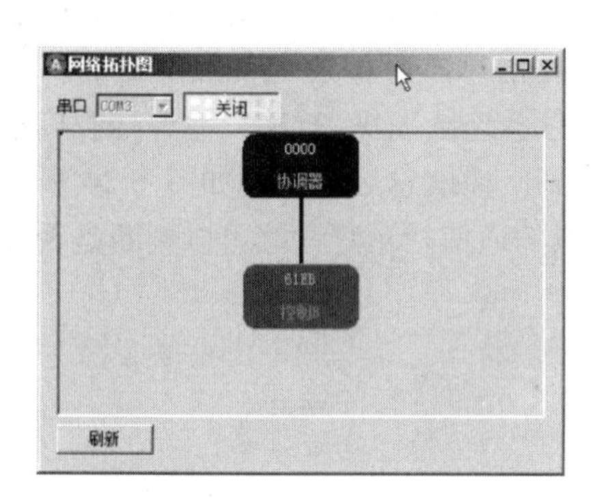

图 6.22 ZigBee 调试助手中显示的 ZigBee 网络拓扑结构

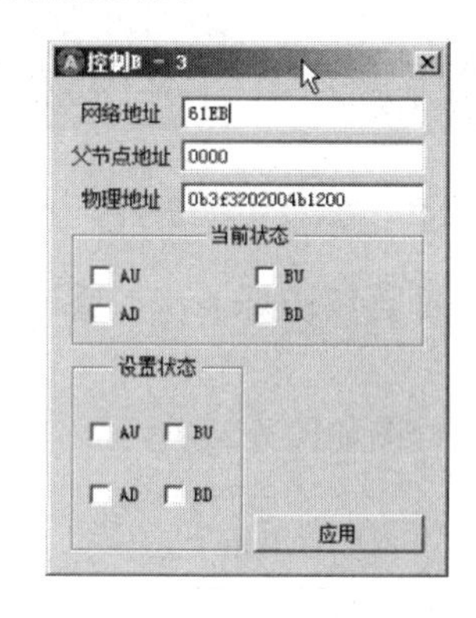

图 6.23 执行节点信息页面

㉘ 在“当前状态”栏，显示的是 4 个继电器的当前状态。

㉙ 可以修改“设置状态”中的 4 个复选框的状态，并点击“应用”按钮，来控制 4 个继电器。

（7）思考题

如何修改程序，使得节点可以周期性发送气体传感器的状态数据给协调器：当没有检测到气体泄漏时发送 0，否则发送 1？

6.2 广播通信实验

（1）实验目的

① 了解 ZigBee 广播通信的原理。

② 掌握在 ZigBee 网络中进行广播通信的方法。

（2）实验器材

① 装有 IAR 开发工具的 PC 机 1 台。

② 下载器 1 个。

③ 物联网开发设计平台 1 套。

（3）预习要求

① 能够把 ZigBee 网络所有节点的 PAN_ID 修改一样。

② 读懂广播通信程序流程图。

（4）实验要求

① 编程要求　使用协议栈提供的 API 函数编写应用程序。

② 实现功能 发送节点向加入到同一 PAN_ID 的 ZigBee 网络的所有节点以广播形式发送消息。

③ 实验现象 带有广播信息接收功能的节点收到广播信息后连续、快速闪烁节点上的通信指示灯 LED_D8，并通过串口输出接收到的信息——字符串“Broadcast Message”。

图 6.24 扩展板实物结构图

（5）实验原理

在实验箱上有 12 个节点，在这 12 个节点中，可以设置其中 1 个为广播信息发送节点，其余若干个为广播信息接收节点。发送节点周期性地向所有节点广播消息，广播发送节点发送的广播消息后通信指示灯会连续闪烁 3 次，允许接收广播消息的节点接收到广播信息后，控制如图 6.24 所示的通信指示灯 LED_D8 连续闪烁 4 次。通过观察各个节点的通信指示灯，就可以判断是否接收到广播信息。

程序流程图如图 6.25 所示。

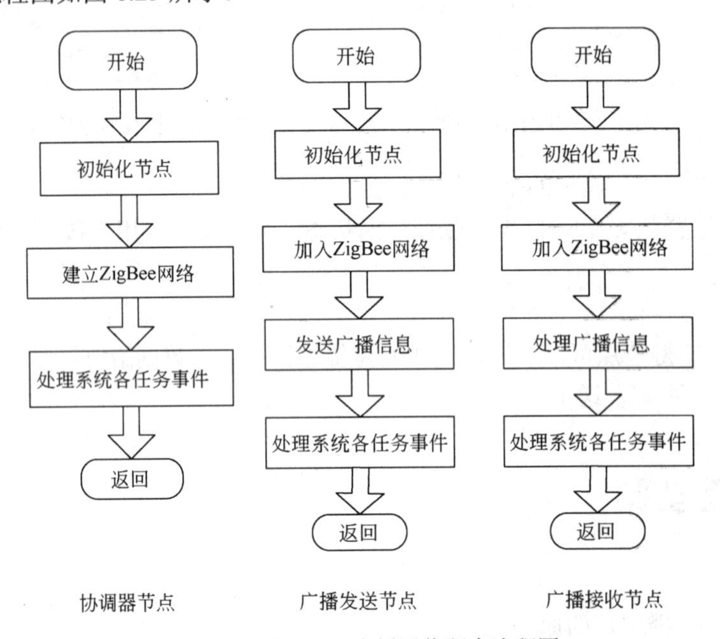

图 6.25 广播通信程序流程图

（6）实验内容与方法

① 本实验需要用到至少 3 个节点，1 个作为协调器，另 1 个作为广播发送节点，定期广播数据给其他节点，其余节点为接收节点，接收到数据后让各自的 D8 LED 灯闪烁。

② 将调试器一端使用 USB A-B 延长线连接至 PC 的 USB 接口，另一端的 10pin 排线连接到实验箱左下角的调试接口，如图 6.5 所示。

③ 将实验箱右上角的开关拨至“旋钮节点选择”一侧，如图 6.6 所示。

④ 转动实验箱左下角的旋钮，使得协调器旁边的 LED 灯被点亮，如图 6.7 所示。

⑤ 打开 SappWsn.eww 工程文件，如图 6.8 所示。

⑥ 在“Tools”组中找到“ f8wConfig.cfg”文件，双击打开，并找到大概第 59 行的

“-DZAPP_CONFIG_PAN_ID=0xFFFF”，将其中的“0xFFFF”修改为其他值，例如“0x0011”。要注意的是，每一个实验箱应当修改为不一样的 PAN_ID，如图 6.9 所示。

⑦ 在工程目录结构树上方的下拉列表中选择“CoordinatorEB”，如图 6.10 所示。

⑧ 点击工具栏中的“Make”按钮，编译工程，如图 6.11 所示。

⑨ 等待工程编译完成，如看到图 6.12 所示的警告，可以忽略。

⑩ 在工程目录结构树中的工程名称上点击鼠标右键，选择“Options”，并在弹出的对话框中选择左侧的“Debugger”，在右侧的“Driver”列表中选择“Texas Instruments”，如图 6.13 所示。

⑪ 点击“Download and Debug”按钮，如图 6.14 所示。

⑫ 待程序下载完毕后，点击“Go”按钮，使程序开始运行，如图 6.15 所示。

⑬ 点击工具栏中的“Stop Debugging”，退出调试模式，如图 6.16 所示。

⑭ 转动实验箱左下角的旋钮，在除协调器之外的其余 11 个节点中任选 1 个，作为发送节点。

⑮ 在工程目录结构树上方的下拉列表中选择“EndDeviceEB”，如图 6.26 所示。

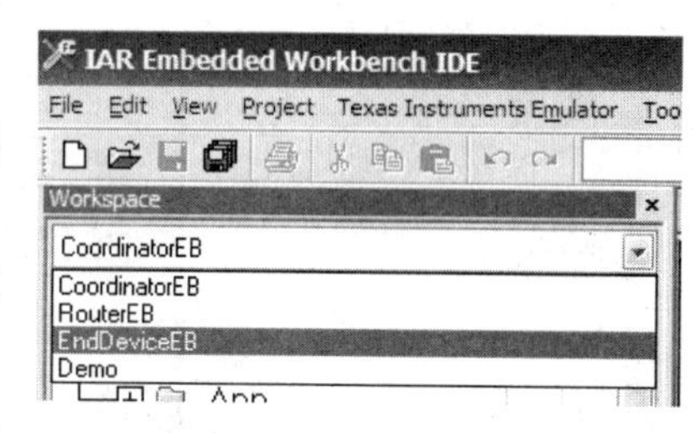

图 6.26 选择“EndDeviceEB”

⑯ 在“SAPP_Device.h”文件中取消“HAS_BROADCASTSEND”的注释，并保证其他的功能均被注释，如图 6.27 所示。

```
34 //#define HAS_GAS                  // 瓦斯传感器
35 //#define HAS_TEMP                 // 温度传感器
36 //#define HAS_HUMM                 // 湿度传感器
37 //#define HAS_RAIN                 // 雨滴传感器
38 //#define HAS_FIRE                 // 火焰传感器
39 //#define HAS_SMOKE                // 烟雾传感器
40 //#define HAS_ILLUM                // 光照度传感器
41 //#define HAS_IRPERS               // 人体红外传感器
42 //#define HAS_IRDIST               // 红外测距传感器
43 //#define HAS_VOICE                // 语音传感器，修改 HAL_UART_DMA 的定义
44 //#define HAS_EXECUTEB             // 执行器
45 //#define HAS_EXECUTEA             // 模拟执行器(预留扩展)
46 //#define HAS_REMOTER              // 红外遥控(预留扩展)
47 //#define HAS_TESTFUNCTION         // 虚拟功能
48 #define HAS_BROADCASTSEND          // 广播发送
49 //#define HAS_BROADCASTRECEIVE     // 广播接收
50 //#define HAS_125KREADER           // 125K电子标签阅读器
51 //#define HAS_SPEAKER              // 语音报警器
```

图 6.27 取消“HAS_BROADCASTSEND”注释

⑰ 点击工具栏中的“Make”按钮，编译工程，如图 6.11 所示。

⑱ 等待工程编译完成，如看到图 6.12 所示的警告，可以忽略。

⑲ 在工程目录结构树中的工程名称上点击鼠标右键，选择“Options”，并在弹出的对话框中选择左侧的“Debugger”，在右侧的“Driver”列表中选择“Texas Instruments”，如图 6.13 所示。

⑳ 点击“Download and Debug”按钮，如图 6.14 所示；

㉑ 待程序下载完毕后，点击“Go”按钮，使程序开始运行，如图 6.15 所示。

㉒ 点击工具栏中的“Stop Debugging”，退出调试模式，如图 6.16 所示。

㉓ 转动实验箱左下角的旋钮，在除协调器和发送节点之外的其余 10 个节点中任选 1 个，作为接收节点。

㉔ 在“SAPP_Device.h”文件中取消“HAS_BROADCASTRECEIVE”的注释，并保证其他的功能均被注释，如图 6.28 所示。

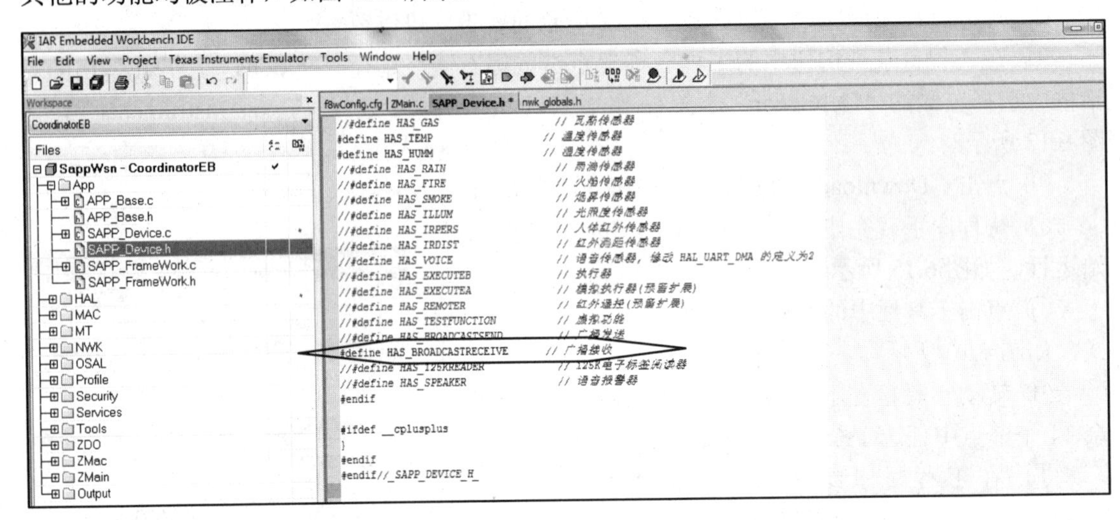

图 6.28 取消“HAS_BROADCASTRECEIVE”注释

㉕ 点击工具栏中的“Make”按钮，编译工程，如图 6.11 所示。

㉖ 等待工程编译完成，如看到图 6.12 所示的警告，可以忽略。

㉗ 点击“Download and Debug”按钮，如图 6.14 所示。

㉘ 待程序下载完毕后，点击“Go”按钮，使程序开始运行，如图 6.15 所示。

㉙ 重复第㉓步开始的步骤，可以使多个节点成为接收节点。

㉚ 完成所有节点的代码下载和运行后，观察当广播发送节点发送数据时（通信指示灯闪烁时），所有广播接收节点的 D8 LED 灯连续闪烁 4 次，表示接收到信息。

（7）思考题

如何设定使得接收节点在接收到信息后 D8 LED 闪烁 2 次?

6.3 星状网络实验

（1）实验目的

① 了解 ZigBee 星状网络结构。

② 掌握构建星状网络的方法。

（2）实验器材

① 装有 IAR 开发工具的 PC 机 1 台。

② 下载器 1 个。

③ 物联网开发设计平台 1 套。

（3）预习要求

① 掌握通过 ZigBee 构建星状网络结构的方法。

② 会使用“ZigBee 调试助手”来查看星状网络连接拓扑图。

（4）实验要求

① 编程要求 使用协议栈提供的 API 函数编写应用程序。

② 实现功能 构建星状网络进行数据通信。

③ 实验现象 通过光盘资料提供的“ZigBee 调试助手”查看星状网络连接拓扑图。

（5）实验原理

通过设置网络中各个节点的网络拓扑参数为星状组网方式，使协调器建立一个 ZigBee 网络，其他终端节点连接到网络时，直接以协调器节点作为父节点，构成星状网络拓扑结构，并通过“ZigBee 调试助手”查看现象。如图 6.29 所示。

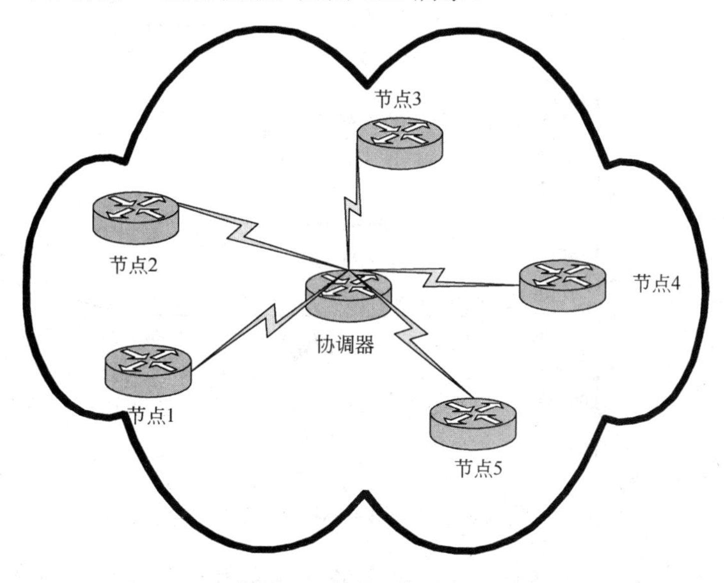

图 6.29 星状网络结构图

程序流程图如图 6.30 所示。

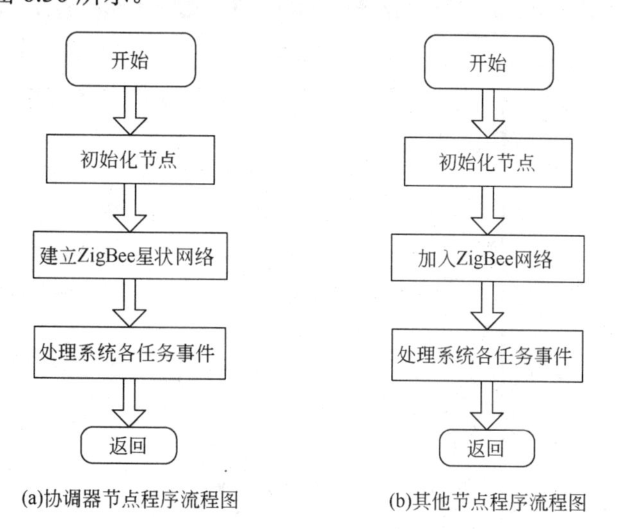

图 6.30 ZigBee 星状网络实验节点流程图

因为 ZigBee 协议栈已搭建好网络平台，所以只需改变网络结构参数即可。

（6）实验内容与方法

① 将调试器连接到实验箱的调试口。

② 按照打开协议栈工程文件。

③ 打开工程目录下 NWK 中的 nwk_globals.h 文件，看到网络拓扑形状是由如图 6.31 所示的“NWK_MODE_STAR”（星状网）、“NWK_MODE_TREE”（树状网）、“NWK_MODE_MESH”（网状网）3 个宏定义作为网络参数确定的。

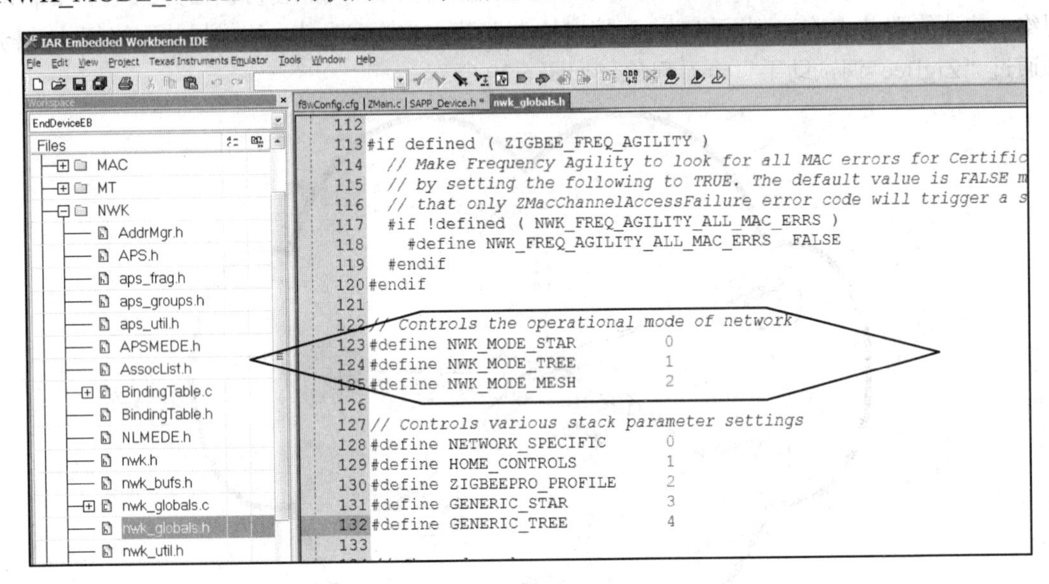

图 6.31　协议栈中 ZigBee 网络模式参数宏定义

④ 按照图 6.32 修改 ZigBee 节点组网的网络拓扑结构参数，将图示部分修改为“NWK_MODE_STAR”，即规定了网络的拓扑结构为星形连接方式。

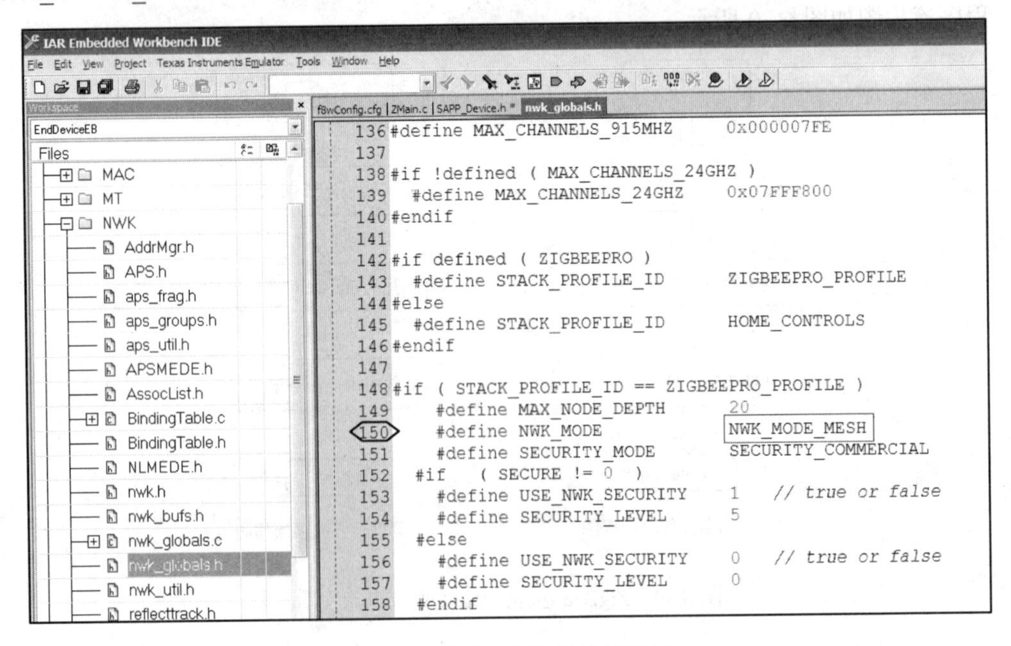

图 6.32　修改网络拓扑为星形网

⑤ 使用实验箱上的旋钮选中协调器节点，编译协调器的代码，然后点击下载图标，如图 6.33 所示。

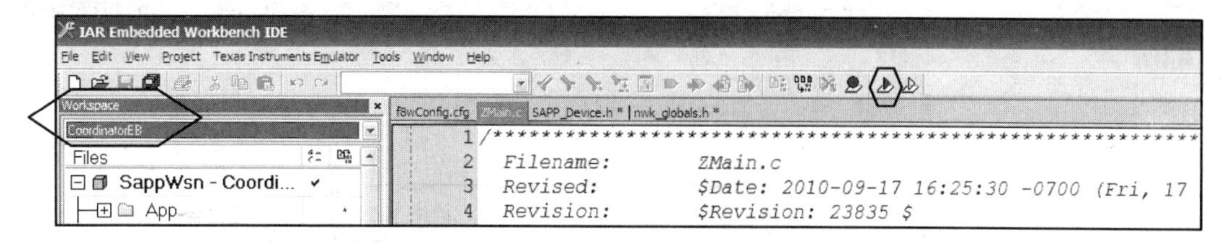

图 6.33 下载协调器节点程序

⑥ 下载完成后，点击图 6.15 所示的调试界面的“全速运行”，再点击“退出调试”。

⑦ 使用实验箱上的旋钮选中路由器节点。

⑧ 按照图 6.34 所示选择“路由器节点”，然后点击下载图标，等待完成下载。

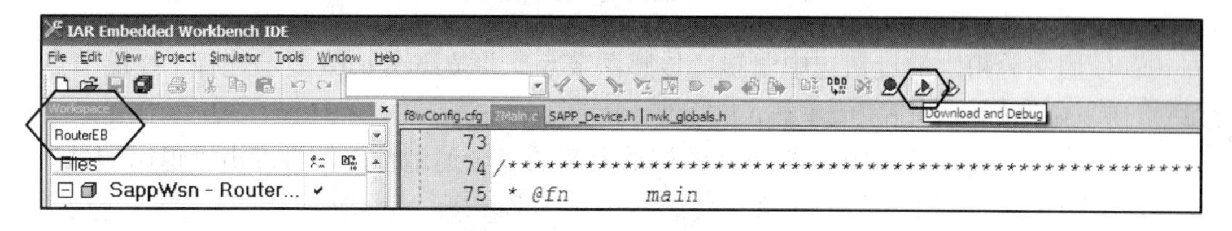

图 6.34 下载路由器节点程序

⑨ 下载完成后，点击图 6.15 所示的调试界面的“全速运行”，再点击“退出调试”。

⑩ 使用实验箱上的旋钮选中火焰传感器节点。

⑪ 打开工程目录“APP”文件夹下的“SAPP_Device.h”文件，修改图 6.35 所示的部分，使宏定义“HAS_FIRE”有效，其他功能宏定义均被注释（无效），即向节点添加了火焰检测功能。

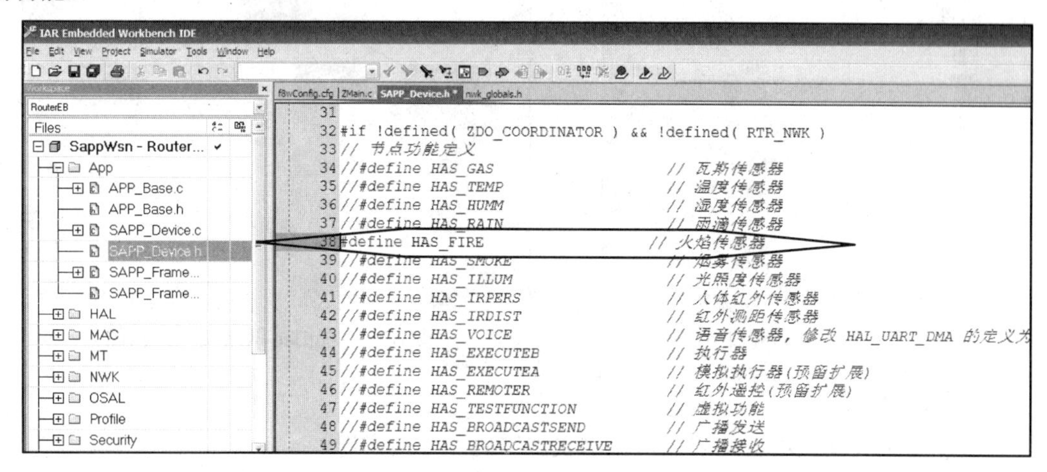

图 6.35 添加火焰检测功能

⑫ 按照图 6.18 所示选择“终端节点”，然后点击下载图标，等待完成下载。

⑬ 下载完成后，点击图 6.15 所示的调试界面的“全速运行”，再点击“退出调试”。

⑭ 再次打开工程目录“APP”文件夹下的“SAPP_Device.h”文件，修改图 6.36 所示的

部分，使宏定义“HAS_TEMP”和“HAS_HUMI”有效，其他功能宏定义均被注释（无效），即向节点添加了温度和湿度检测功能。

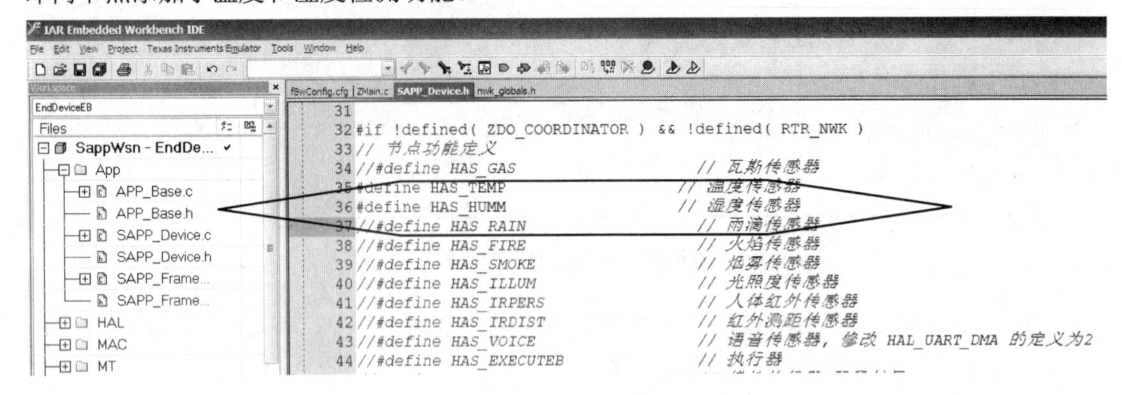

图 6.36 添加温度和湿度检测功能

⑮ 使用实验箱上的旋钮选中温湿度传感器节点，并按照图 6.18 所示选择“终端节点”，然后点击下载图标，等待完成下载。

⑯ 下载完成后，点击图 6.15 所示的调试界面的“全速运行”，再点击“退出调试”。

⑰ 重复上述步骤，可以添加其他传感器节点到 ZigBee 网络中。

⑱ 使用 USB Mini 延长线连接协调器节点的串口和 PC 的 USB 口。

⑲ 打开 “ZigBee 调试助手”，然后按照图 6.37 所示选择设备连接使用的端口。需要说明的是，该端口可从设备管理器中的“端口”项查看。

⑳ 点击“打开”按钮，稍等片刻，看到界面上出现了类似图 6.38 所示的网络拓扑结构图。

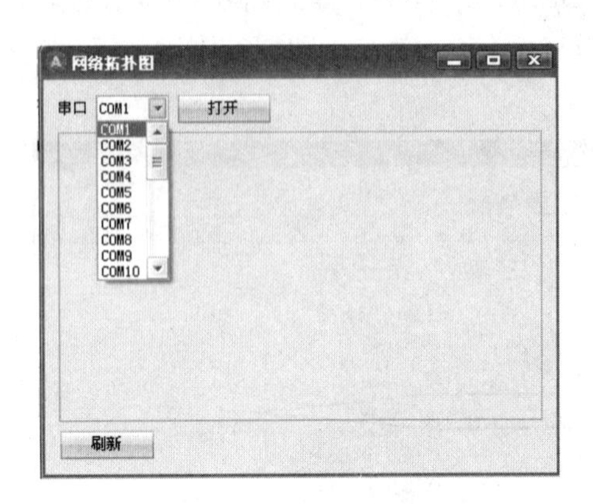

图 6.37 选择端口

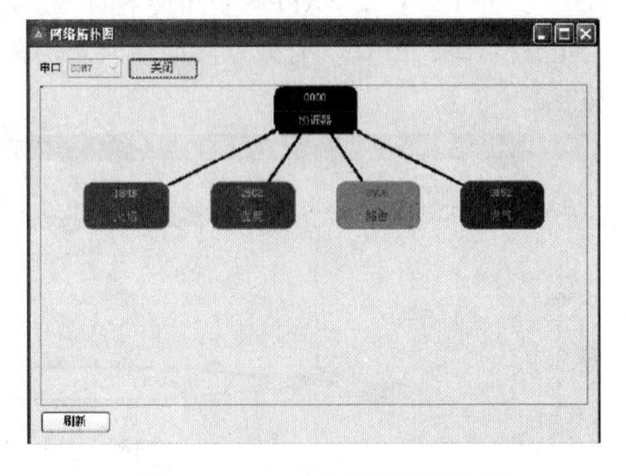

图 6.38 ZigBee 网络拓扑结构图

（7）思考题

请问能用不同试验箱上的节点组建星状网络码？如何实现？

6.4 两个实验平台之间构建树状网络

（1）实验目的

① 了解 ZigBee 树状网络结构。

② 掌握利用单个实验箱构建树状网络的方法。

③ 掌握在两个实验箱之间构建树状网络的方法。

（2）实验器材

① 装有 IAR 开发工具的 PC 机 1 台。

② 下载器 1 个。

③ 物联网开发设计平台 2 套。

（3）预习要求

① 掌握通过 ZigBee 构建树状网络结构的方法。

② 会利用两个实验箱来构建树状网络。

（4）实验要求

① 编程要求 使用协议栈提供的 API 函数编写应用程序。

② 实现功能 构建树状网络进行数据通信。

（5）实验内容

① 利用单个实验箱构建树状网络

a. 实验原理 通过设置网络中各个节点的网络拓扑参数为树状网组网方式，使协调器建立一个 ZigBee 网络，其他终端节点连接到网络时，以协调器节点或者路由器节点作为父节点，构成树状网络拓扑结构，并通过“ZigBee 调试助手”查看现象，如图 6.39 所示。ZigBee 协议栈已搭建好网络平台，所以只需改变网络结构参数即可。

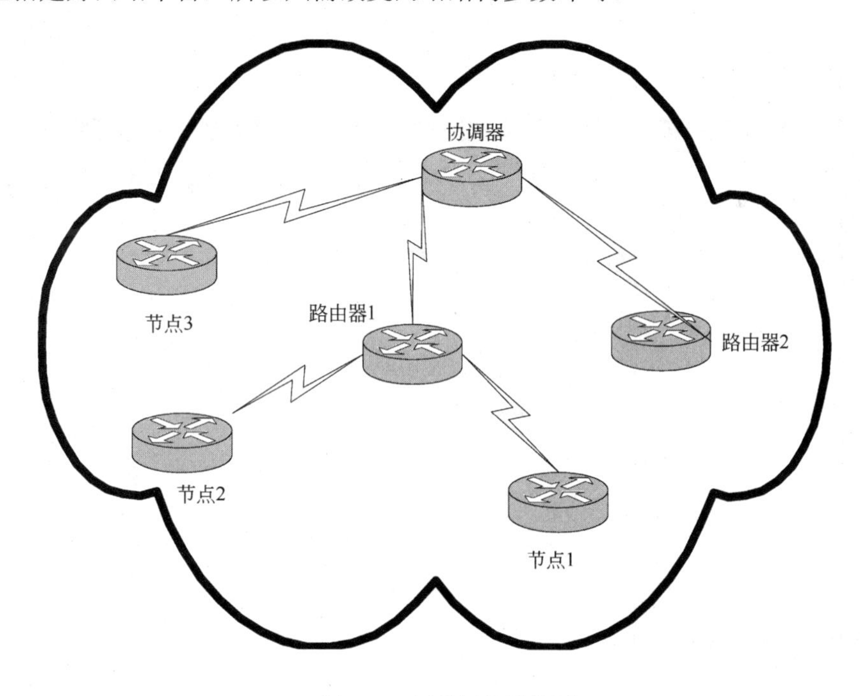

图 6.39 树状网络结构图

程序流程图如图 6.40 所示。

b. 实验内容与方法

（a）将调试器连接到实验箱的调试口。

（b）打开协议栈工程文件。

（c）打开工程目录下 NWK 中的 nwk_globals.h 文件，看到网络拓扑形状是由如图 6.31 所示的“NWK_MODE_STAR”（星状网）、“NWK_MODE_TREE”（树状网）、“NWK_MODE_MESH”（网状网）3 个宏定义作为网络参数确定的。

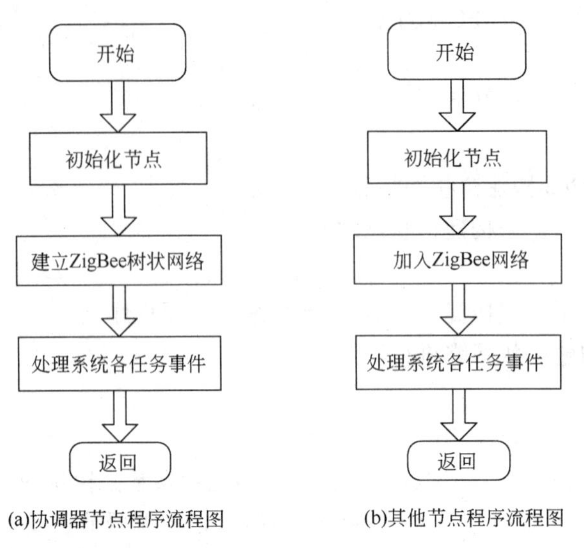

图 6.40　ZigBee 树状网络实验节点流程图

（d）按照图 6.41 修改 ZigBee 节点组网的网络拓扑结构参数，将图示部分修改为“NWK_MODE_TREE”，即规定了网络的拓扑结构为树状连接方式。

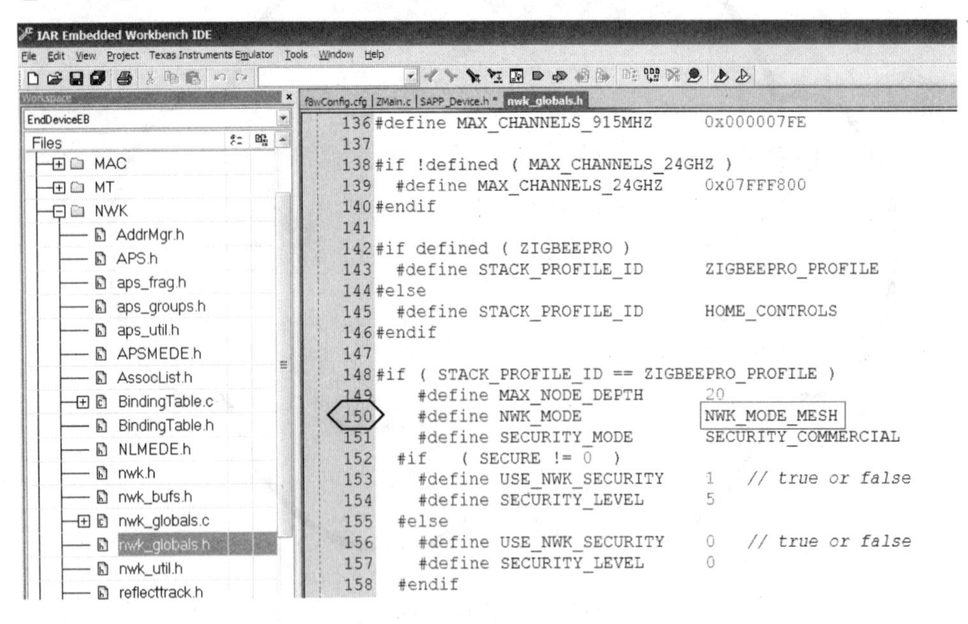

图 6.41　修改网络拓扑为树状网

（e）使用实验箱上的旋钮选中协调器节点，选择编译协调器的代码，然后点击下载图标，如图 6.33 所示。

（f）下载完成后，点击图 6.15 所示的调试界面的“全速运行”，再点击“退出调试”。

（g）使用实验箱上的旋钮选中路由器节点。

（h）按照图 6.34 所示，选择“路由器节点”，然后点击下载图标，等待完成下载。

（i）下载完成后，点击图 6.15 所示的调试界面的“全速运行”，再点击“退出调试”。

（j）使用实验箱上的旋钮选中火焰传感器节点。

（k）打开工程目录“APP”文件夹下的“SAPP_Device.h”文件，修改图 6.42 所示的部分，使宏定义“HAS_FIRE”有效，其他功能宏定义均被注释（无效），即向节点添加了火焰检测功能。

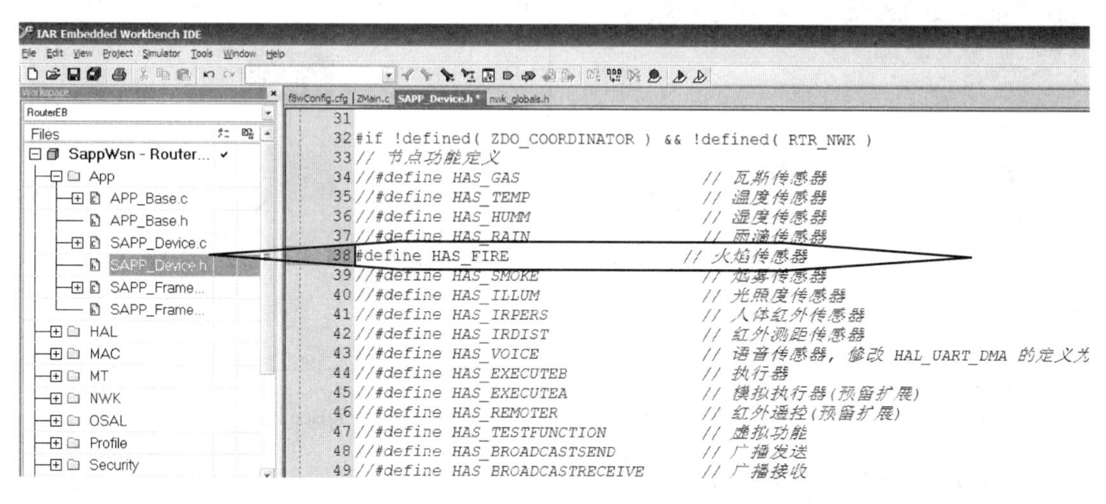

图 6.42　使宏定义“HAS_FIRE”有效

（l）按照图 6.26 所示选择“终端节点”，然后点击下载图标，等待完成下载。

（m）下载完成后，点击图 6.15 所示的调试界面的“全速运行”，再点击“退出调试”。

（n）再次打开工程目录“APP”文件夹下的“SAPP_Device.h”文件，修改图 6.43 所示的部分，使宏定义“HAS_TEMP”和“HAS_HUMI”有效，其他功能宏定义均被注释（无效），即向节点添加了温度和湿度检测功能。

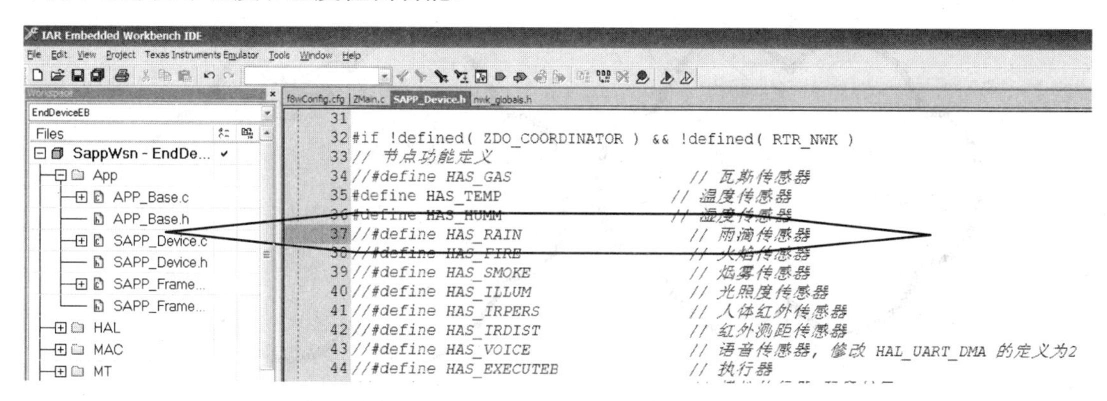

图 6.43　使宏定义“HAS_TEMP”和“HAS_HUMI”有效

（o）使用实验箱上的旋钮选中温湿度传感器节点，并按照图 6.26 所示选择“终端节点”，然后点击下载图标，等待完成下载。

（p）下载完成后，点击图 6.15 所示的调试界面的“全速运行”，再点击“退出调试”。

（g）重复上述步骤，可以添加其他传感器节点到 ZigBee 网络中。

（r）用实验箱配件中的 USB Mini 延长线连接协调器节点的串口和 PC 的 USB 口。

（s）打开“ZigBee 调试助手”，然后按照图 6.44 所示选择设备连接使用的端口（可从计算机的设备管理器中的“端口”项查看）。

（t）点击“打开”按钮，稍等片刻，看到界面上出现了类似图 6.45 所示的网络拓扑结构图，所有节点固定在实验箱上，距离比较近，可能会出现节点都直接连接到协调器上，属于正常现象。

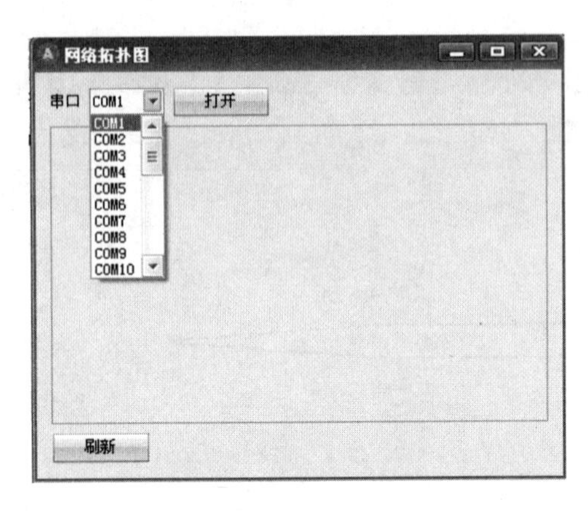

图 6.44　串口助手运行界面

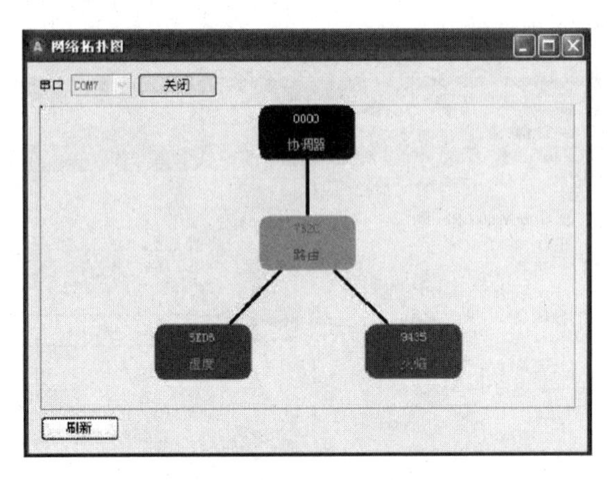

图 6.45　ZigBee 网络拓扑结构图

② 在两个实验箱之间构建树状网络

a. 实验原理　通过设置网络中各个节点的网络拓扑参数为树状网组网方式，使协调器建立一个 ZigBee 网络，调节两个试验箱各个节点的 PAN_ID 号，使之保持一致。当其他终端节点连接到网络时，以协调器节点或者路由器节点作为父节点，构成树状网络拓扑结构如图 6.46 所示，并通过“ZigBee 调试助手”查看现象。

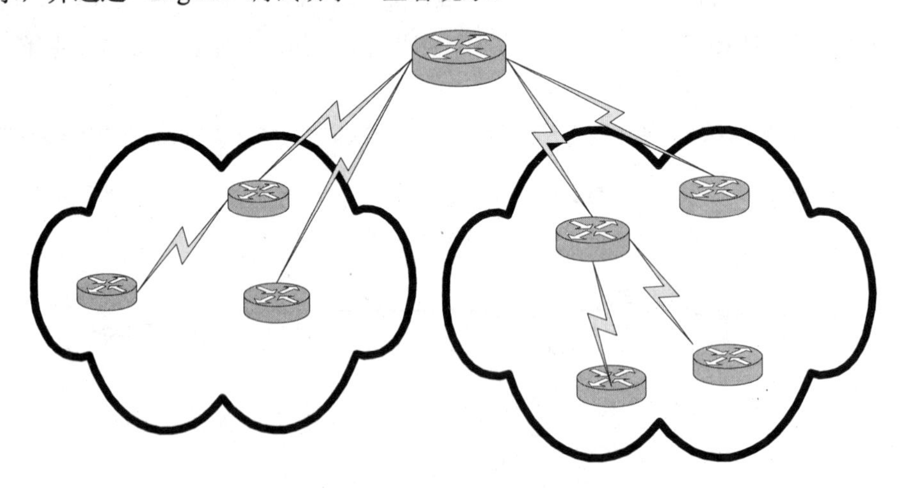

图 6.46　两个实验箱树状网络网络结构图

b. 实验内容与方法

（a）将调试器连接到实验箱的调试口，打开协议栈工程文件。

（b）打开工程目录下 NWK 中的 nwk_globals.h 文件，如图 6.41 所示，将文件第 150 行的网络拓扑结构定义为 NWK_MODE_TREE。

（c）使用实验箱上的旋钮选中协调器节点，编译代码并下载，如图 6.33 所示。

（d）下载完成后，点击“运行”，然后点击“退出调试”。

（e）打开工程目录“APP”文件下的“SAPP_Decice.h”文件，可以看到 34～51 行为各个函数，这时选中试验箱上相应的节点，将文件中所需要添加的函数取消注释，选择下载运行即可。

（f）用相同的方法在两个实验箱上添加各个节点。为了便于区别，本次实验将一个试验箱中作为终端，关掉另一个试验箱的协调器和路由器，各添加每个试验箱上的一半节点。如图 6.47 所示。

图 6.47 在两个实验箱上添加节点

（g）下载完成后，等待片刻，可以看到实验箱上显示终端试验箱上的节点，这是因为两个试验箱节点的 PAN_ID 号不一致，另一个箱子上的节点无法添加到该网络。设置之前，可以用同样的方法查看终端箱节点的 PAN_ID 号。如图 6.48 所示。

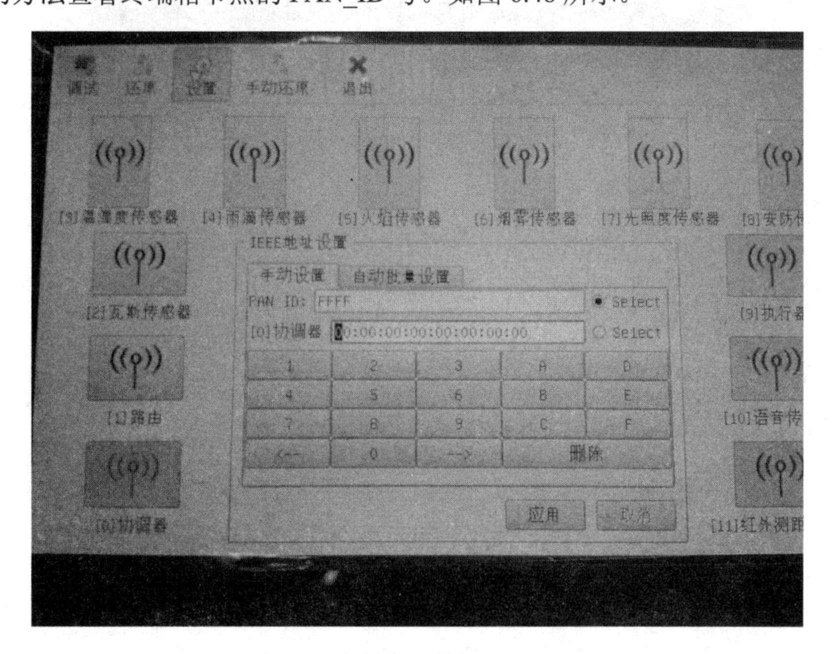

图 6.48 查看实验箱的 PAN_ID 号

（h）按下非终端箱的 K3 按键，进入设置界面，点击设置，选择自动批量设置，选择相

应的节点，将 PAN_ID 号设置为终端箱节点相同的号码。见图 6.49。

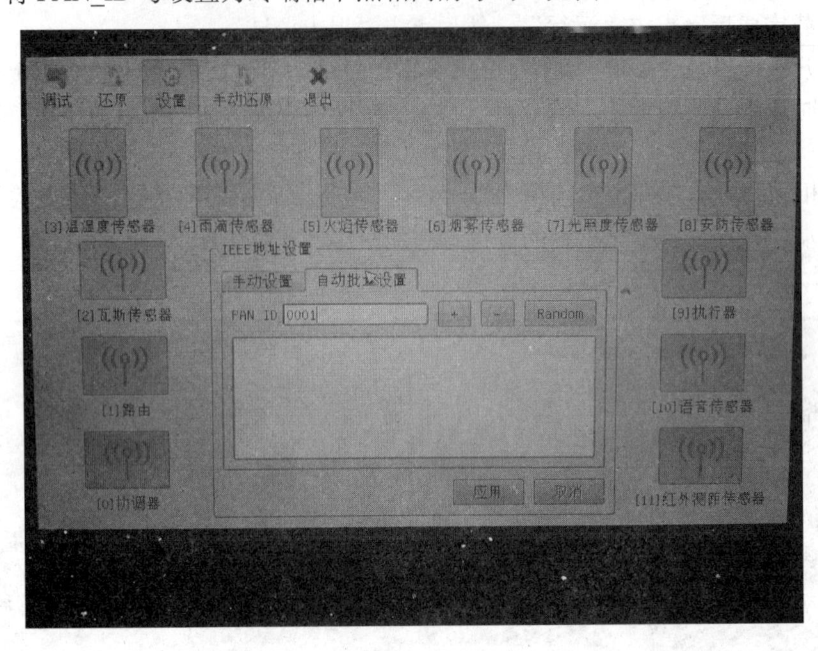

图 6.49　设置相同的 PAN_ID 号

（i）返回，等待一段时间，可以看到终端箱上显示出了新添加的节点，见图 6.50。需要说明的是，由于各个节点里协调器比较近，所以各个节点也有可能直接连接到了协调器上，并非错误。

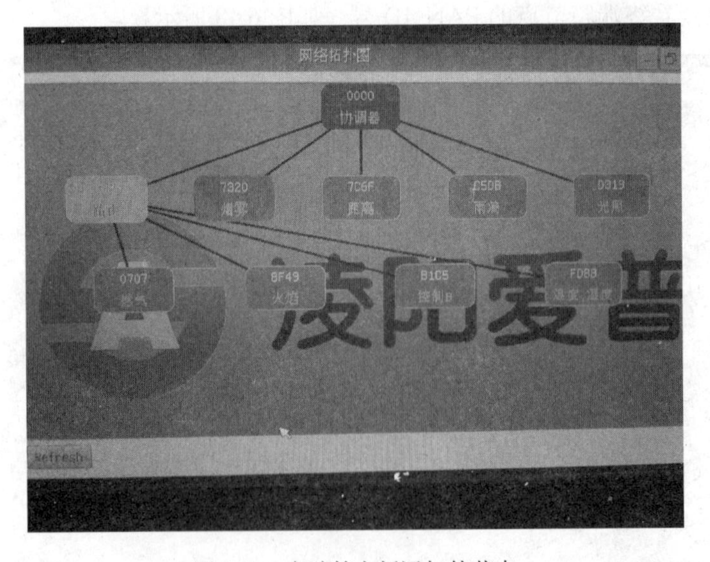

图 6.50　实验箱上新添加的节点

（6）思考题

能否在使用 3 个或 3 个以上的箱子实现组网？如何实现？

参考文献

[1] 黄丹丹，基于 TinyOS 的无线传感器节点 BSP 开发设计[D].信息工程大学.2006.

[2] Manges W. It's Time for Sensors to Go Wireless [J]. Sensors Magazine, 1999, 4-5.

[3] Kahn J. Next Century Challenges: Mobile networking for "Smart Dust" [C] Conference on Mobile Computing and Networking，1999，9.

[4] 孔庆昀，无线传感器网络路由算法的研究与实现[D].吉林大学,2007.

[5] 刘琴, 传感器网络聚类层次路由协议研究与实现[D]. 西北工业大学, 2007.

[6] 陈文玲, 无线传感器网络层次型路由协议研究[D]. 吉林大学,2007.

[7] 孙利民，李建中，陈渝，朱红松，无线传感器网络. 北京：清华大学出版社，2005.

[8] 黄轶，无线传感器网络分簇路由算法的研究及改进与网络平台的设计实现[D].浙江大学, 2007.

[9] 宋文，王兵，周应宾，无线传感器网络技术与应用. 北京：电子工业出版社，2007.

[10] Noury N, Herve T, Rialle V, Virone G, Mercier E. Monitoring behavior in home using a smart fall sensor. In: Proceedings of the IEEE-EMBS Special Topic Conference on Microtechnologies in Medicine and Biology. Lyon: IEEE Computer Society,2000. pp.607-610

[11] Sameer Tilak, Nael B, Abu-Ghazaleh and Wendi Heinzelman. A Taxonomy of Wireless Micro-Sensor Network Models[J]. ACM Mobile Computing and Communications Review(MC2R), 2002,6(2): 1-8.

[12] 杨云升，基于 LEACH 的无线传感器网络路由协议的研究[D].吉林大学,2007.4.

[13] Chris Karlof ,David Wagner. Secure Routing in Wireless Sensor Networks :Attacks and Countermeasures[C] . Proceedings of 2003 IEEE International Workshop on Sensor Network Protocols and Applications, Anchorage, Alaska, May 2003：113-127.

[14] 宋志高,无线传感器网络路由协议的研究和应用[D].上海交通大学,2005.

[15] 耿军涛，周小佳，张冰洁。基于无线传感器网络的大气环境监测系统设计[J].西华大学学报（自然科学版）,2007,26(4): 44-46.

[16] 吴迪，胡钢，倪刚.无线传感器网络安全路由协议的研究[J]. 传感技术学报， 2008，21(7):1195-1201.

[17] 侯培国,雷巧玲.基于无线传感器网络的空气质量监测系统[J].工业仪表与自动化装置,2009, 2009(3)：109-112.

[18] 万国峰,骆岩红.基于无线传感器网络的空气污染监测系统的设计[J].自动化与仪器仪表, 2012,2012(1):44-46 .

[19] 汪胜辉,刘波峰.基于无线传感器网络的空气质量监测站的设计.电子工程师, 2007,33(7): 11-13.

[20] 熊志金.基于无线传感器网络的列车货物安全监测系统[J].计算机测量与控制，2012，20（8）:2102-2104.

[21] 贾玉福，董天临，石坚。无线传感器网络安全问题分析。网络安全技术与应用。2005.1: 48-51.

[22] 郭志远 ，贺其元。无线传感器网络路由协议安全性研究。无线电工程。2006，36（1）：17-20.

[23] C Karlof ，D Wagner. Secure Routing in Wireless Sensor Networks :Attacks and Countermeasures[D] . Proceedings of 2003 IEEE International Workshop on Sensor Network Protocols and Applications, Anchorage, Alaska, May 2003：113-127.

[24] Newsome J, Shi E, Song D, et al. The Sybil Attack in Sensor Networks: Analysis & Defenses [C]. In: Proceedings of the 3rd International Symposium on Information Processing in Sensor Networks(IPSN'04), April 26227, 2004: 2592268.

[25] 赵海霞，喻晓峰.无线传感器网络安全路由研究.仪器仪表用户.2005，12（6）：16-18.

[26] Heinzelman W, Chandrakasan A, Balakrishnan H. Energy-efficient communication protocol for wireless microsensor networks. In: Proc. of the 33rd Annual Hawaii Int'l Conf. on System Sciences. Maui: IEEE Computer Society, 2000. 3005-3014.

[27] Hedetniemi S,Liestman A. A Survey of Gossiping and Broadcasting in Communication Networks[J].Networks , 1988,18(4): 319-349.

[28] Kulik J, Heinzelman WR, Balakrishnan H. Negotiation based protocols for disseminating information in wireless sensor networks[J]. Wireless Networks, 2002,8(2-3):169-185.

[29] 唐勇，周明天，张欣.无线传感器网络路由协议研究进展[J].软件学报,2006,17(3): 410- 421.

[30] C. Intanagonwiwat, R. Govindan, and D. Estrin. Directed diffusion: a scalable and robust communication paradigm for sensor networks[C]. Proceedings of ACM MobiCom'00, Boston, MA, 2000: 56-67.

[31] Braginsky D, Estrin D. Rumor routing algorithm for sensor networks[C]. In: Rroc. of the 1st workshop on sensor networks and

applications. Atlanta: ACM Press, 2002. 22-31.

[32] Karp B, Kung H. GPSR: Greedy perimeter stateless routing for wireless networks[C]. In: Proc. of the 6th Annual Int'l Conf. on Mobile Computing and Networking. Boston: ACM Press, 2000.243-254.

[33] Wu Shibo, Selcuk Canda K. GPER: Geographic Power Efficient Routing in Sensor Networks[C]. In: Proc. of the 12th IEEE International Conference on Network Protocols. Berlin: 2004.161-172.

[34] Heinzelman W, Chandrakasan A, Balakrishnan H. Energy-efficient communication protocol for wireless microsensor networks[C]. In: Proc. of the 33rd Annual Hawaii Int'l Conf. on System Sciences. Maui: IEEE Computer Society, 2000:3005-3014.

[35] Wendi B. Heinzelman, Anantha P. Chandrakasan, Hari Balakrishnan. An Application-Specific Protocol Architecture for Wireless Microsensor Networks[C]. IEEE Transactions on wireless communications, October 2002, 1(4):660-670.

[36] Di Wu, Gang Hu, Gang Ni. Research and Modifications on Clustering Algorithm of Routing Protocols for Wireless Sensor Networks[C].International Conference on Informatics and Control Technologies (ICT2006):209-214.

[37] 陈喜贞，王书茂，徐勇军. TinyOS 内核调度机制及改进策略[J]. 计算机工程，2006，32(19):85-87.

[38] 李晶，王福豹，段渭军. 无线传感器网络中 TinyOS 的研究[J]. 计算机测量与控制，2006，14(6):838-840.

[39] 张倩. 基于 TinyOS 的无线传感器网络路由协议设计与实现[D].西北工业大学，2006.

[40] 胡波，范根胜，王汝传.使用 J-SIM 模拟无线传感器网络的研究。1673—629X(2008)06—0167—04.

[41] 朱晓荣，齐丽娜，孙君. 物联网与泛在通信技术。978-7-115-23101-7.

[42] 毕俊蕾，李致远，郭拯危. J-Sim 下 WSNs 仿真框架的扩展设计与实现. 1673—629X(2008)12—0170—04.

[43] Philip Levis and Nelson Lee.TOSSIM: A Simulator for TinyOS Networks[M]。September 17, 2003:10-14.

[44] David M. Nicol. A SCALABLE SIMULATOR FOR TINYOS APPLICATIONS[M] Proceedings of the 2002 Winter Simulation Conference. Luiz Felipe Perrone，March 11 2006:1-9.

[45] 袁红林、徐晨、章国安. TOSSIM:无线传感器网络仿真环境. 1008- 0570(2006)07- 1- 0154- 03.

[46] 王威,唐文胜,罗娟. 基于 GloMosim 的无线传感器网络路由协议仿真研究. 计算机与现代化,2008(2).

[47] University of California. “GloMosim.ppt”：UCLA Paralel Computing Laboratory[EB / OL]. http：/ / pc1. CS. Ucla. edu / projects / GloMosim /，2004-09-01.

[48] 高振国 赵蕴龙 李香. GloMoSim 无线网络仿真器剖析 系统仿真学报 2006（z2).

[49] 肖骞 骆华杰 刘子晶. 基于 GloMoSim 的移动自组网仿真研究. 网络安全技术与应用. 2008，01.

[50] 李善仓 张克旺.无线传感器网络原理与应用. 北京：机械工业出版社，2008.

[51] 朱晓姝. OMNET++仿真工具的研究与应用. 大连工业大学学报. 2010.1 29（1）.

[52] 王卫疆，李腊元，郑锋. 基于 OMNET++的 AdHoe 网络跨层协. 计算机工程. 2009，35(9).

[53] 陈伟宏，余凡. 基于 OMNET++的 WSN 路由协议仿真研究. 南城市学院学报 2011.6.

[54] 操敏，李文峰，袁兵. 基于 OMNET++的传感器网络仿真. 中国科技论文在线.

[55] 王志良，王新平. 物联网工程实训教程：实验、案例和习题解答[M] 北京：机械工业出版社，2012.

[56] 余成波，李洪兵，陶红艳. 无线传感器网络实用教程[M]. 北京：清华大学出版社，2012.

[57] 陈敏，王擘，李军华. 无线传感器网络原理与实践[M]. 北京：化学工业出版社，2011.

[58] 郭渊博等 ZigBee 技术与应用：CC2430 设计、开发与实践[M]. 北京：国防工业出版社，2012.

[59] 张新程等 物联网关键技术[M]. 北京：人民邮电出版社，2011.

[60] 蒋畅江，向敏 无线传感器网络：路由协议与数据管理[M]. 北京：人民邮电出版社，2013.

[61] 吴成东. 物联网技术与应用[M]. 北京：科学出版社，2012.

[62] 张鸿涛等. 物联网关键技术及系统应用[M]. 北京：机械工程出版社，2011.

[63] （美）布莱蒂（Buratti，C.）等. IEEE802.15.4 系统无线传感器[M]. 北京：科学出版社，2012.

[64] 高守玮，吴灿阳. ZigBee 技术实践教程：基于 CC2430/31 的无线传感器网络解决方案[M] 北京：北京航空航天大学出版社，2009.

[65] 李文仲，段朝玉. ZigBee 无线网络技术入门与实践[M]. 北京：北京航空航天大学出版社 2007.

[66] 陈敏. OPNET 网络仿真[M]. 北京：清华大学出版社，2004.

[67] 孟晨. OPNET 通信仿真开发手册[M]. 北京：国防工业出版社，2005.

[68] 卓金武. MATLAB 在数学建模中的应用[M]. 北京：北京航空航天大学出版社，2011.

[69] 李明. 详解 MATLAB 在最优化计算中的应用[M]. 北京：电子工业出版社，2011.

[70] 杨恒. 最新物联网实用开发技术[M]. 北京：清华大学出版社，2012.

[71] 吕治安. ZigBee 网络原理与应用开发[M]. 北京：北京航空航天大学出版社，2008.

[72] （美）厄恩（Eren，H.）. 无线传感器及元器件：网络、设计与应用[M]. 季晓东等译. 北京：机械工业出版社，2008.

[73] 李欧等. TinyOS 实用编程：面向无线传感网节点软件开发[M]. 北京：机械工业出版社，2012.

[74] 潘浩等. 无线传感器网络操作系统 TinyOS[M]. 北京：清华大学出版社，2011.

[75] 金光，江先亮. 无线网络技术教程：原理、应用与仿真实验[M]. 北京：清华大学出版社，2011.

[76] 李外云. CC2530与无线传感器网络操作系统TinyOS应用实践[M]. 北京：北京航空航天大学出版社，2013.
[77] 王小强，欧阳骏，黄宁淋. ZigBee无线传感器网络设计与实现[M]. 北京：化学工业出版社，2012.
[78] 李文仲，段朝玉等. ZigBee2007/PRO协议栈实验与实践[M]. 北京：北京航空航天大学出版社，2009.
[79] 安文. 无线传感器网络技术与应用[M]. 北京：电子工业出版社，2013.
[80] 赵永利，张杰. OMNeT++与网络仿真[M]. 北京：人民邮电出版社，2012.
[81] 夏锋. OMNeT++网络仿真[M]. 北京：清华大学出版社，2013.
[82] 孙利民等. 无线传感器网络[M]. 北京：清华大学出版社，2005.
[83] 李晓维. 无线传感器网络技术[M]. 北京：北京理工大学出版社，2007.
[84] 王辉. NS2网络模拟器的原理和应用[M]. 西安：西北工业大学出版社，2008.
[85] （美）卡拉维（Callaway,E.H.,Jr.）. 无线传感器网络：体系结构与协议[M]. 王永斌等译. 北京：电子工业出版社，2007.